과학기술혁명

과학혁명과 4차 산업혁명

한국과학기술한림원

- 과학기술에 전문적 경륜과 식견을 가진 석학들을 회원으로 엄선, 각 부문별 전문성을 효율적으로 활용함으로써 국가 과학기술의 진흥과 창달에 기여하기 위해 1994년에 설립되었습니다.
- 2005년 기초과학연구진흥법 제11조(한국과학기술한림원의 설립 등)에 의거 법정기구화되었습니다.
- 독립성, 자율성 및 전문성을 바탕으로 하는 순수 민간 과학아카데미로, 편견 없는 대정부 정책자문을 통해 올바른 과학기술정책의 수립을 유도하고 있으며, 범부처적 국가 과학기술정책에 대한 자문과 건의를 통한 과학기술발전의 장기적 비전을 제시하고 있습니다.
- 우리나라의 과학기술 선진국 진입을 위한 기초 과학기술 진흥사업을 수행하고 있으며, 외국 한림원 및 과학기술 국제기구 등과의 학술교류를 통해 과학기술 민간외교의 중심체 역할을 담당하고 있습니다.

과학기술혁명
과학혁명과 4차 산업혁명

1판 1쇄 펴냄 | 2020년 11월 25일
1판 3쇄 펴냄 | 2023년 6월 20일

지은이 | 김유신
발행인 | 김지영
발행처 | 자유아카데미
등록 | 제 406-2003-017호, 1980. 7. 12

주소 | 경기도 파주시 회동길 37-42 파주출판도시
전화 | 031-955-1321
팩스 | 031-955-1322
홈페이지 | www.freeaca.com
전자우편 | main@freeaca.com(대표)
editor@freeaca.com(편집)
crm@freeaca.com(영업)

ISBN 979-11-5808-287-1 93400

한국과학기술한림원『석학, 과학기술을 말하다』시리즈 ㊲

과학기술혁명

과학혁명과 4차 산업혁명

김유신 지음

자유아카데미

머리말

오늘날 우리의 과학기술은 빛의 속도로 발전하고 있는데 이 과학기술은 우리의 전통과학기술과는 전혀 다르게 서구에서 발생한 것이다. 서구가 과학기술을 발전시키는 동안 조선 초기인 세종 때에 우리 고유의 천문학과 다양한 기술의 발전이 있었다.

그러나 발전이 지속되지는 못하였다. 물론 조선 중기에는 홍대용, 이한기 등의 지성이 있었으며 정약용의 도르래를 사용한 기중기는 수원성을 쌓는 데 중요한 역할을 하였다. 하지만 이후 기술은 정체하였고 개혁 운동이 있었으나 근대과학기술을 받아들이는 일은 너무 늦었다. 대한제국은 뒤늦게 개화의 필요성을 깨달았지만, 국운은 이미 기울었고 과학기술을 위한 인프라는 너무 부족하였다.

일본의 경우는 어떠하였는가? 1904년에 일본 동경에서 세계 물리학회가 열렸고 거기서 물리학자 나가오카 한타로는 토성형 원자 모형을 제안하였다. 토성형이란 토성처럼 가운데 위치한 원자핵 주위로 위성이 움직이는 모습의 모형이다.

그 후 8년 뒤에 어니스트 러더퍼드Ernest Rutherford는 알파선 산란 실험의 결과를 설명하기 위하여 한타로의 모형과 흡사한 원자 모형을 만들었다. 이후 러더퍼드는 노벨 화학상을 수상한다. 이러한 사실은 그 당시 일본은 이미 서구에서 발달한 근대과학을 수용하여 스스로 과학이론을 만들 수 있었음을 보여준다. 이에 비하여 우리는 독자적 과학이론은 고사하고 근대과학의 기초적 요소도 거의 없었다.

한국은 이후 일제 강점기를 거치면서 일본의 교육 아래에서 근대과학자들을 배출하였고, 해방 이후 미국과 일본을 통하여 과학기술을 받아들였다. 그리고 이들을 모방하여 60년대부터 수차례의 경제 개발 5개년 계획을 거치면서 꾸준히 발전하여 지금은 세계 경제에서 10위권에 들며 자동차, 조선, 철강, 항공기, 인공위성, 컴퓨터, 반도체, 휴대전화 등의 전자기술에서는 세계의 상위권에 드는 과학기술 입국이 되었다. 이런 상황에서 우리가 선진제국先進諸國의 일원으로 도약하려면 과학기술을 외래의 것이 아닌 우리 자신의 것으로 내면화할 필요가 있다. 왜냐하면 과학기술의 내면화 없이는 독창적인 이론을 낼 수가 없기 때문이다. 이제 한국은 선진국의 과학기술을 모방할 시기가 지났으며, 스스로 과학기술을 창조해야 할 위치에 이르렀다. 더는 과학기술의 외면에만 몰두할 것이 아니라, 서구에서 과학기술이 발전하는 데 필요하였던 사유과정과 사상을 우리의 것으로 내면화시키는 작업을 하여야 한다. 그래야 독자적으로 과학적 사유를 할 수 있으며 창의적인 과학적 탐구와 업적을 이루어낼 수 있다고 생각한다.

현대의 과학과 기술은 과학혁명이 이루어진 초기 시대와 다르다. 과학과 기술은 서로 분리되어 발달하였다가 과학혁명기가 지나면서 상호작용하기 시작하였다. 현대에는 과학과 기술의 상호작용이 매우 긴밀해져서 과학은 기술이 없이는 연구할 수가 없고 또한, 첨단 기술은 과학이 없이는 발전할 수가 없다. 예를 들어, 우리가 잘 사용하는 스마트폰은 고체 증폭기인 트랜지스터의 발명이 있었기에 가능하였다. 그리고 트랜지스터의 발명은 양자역학의 발전이 없었다면 불가능하였을 것이다. 첨단 과학인 양자역학 덕분에 반도체 기술이 발달할 수 있었고 트랜지스터의 발명도 가능하였다. 뒤이어 집적회로가 나오면서 전자제품의 소형화가 급속히 진행될 수 있었다. 진공관을 이용해서 현대의 노트북 컴퓨터와 맞먹은 성능을 가진 컴퓨터를 만들려면 아마도 그 크기가 잠실 체육관 축구장보다 더 커져야 할 것이다.

현대의 과학과 기술은 많은 부분에서 상호작용하여 이제 테크노 사이언스 techno-science와 과학적 기술scientific technology의 성격을 띠게 되었다. 인공지능은 이러한 과학과 기술의 상호작용으로 나타난 과학적 기술의 총아라고 할 수 있다. 현재 인공지능 기술은 생명공학과 유전공학의 발달 즉, 생명기술의 첨단화와 더불어 새로운 산업혁명을 일으키고 있다. 우리는 이것을 4차 산업혁명이라고 부른다.

우리나라는 4차 산업혁명의 주도권을 잡기 위하여 열심히 노력하고 있다. 이러한 노력이 성공을 거두기 위해서는 우리만의 창조력을 가지고 과학과 기술을 발전시켜야 한다. 이 창조력은 문화력과 밀접한 관련이 있는데, 문화력은 소프트 파워라 불리기도 한다. 모방에는 하드 파워인 사회 조직력, 국방력, 과학기술, 기업의 생산력 등이 유용하였으나 창조력의 시대로 들어선 현재는 다르다. 하드 파워도 여전히 필요하지만 이러한 하드 파워를 지속하기 위해서는 다른 형태의 파워가 필요하다. 소프트 파워, 즉 문화력이 필요하다.

문화력의 다양한 형태라고 할 수 있는 예술, 전통, 관습, 종교, 대중음악, 내면화된 사상과 관습 등은 하드 파워의 토대를 형성하기도 하고 하드 파워의 창조적 발전을 위한 모티프를 제공하기도 한다. 과학과 기술이라는 하드 파워가 새로운 시대에 맞춰 주도적 발전을 하려면 이제 소프트 파워에 해당하는 과학기술의 내면화 작업이 필요하다. 그뿐만 아니라 내면화 작업은 우리가 과학기술을 인간화된 과학기술로 이해하고 발전시키는 데 필요한 영감을 준다. 따라서 필자는 이 책이 과학혁명이나 4차 산업혁명에 관한 지식이나 미래의 과학기술의 발전 상황을 보여주기보다는 우리에게 필요한 과학사상의 내면화에 도움이 되었으면 하는 마음에서 이 책을 집필하였다.

과학자든 비과학자든 누구든지 "도대체 과학이란 것은 어떤 것인가? 어떤 사고가 과학적인가?"라는 질문을 할 수 있다. 또한 특수한 전문가만 과학적 사유를 할 수 있는가에 대한 의문을 가질 수 있다. 이 책의 다른 목적은 과학은 누구나 할 수 있는 사유과정이란 것을 보여주기 위함이다. 고대 사람들은 오늘과 같은 전문적 지식이 없었다. 과학은 지금 보면 상식 같은 것에서 비롯되었다. 문제의식과 이성의 활용 등 특수한 것을 보면서도 보편적인 것을 추구하려는 태도와 토론을 통한 상호 비판 속에서 과학적 사유는 싹튼다.

비록 이 책이 고대부터 시작하여 근대, 그리고 현대의 첨단 과학기술까지 다루어 내용이 방대한 것처럼 보이지만, 그다지 많거나 어렵지 않아서 차분히 읽어보면 흐름을 알 수가 있다. 동시에 이 책은 철학을 담고 있는데 과거에는 철학과 과학이 지금처럼 분리되어 있지 않았기 때문이다. 그래서 인문학을 좋아하는 사람들 역시 흥미를 느낄 수 있을 것이다.

책 제목이 과학기술혁명이라 과학기술에 영향을 준 정치적인 사건을 떠올리는 독자가 있을지도 모르겠다. 그러나 이 책에서 언급하는 혁명은 그런 의미의 혁명이 아니다. 혁명이란 개념을 과학으로 처음 확장한 사람은 임마누엘 칸트Immanuel Kant이다. 그는 자신의 역작 『순수이성비판』(임마누엘 칸트, 을유문화사, 1987) 서문에서 두 개의 혁명에 대하여 이야기한다. 첫 번째는 바빌론과 이집트에서 사용되던 기하학적 기술이 그리스에서 공리로부터 연역되는 증명체계로 바뀐 것인데, 이는 수학적 실행방식에 큰 변화를 가져왔다. 두 번째는 실험적 방법과 실험실의 부상이다.

칸트는 일련의 사건을 갈릴레이로부터 시작되었다고 간주한다(토머스 쿤, 「이언 해킹의 서론」, 『과학혁명의 구조』, 김명자 · 홍성욱, 까치, 2013). 『과학혁명의 구조』의 서론을 쓴 이언 해킹Ian Hacking은 과학혁명이라는 개념을 확실하게 정착시킨 사람은 칸트라고 지목한다. 혁명이라는 단어는 주로 급격한 정치적 변화를 뜻하지만, 과학기술혁명에서 혁명이란 단어는 과학기술에서 거대한 변혁이 일어나 사회와 인간의 삶에 심대한 영향을 끼치게 되었음을 의미한다.

과학혁명은 천문학에서 약 1,500년 이상 서구를 지배해온 아리스토텔레스-프톨레마이오스의 지구중심설(천동설)이 코페르니쿠스 혁명이라 불리는 태양중심설(지동설)로 전환되면서 시작되었다. 니콜라스 코페르니쿠스Nicolaus Copernicus는 1543년에 발행된 『천구의 회전에 관하여』라는 책에서 자신의 이론을 발표하였는데, 이 천문학 혁명은 뉴턴의 대종합에서 완성된다. 이후 다른 분야에서도 뉴턴의 탐구방식을 활용하면서 여러 분야의 혁명으로 이어진다. 예를 들면 화학의 혁명, 생물학의 혁명 등이 그 예이다. 이 책에서는 천문학과 역학 분야의 혁명을 다룰 예정인데, 이것들이야말로 자연을 바라보는 인류의 관점에 혁명적 변화가 시작된 분야들이다.

지금은 엄청난 과학발전과 더불어 과학이 전문화되고 그 깊이 또한 매우 깊어졌으므로 비전문가는 쉽게 접근하기가 어렵다. 과학은 일반인에게 외계인같이 낯설 수도 있다. 하지만 과학적 사유의 발전과정을 역사적으로 살펴보면 과학은 그렇게 낯선 것이 아니다. 이성을 가진 사람이라면 누구나 그 본성을 알 수 있다. 이 책의 목표는 새로운 연구를 제시하는 것이 아니라 일반 독자에게 과학적 사유가 어떻게 형성되어 왔는지를 알기 쉽게 전달하여 과학혁명을 이해하는 데 도움을 주는 것이다. 또한 4차 산업혁명의 집대성인 인공지능을 역사적 · 철학적으로 이해하는 데 도움을 주고자 한다.

이 책은 2부로 구성된다. 1부는 어떻게 근대과학이 서구에서 탄생하였는지 그 역사를 다룬다. 서양 과학사가들은 고대 그리스의 밀레토스에서 과학이 시작되었다고 주장한다. 이 책에서도 고대 그리스 밀레토스 학파에서 시작하여 그들의 사유가 어떻게 발전하여 왔는지를 살펴보면서 근대과학을 탄생시킨 과학혁명이 어떻게 발생하였는지를 다루고자 한다. 그리고 이를 통하여 과학적 사유의 본성이 무엇인지를 이해할 수 있도록 돕고자 한다.

2부에서는 다가올 기술 혁명인 4차 산업혁명에 관한 이해를 다룬다. 4차 산업혁명이 대중적 이슈로 떠오른 시기는 2016년에 열린 다보스 포럼에서 경제학자 클라우스 슈밥Klaus Schwab이 오늘날 벌어지고 있는 기술적 진보를 새로운 혁명으로 규정하면서부터이다. 그러나 슈밥의 주장대로 4차 산업혁명이 과연 현재 진행형인지에 관하여 논란이 있고, 그 성격을 명확히 규정하기도 어렵다. 왜냐하면 과거에 있었던 세 차례의 산업혁명과 달리 4차 산업혁명은 예언적 성격이 강해서 그 내용이 불확정적이기 때문이다. 즉, 기술 발전의 양상에 따라 앞으로 의미가 얼마든지 달라질 수 있다. 그런데도 이 책에서 4차 산업혁명을 다루려는 이유는 어쨌든 인간은 미래를 위하여 방향을 정하고 무언가를 해야 하기 때문이다. 현재 우리의 예상이 결국 틀리다고 판명이 날지라도 그 역시 문명의 발전에 필요한 과정 중 하나일 것이다.

몇몇 문헌을 종합하여 보면, 4차 산업혁명을 이끌 것으로 예상되는 주요 기술로 인공지능, 로봇, 빅데이터, 클라우드나 IOT 같은 네트워크 기술, 자율주행차, 3D 프린팅, 블록체인, 나노 기술, 신경과학, 생명공학 등 여러 가지를 들 수 있다. 하지만 그중에서 핵심 기술 단 한 가지를 꼽으라면 바로 인공지능이다. 인공지능은 위에서 열거한 기술들에 비하여 응용 범위가 넓고 산업 전체에 미칠 파급력 또한 커서 우리 삶 전반에 변화를 가져올 가능성이 높다. 특히 인공지능은 하나의 기술로 그치는 것이 아니라 인간에 대한 관점을 흔들어 놓을 잠재력을 지니고 있다. 과학혁명이 자연을 바라보는 인간의 관점을 바꾸어 놓았다면 인공지능이 이끌 것으로 예상되는 4차 산업혁명은 인간이 인간을 바라보는 관점을 바꾸어 놓을 것이다. 따라서 이 책에서는 인공지능을 중심으로 4차 산업혁명의 의미를 살펴볼 예정이다. 이때 인공지능 기술 자체를 다루기보다 인공지능이라는 사상이 나올 수 있었던 역사적 · 철학적 배경을 살펴보고, 인공지능 사유의 본질이 무엇인지 파악함으로써 다가올 혁명에 대한 내재적 이해를 도모하고자 한다. 이 책이 과학기술의 급류에 휩쓸려 정신을 못 차리는 상황에서 벗어나 자신만의 관점을 견지하고 과학기술의 올바른 방향을 고민하도록 독자 여러분을 자극한다면 더없이 기쁘겠다.[1)]

---

1) 이 책의 일부는 오래전에 강의를 진행하며 제작한 강의안을 사용하였습니다. 그때 참고한 책을 일일이 조사해서 참고문헌을 각주로 달았지만, 혹시나 빠진 부분도 있으리라 생각합니다. 양해해 주시기를 바랍니다.

차례

I부 / 과학혁명

I

과학혁명

1

서론

16~18세기경 서양에서 발생한 과학혁명은 과학의 중요한 변화로서 근대 이전의 과학과는 전혀 다른 과학을 탄생시킨 중요한 사건이다. 이 사건은 과학뿐만 아니라 서구의 철학, 형이상학, 사회사상을 변화시켰다. 과학혁명을 연구할 때 자주 던지는 질문 두 가지는 과학혁명이 어떤 과정을 거쳐 일어났는가와 어째서 과학혁명이 서구에서 발생했느냐에 대한 것이다. 12세기까지만 해도 서구보다 우수한 문화를 가졌던 중국이나 인도 등의 아시아 지역에서 과학혁명이 탄생하지 않은 사실은 의문스럽다. 이와 관련된 연구 중 중요한 하나가 'why not?'으로 불리는 조지프 니덤Joseph Needham의 연구이다.

니덤은 고대 중국이 지녔던 과학력과 기술력의 우월성, 중국에서 이루어진 첫 번째 발명과 중국 전통과학이 세계과학에 공헌한 바를 입증하는 데 온 힘을 쏟았다. 그는 특히 중국의 4대 발명품인 종이, 화약, 나침반, 활판 인쇄술의 출현을 예시로 들어 과학과 기술의 기원을 서양의 독창적인 것으로 보는 견해에 대항하였다. 그럼에도 니덤은 합리주의적 관점에서 현대 서양의 자연과학만이 보편과학의 지위를 갖는다고 생각하였다. 그는 현대 자연과학의 형성에 중국의 전통과학이 기여한 부분을 중점으로 중국의 전통과학을 평가하였다. 과학에 대한 니덤의 관점은 "모든 민족과 문화에서 발생한 고대 및 중세 과학은 근대과학의 대양으로 흘러 들어가는 강물들"이라는 그의 주장에 잘 나타난다. 중국 과학사 연구에서 니덤의 목표는 단일한 보편과학의 성립에 중국의 전통과학이 많은 기여를 했음을 보여주는 데 있다. 이런 관점에서 민족의 고유문화ethnic culture라는 개념은 어떤 단계까지는 생산적일 수 있지만, 궁극적으로는 그것을 초월해야 보편과학을 산출할 수 있다고 보았다. 니덤이 생각하는 보편과학의 흐름은 아리스토텔레스 과학에서 반드시 과학혁명이 일어나고 그 후 뉴턴 과학이 탄생하는 것이다.

물론 이와 다른 견해도 있다. 네이선 시빈Nathan Sivin은 니덤과 다른 관점을 지녔었는데, 그는 과학의 내용과 체계는 역사와 문화에 따라 서로 다르며 서양이 잣대로 우열을 논할 수 없다고 생각하였다. 그러므로 과학에 대해서 보편과학의 시선에서 바라보지 않고 전통시대에 살던 사람의 눈으로 당시 과학이라고 부를 수 있는 것들을 찾아내고, 그 활동의 중요성을 평가해야 한다고 생각하였다. 예를 들어 풍수지리설이나 연단술 역시 자연에 대한 이론체계를 갖추었기 때문에 충분히 훌륭한 과학이다.

이와 같은 이론들로 비서구권에서 왜 과학혁명이 일어나지 않았는가를 연구할 수 있지만, 그것이 과학혁명을 연구할 때 던지는 유일한 질문은 아니다. 이 장에서는 니덤이나 시빈의 논쟁을 다루지 않고 이 책의 목적에 보다 부합하는 첫 번째 질문, 즉 과학혁명의 과정과 완성을 다루고자 한다. 특히 과학혁명의 역사적, 철학적 과정을 다룰 예정이다.

근대과학이 과거의 과학과 구분되는 특징은 수학적이라는 점이다. 근대과학은 자연이 수학적이라는 사상에서 나왔다. 수학이라는 보편적 언어가 발전하지 않았다면, 고대과학은 종족과학으로 분리된 채로 발전했거나 정체되어 있을지도 모른다. 수학의 발견은 보편적 언어의 발견으로, 과학은 종족과학에서 벗어나서 보편과학으로 향하고 있다. 그렇다면 자연이 수학적이라는 사상은 어디서 나왔을까? 고대 그리스 철학에서 그 기원을 찾아볼 수 있다. 그뿐만 아니라 물질의 근본에 관한 연구에서 현대과학은 소립자를 통하여 우주의 성질과 기원을 설명하려고 하는데, 이러한 접근법 역시 고대 그리스 철학에서 시작되었다. 따라서 고대 그리스 철학에 대한 탐구는 근대과학의 본성과 토대를 이해하는 데 중요한 역할을 하였다.

고대 그리스 철학은 두 가지 중요한 면을 가지고 있다. 첫 번째는 우주의 본성과 기원에 관한 것이고, 두 번째는 인간의 삶과 행위에 관한 것이다. 전자는 소크라테스 이전의 철학자들이 사변적으로 다루었는데 이 사유의 특징은 우주, 즉 코스모스에 대한 호기심에서 시작되었다. 반면, 소크라테스는 자연 철학자들이 물리적 세계를 사변적으로 다루는 데 반발하여 구체적인 인간사로 철학적 관심을 옮겼다. 우주에 대해 과학적으로 설명하려는 자연철학적 시도는 주로 그리스 동부 이오니아에서 이루어졌고 서부에서는 피타고라스가 삶의 방식으로서, 그리고 종교적 질서와 철학적 형제애로서 철학적 이상을 만들고 있었다. 소크라테스 후계자인 플라톤과 아리스토텔레스는 삶에 대한 관심을 무시하지는 않았으나 그보다는 우리가 사는 자연 세계에 관한 사변철학에 더욱 관심을 가졌다.

과학사에서는 '과학의 시작'이라고 부르고 철학사에서는 '철학의 시작'이라고 부르는 작업, 즉 이성을 가지고 우주의 문제를 해결하고자 하는 작업은 기원전 6세기 초에 소아시아의 해안가에 있는 이오니아 지방의 상업 도시 '밀레토스'에서 시작되었다. 이오니아 혹은 밀레토스 학파라고 불리는 이 유파는 탈레스, 아낙시만드로스, 아낙시메네스라는 학자들로부터 시작한다. 이오니아의 밀레토스 태생이던 세 사람은 스승과 제자의 관계였다. 그들은 세계의 변화와 혼란 속에서 지속적이고 불변하는 것을 찾고자 하였고, '세계는 무엇으로 만들어졌는가?'란 질문을 통해 발견할 수 있다고 믿었다.

여기서 우리는 이들로부터 발전하여 형성된 아리스토텔레스-프톨레마이오스 천문학까지의 발전과정을 다루고 과학혁명의 시작이라고 할 수 있는 코페르니쿠스의 천문학 혁명을 다룰 것이다. 코페르니쿠스의 지동설은 단지 좌표변환이나 수학적 방식의 변화가 아닌 보다 근본적인 변화였다. 우리는 또한 니콜라스 코페르니쿠스Nicolaus Copernicus, 갈릴레오 갈릴레이Galileo Galilei, 요하네스 케플러Johannes Kepler에서 아이작 뉴턴Isaac Newton의 대종합까지의 과학 발달 과정을 다룰 예정이다. 이때도 역시 과학의 발달이 과학의 내적 논리에 의해서만 이루어지지 않고 철학적, 신학적 사유가 많이 관련되며 사회사상

역시 관련되었음을 보여주려고 한다. 과학 혁명기의 과학과 종교를 다루면서 뉴턴의 과학이 출현할 때 신학이 어떠한 중요한 역할을 하였는지도 살펴볼 예정이다.

2

고대 그리스과학

고대 그리스과학은 과학혁명이 일어나기 전까지 서양을 지배하였으며, 이슬람과 이집트 지역에까지 전파되어 발전하였다. 고대 그리스과학에 대해서 생각해볼 주제는 과학의 시작에 관해서이다.

오늘날 우리는 과학적 법칙은 실험과 관찰의 결과이고, 법칙의 발견은 자연에 대한 지식의 발견으로 생각한다. 그리고 이 법칙은 수학으로 표현되기 때문에 지루하고 어렵게 여겨진다. 과학이 우리의 삶에 도움을 주는 도구이기는 하지만 우리 사회와 관련해 봤을 때는 과학에 인간적인 요소가 적다고 생각한다. 또한 과학적 사고는 법칙의 발견을 지향하기 때문에 기계적 사고라는 편견을 가지는 경우도 있다. 따라서 무엇이 과학인가에 대한 논의는 분분하다.

우리는 여기서 과학이 발생하게 된 역사적 과정을 살펴보면서 과학이 무엇인지에 대해 생각할 수 있는 기초를 알아보고자 한다. 과학은 정의할 수 없으면서도 영향력 있는 분야이자 상상력의 보고이다. 개별적인 과학 활동은 가르쳐줄 수 있으나 과학이 무엇인지에 대해서는 정의하거나 공통점을 찾아서 설명하는 것이 불가능하다. 그것은 시대마다 과학이 어떠한 활동이었는지를 보여줌으로써만 가능하다.

› 탈레스의 이론
› 아낙시만드로스의 무한자
› 아낙시메네스의 이론
› 밀레토스 학파인 자연철학자들의 유산

밀레토스 학파

서양의 과학사가들은 서양과학이 오늘날 터키 서해안인 이오니아의 밀레토스에서 기원전 6세기경에 자연철학자들이 등장하면서 시작된 것으로 본다. 이들이 밀레토스 학파이며 탈레스, 아낙시만드로스, 아낙시메네스가 구성원이었다. 이들은 이집트인이나 메소포타미아인과 달리 자연 현상을 신들의 행위가 아니라 자연의 움직임으로 설명하기 시작하였다. 이 학파는 우리 앞에 나타나는 다양한 현상을 설명하기 위하여 자연을 구성하는 근본 실체가 있다고 가정하고 그것이 무엇인가에 관심을 두었다. 그리고 그것으로 세계의 기원을

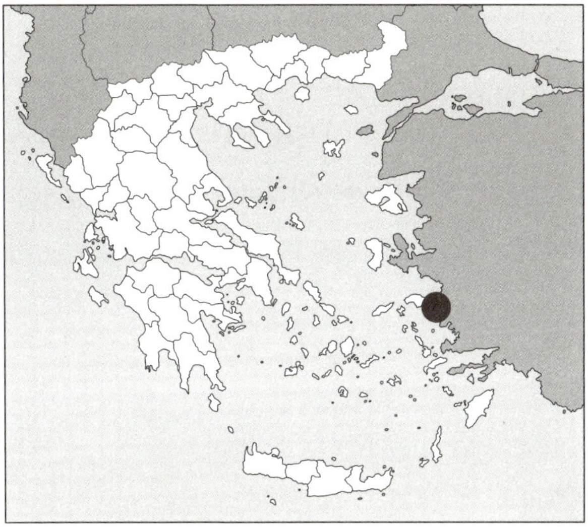

밀레토스의 위치 (출처: 위키피디아)

설명하고 세계의 다양성과 변화 등을 설명하고자 하였다.

그들은 이 세계를 구성하는 근본 재료를 '아르케'arche라고 불렀는데 이는 원리를 뜻한다. 지금 우리가 근본 재료라고 여기는 소립자는 외부의 힘으로 움직이며 자기 내부의 원리나 속성에 의해 움직이는 것으로 보지 않는다. 즉, 구성 물질과 원리가 분명히 구별된다. 그러나 그 당시의 근본 실체란 근본 재료인 동시에 원리와 같은 것이었다. 자연에 대한 관념이 지금과는 달랐기 때문이다. 아르케는 라틴어 '프린키피움'principium 또는 복수형 '프린키피아'에 해당하는 것으로 오늘날 '원리'라고 번역된다. 라틴어에서 프린키피움은 '시작', '기원', '원소', '우두머리' 등의 뜻으로 쓰이는데, 이것은 헬라어 아르케와 용례가 거의 일치한다. 아르케는 헬라어 동사 '아르코'archo에서 유래하였는데,

동사 '아르코'는 '시작하다', '지배하다'를 뜻한다. 고대 문헌들에서 아르케는 '통치권', '주권', '법령', '규칙' 등을 의미한다. 아르케를 '만물의 기원' 또는 '만물의 지배자'를 뜻하는 단어로 사용한 사람은 밀레토스 학파의 아낙시만드로스였다. 아낙시만드로스는 천천히 살펴보기로 하고 우선 '철학의 아버지'라고 불리며 과학사에서는 '과학의 창시자'라고 불리는 밀레토스 학파의 초기 철학자 탈레스를 살펴보자.

탈레스
(출처: 위키피디아)

탈레스의 이론

철학사에서는 탈레스를 '철학의 아버지'라고 부르고 과학사에서는 '과학의 창시자'라고 부른다. 또한 고대 사람들은 탈레스를 일곱 현인 중 한 사람으로 꼽았고 아리스토텔레스 또한 그를 철학의 아버지라고 불렀다. 한편 플라톤은 트라키아의 하녀가 탈레스를 비웃었다는 이야기를 전해준다. 왜 탈레스가 하녀에게 비웃음을 샀을까? 아마도 천체(이 지상을 초월한 것)를 관찰하는 데 몰두하여, 구덩이에 빠지는 실수를 하였기 때문인 듯하다. 하녀는 사람들에게 진리를 가르쳐 주는 사람이 정작 자신의 발밑에 있는 것을 보지 못한다며 탈레스를 비웃었다고 한다.

이런 일은 철학자를 비롯한 외골수에게서 자주 보이는 모습일지도 모른다. 하지만 탈레스는 현실에 무지한 사람은 아니었다. 그는 밀레토스의 선원학교를 이끌고 나갔으며, 할리우스강의 물을 빼내기 위해 운하를 건설하였고 정치가들에게는 정치적인 조언을 건네기도 하였다.

탈레스는 이집트를 방문한 적이 있는데 이집트의 수학이나 수많은 천문 데이터를 이용하여 당시의 일식을 예언한 바 있다. 또한 이집트 나일강에서 물의 위력을 경험한 후, 물이 만물을 만들고 움직이는 지배자, 곧 만물의 근원이라고 생각하게 된다. 왜 탈레스가 자연의 구조에서 근본적인 역할을 하는 실체로 물을 선택하였는지, 그리고 어떻게 물에서 만물이 구성되어 나올 수 있는지에 대해서는 아리스토텔레스 이전에는 알려지지 않았다. 왜냐하면 그가 쓴 책은 하나도 남아있지 않기 때문이다. 특히 후자, 어떻게 물에서 만물이 구성되어 나오는지에 대한 탈레스의 설명에 관해서는 아무것도 알려진 바가 없다. 다만 첫 번째 질문에 관하여 아리스토텔레스는 두 가지 추측을 제시하고 있다. "첫째는 습기가 모든 유기체의 영양분에 필수적이며, 둘째는 모든 동물의 생명이 정액과 같은 액체에서 시작한다는 것이다(R. G. 콜링우드, p.57)." 물은 일상생활에서 고체, 액체, 기체 형태를 모두 경험할 수 있는 물질이고 만물을 형성하므로 충분한 가변성과 다양성을 갖고 있다. 올리브 씨를 짜면 즙이 나오고 철을 불에 달구면 액체로 변한다. 사람을 포함하여 모든 생물체는 액체로부터 발생한다. 물론 탈레스는 물을 단순히 오늘날 우리가 생각하는 기계적이며 영혼이 없는 물로 생각하지 않았다. 그는 자연 세계를 영혼을 지닌 유기체로 보았다. 지구는 세계 내에 존재하는 유기체로 바다 위에 떠 있는 원반형이라고 보았고, 물은 그 내부에 영혼이 있으며 생성의 원리가 있는, 즉 살아있는 것으로 보았다. 그리고 지구 역시 살아있고 자연에 존재하는 것은 끊임없이 소멸하고 생성되며 대체된다고 본 것이다. 영혼이 있다고 해서 지금 우리가 생각하는 것과 같은 의미는 아니다. 다만 외부의 힘 때문에 수동적으로 움직이는 것이 아니라 질서가 있고 스스로 어떤 원리를 가지고 변하는 능동적 속성들을 지닌 것이라는 의미이다. 그는 이 물을 가지고 자연의 모든 현상을 설명하려고 하였다. 심지어 지진도 물로 설명하려고 했는데, 물 위에 떠 있기 때문에 물의 파도에 의하여 지구 내부의 요소들이 서로 부딪쳐서 일어나는 것이 지진이라고 본 것이다.

탈레스는 세계를 '포이에마 세우', 즉 신이 지은 것으로 묘사하였다. 그는 신이 우주보다 더 오래되었다고 생각하였다. 우주라는 유기체의 생동적 작용은 스스로 존재하거나 영원하지 않으며, 그 작용을 앞서는 동시에 초월하는 행위 주체에 의존해야 존재할 수 있다고 생각하였다. 여기서 신은 사람을 모방한 희랍신화에 나오는 의인화된 신이 아니라 보다 초월성을 지닌 존재이다. 따라서 탈레스의 자연관은 자연 세계 자체가 어떤 목적을 이루기 위해 만들어진 거대한 기계라고 보는 르네상스의 자연 관념과는 현격히 다르다. 탈레스는 자연 세계가 자체적 목적을 이루려고 운동하는 거대한 동물이라고 생각하였다. 세계라는 동물의 생명은 생식과 비슷한 어떤 것도 포함하지 않기 때문에 세계는 태어나지 않고 신적으로 만들어진 것이다(R. G. 콜링우드, p.58). 그리고 세계의 엄청난 균형을 만들어낸 제작자는 바로 신이다. 그러나 이 신은 르네상스 시대의 신과는 구별된다.

그렇다면 제작은 어떠한 제작인가? 르네상스 시대의 우주론에 나오는 '우주의 위대한 건축가'의 제작과는 다르다. 르네상스 시대 사람들의 사고에서는 자연 세계와 관련된 신의 창조적 활동은 한 가지만을 제외하고 집이나 기계를 제작하는 사람의 활동과 같다(R. G. 콜링우드, p.58~59). 즉, 무로부터 세계를 만든다는 사실을 제외하면 건축가와 기술자의 활동과 다르지 않다. 왜냐하면 건축가와 기술자처럼 직접 철학을 하지는 않지만 일상적으로 개별 과학을 하는 사람들도 세계와 삶 전체에 관한 모습만은 항상 그려보고 있기 때문이다. 그러나 탈레스의 신은 이러한 기술자의 기계적 제작 과정이 아니라 마술적이고 신비한 제작 과정을 통하여 세상을 만든 신이었다. 세계의 근원에 대해 학문적인 형식으로 생각할 수 있는 동기를 제일 처음으로 부여하였다는 사실이, 탈레스를 철학의 아버지로 불리게 만들었다.

그런데 탈레스에게 물은 특정한 현상만을 설명하는 것이 아니다. 그에게는 물이 세계를 구성하는 근본 원리나 재료이기 때문에 세계에 존재하는 모든 것을 원리적으로는 물로 설명할 수 있어야 한다. 이를 잘 할 수 있어야 그의 근본 주장이 들어맞는 것이다. 나아가서 마름dry이나 불fire도 물로 설명되어야 한다. 그런데 어떻게 정반대의 성질을 가진 물질을 물로 구성하고 물의 원리로 설명할 수 있는지 의문이 생긴다. 왜냐하면 마름과 불에서는 물을 찾아볼 수 없으며, 오히려 물이 있으면 마름은 사라지고 불은 꺼지기 때문이다. 즉, 하나의 근본 실재로는 반대의 성질을 설명하기 힘들다. 이것은 근본 물질이 하나라는 일원론이 지니는 문제이다. 정반대의 특징을 가지면 그 반대의 성질에 대응하는 근본 물질이 있어야 할 것처럼 보인다. 이러한 탈레스의 문제를 비판하는 다른 철학자가 나타나게 되는데 그가 바로 아낙시만드로스이다.

아낙시만드로스의 무한자

아낙시만드로스
(출처: 위키피디아)

아낙시만드로스는 기원전 6세기 중반에 탈레스의 이론에 대하여 비판했었다. 첫째로 물이 세계를 구성하는 단일체라면, 젖음은 설명할 수 있으나 마름은 설명할 수 없다. 왜냐하면 마름을 위해서는 물이 없어야 하기 때문이다. 다시 말하면, 단일 물질로는 서로 반대되는 성질을 가진 현상을 설명해내기 힘들다. 따라서 그는 만물의 근원은 규정되는 단일한 물질이 아니라, 규정할 수 없는 무한자 또는 무규정자boundless라고 말했다.

그는 무한자가 소용돌이 운동을 하여 차가운 싹과 더운 싹, 습기와 건기와 같은 상반되는 것이 생성되고 분리되는 창조적인 작용이 일어난다고 보았다. 더운 것은 하늘로 가고 차가운 것은 아래로 모여 땅을 구성한다고 생각하였던 그에게, 세계의 형성이란 그 근원의 물질 내부에 지역적인 소용돌이를 유발하는 하나의 과정과 다르지 않았다. 그는 창조적 과정이란 무한자의 내부 어디에서나 일어날 수 있는 원운동이며, 따라서 무한자의 내부 어디에서나 세계가 형성될 수 있는 것으로 생각하였다(R. G. 콜링우드, p.61).

그는 소용돌이나 거품으로부터 여기저기에 수없이 많은 세계가 생겨나며, 우리의 세계도 그 가운데 하나라고 생각하였다(R. G. 콜링우드, p.60). 신학적인 면에서는 만물이 신으로 충만하다는 탈레스에 비하면 그는 내재적인 이론을 주장한 셈이다.

그는 우주가 원통형이라고 주장하였고 태양과 지구와 달의 크기를 계산하기도 하는 등 매우 독창적인 사상가였다. 그에게 있어서 지구란 직경이 높이의 세 배가 되는 하나의 원기둥이다. 그리고 원기둥의 주위를 지구 반지름의 아홉 배 되는 거리 만큼 떨어져서 별들이 돌고 있으며, 열여덟 배 되는 곳에서 달이, 스물일곱 배 되는 곳에서 태양이 돌고 있다. 원래 액체로 구성되어 있던 지구 위에 분리 과정이 진행되었고 그 결과로 인하여 습기로부터 생물이 태어났다. 이 생물들은 처음에는 가시 돋친 피부로 감싸져 있었으나 이 피부들이 찢기고 다른 형태의 피부가 생겨났다. 애초에 인간 역시 원시적인 형태에서 탄생하였다. 인간의 직접적인 조상은 물고기였는데 이 물고기는 옛날에는 상어처럼 물속에서 살다가, 뭍에서도 살 수 있게 되었을 때야 비로소 육지로 올라왔다. 이것이 바로 최초의 진화론이다. 아낙시만드로스는 이 무한한 세계가 생물, 즉 정령들과 신들이라고 생각하였다. 이런 생각은 물활론과 범신론보다도 더 오래된 의인관이다.

아낙시메네스의 이론

아낙시메네스
(출처: 위키피디아)

아낙시만드로스는 매우 뛰어난 사상가였으나 무한자가 무엇인지에 대해서, 왜 소용돌이 운동을 하는지에 대해서는 설명하지 않았다. 아낙시메네스는 근본 물질이 무한자이거나 무규정적이어야 할 논리적 필연성을 생각할 수 없었다. 그는 탈레스와 마찬가지로 근본 물질을 하나의 특정한 자연의 실체로 보았는데 그것은 물이 아니라 공기였다. 공기가 점차 응축되면서 바람, 구름, 물, 흙 그리고 돌이 된다고 생각하였기 때문이다. 만약 탈레스와 같이 단일체를 만물의 근원으로 본다면, 단일체와 반대되는 성질을 가진 존재자나 현상을 어떻게 설명할 것인가? 아낙시메네스는 물리적 과정이 다르면 다른 성질을 가진 존재자가 될 수 있다고 설명하였다. 이 말의 의미를 동화책에서 읽은 이야기를 통하여 설명해 보겠다.

여행 중인 한 나그네가 밤이 되자 유숙할 곳을 찾았다. 숲속을 헤매다가 불빛을 보고 어느 집 문을 두드리고는 "주인 장 지나가는 나그네입니다. 하루 유숙하게 해주시오. 그리고 배가 고프니 음식을 좀 주십시오."라 말하고는 시린 손을 후후하고 입김으로 불었다. 친절한 주인은 그 행동을 보면서 "왜 입으로 손을 붑니까"하고 물었다. 그때 나그네는 "입에서 따뜻한 김이 나와 내 손을 데웁니다."라고 답했다. 주인은 "아! 그러세요." 하면서 따뜻한 음식을 내어왔다. 이때 나그네는 음식이 뜨거워서 입으로 후후하고 불었다. 주인은 이상해서 "왜 또 입으로 부십니까?" 하고 물었다. 나그네는 "음식이 뜨거워서 식히려고 입으로 붑니다."라고 대답하였다. 그러자 주인은 한 입에서 뜨거운 바람과 찬바람을 같이 내니 이는 마귀라고 생각하여 나그네를 쫓아냈다. 입을 오므리고 김을 뱉어내면 단열 팽창으로 온도가 내려간 차가운 입김이 나올 수 있으나 바로 입김을 뱉어내면 입속에 있는 더운 김이 나온다. 이처럼 물리적 과정이 다르면 다른 성질을 가진 존재자가 될 수 있다. 이런 이유로 아낙시메네스는 공기를 물질의 근원자라고 생각하였고, 반대되는 성질은 물리적 과정이 달라지면 가능하기 때문에 일원론을 유지할 수 있다고 보았다. 아낙시메네스는 공기의 희박화나 농축화를 통해서 불, 안개, 물 또는 흙이 된다고 설명하였다. 아낙시메네스 이후로 밀레토스 학파는 자취를 감추게 된다.

| 밀레토스 학파인 자연철학자들의 유산

밀레토스 학파의 이론은 오늘날 보면 이상하기 짝이 없지만 밀레토스 학파의 자연철학자들은 과학사에 유서 깊은 과학적 방법 몇 가지를 남겨주었다. 첫째, 자연 현상을 자연을 통해서만 설명하려는 자연주의 방법을 시도하였으며 둘째, 변화무쌍한 자연 현상을 오직 하나의 지배 원리만으로 설명하는 일원 주의 방법을 연구하였다. 셋째, 세계를 설명하는 방식이나 이론의 원저자를 명기하여 원저자가 그 이론의 합당성을 스스로 책임지게 하였다. 넷째, 다른 사람의 견해를 무작정 추종하기보다는 경험과 이성에 근거하여 동료의 견해를 비판하는 동료비평 문화를 촉발하였다.

이들이 남긴 유산은 고대 그리스가 과학과 철학의 발원지라는 명성을 얻게 해주었다. 당시에는 지금과 같은 과학적 실험을 시도할 수 없었고 자연에 대한 지식도 부족하였다. 그러한 시절에 변화무쌍한 자연을 탐구하기 위해서 사고의 출발을 어떻게 설정하여야 했을지 고려해보면, 이들의 사유 방식이 매우 합리적이었다는 결론을 내릴 수 있다. 근본적 존재자를 가정하고 그 존재들의 변화와 작용을 통해서 만물이 탄생하였다는 생각은 정말 중요하고 창의적이다. 또한 변화하는 만물에서 어제의 태양과 오늘의 태양이 같은 태양인지를 어떻게 알 수 있을 것인지 탐구하며, 비의 원인이 일정한지 수시로 다른지 등

지식이 축적되지 않았던 시절에 난제를 해결하기 위하여 근본적 존재자를 가정하고 그것을 통하여 일관되게 세계를 설명하려는 태도를 보인 점은 위대하다고 할 수 있다.

피타고라스와 피타고라스 학파

피타고라스
(출처: 위키피디아)

밀레토스 학파는 자연을 이해하기 위하여 자연 현상을 바라보면서 자연의 근원적인 물질이 무엇인지를 찾았다. 그들은 근원적인 물질을 통해서 세계의 현상을 설명하려고 노력하였다. 이러한 시도는 과학사에 획기적인 공헌을 하였으며, 공헌은 그들의 이론보다는 그들이 과학을 대하는 태도에 있다. 즉 비판과 토론, 자연을 자연으로 설명하려는 태도는 과학 활동을 지속할 수 있도록 일깨워주는 것이었다. 밀레토스 학파 이후에 어떤 이론이 나타나서 밀레토스 학파의 한계를 지적하고 새로운 과학 활동의 지평을 열었을까? 바로 피타고라스가 그 역할을 해내게 된다.

피타고라스는 우리가 잘 알고 있는 인물이다. 피타고라스 정리, 피타고라스 학파, '만물은 수'라는 사상은 전부 피타고라스와 관련이 있다. 피타고라스는 자연 현상을 이해하는 데 있어서 수의 중요성이 무엇보다 크다고 생각하였다. 수는 영원하고 피타고라스의 정리와 같은 기하학의 정리도 변하지 않는다. 기하학은 수와 연관된 것이다. 현대적 사고는 객관적이고 과학적 사고는 종교와 모순된다고 말할지 모르나 피타고라스는 이와 정반대의 태도를 가졌다. 수학으로의 진출은 그가 수와 수학적 관계들이 우주를 설명하는 어떤 신성함을 가진다고 믿게 하였다. 피타고라스는 모든 우주가 수학적 관계로부터 구성된다고 여겼다. 그래서 질서 잡힌 우주 자체가 수의 연구를 통하여 설명될 수 있다고 보았다.

앞에서 다루었듯이 밀레토스 학파의 과학사상이 가진 특징은 "자연이란 무엇인가"에 대한 탐구를 자연의 근본 물질에 대한 탐구로 대체하였다는 점이다. 즉, 근본 물질이 무엇인가를 탐구하여야 자연이 무엇인지를 알 수 있다. 자연이 무엇인가라는 말은 자연 현상을 설명하고 무엇이 이러한 자연 현상을 만들어내는지를 이해하려는 물음이다. 현대인에게 자연이란 무엇인가 혹은 어떻게 자연을 탐구할 것이냐고 묻는다면, 그들은 아마도 자연에 어떤 종류의 사물이 존재하는지 그리고 그 존재하는 사물은 어떤 것인지를 탐구해야 한다고 답할 것이다. 이때 존재하는 사물이란 고대 그리스에서는 내부에 능동적 속성을 가지고 있어서 스스로 움직이는 것이지만, 현대에서 존재하는 사물은 스스로 능동적인 힘을 가진 것이 아닌 외부의 힘으로 움직이는 것이다. 즉, 고대 그리스의 관점은 자연이 이러한 사물들의 집합체라는 사실을 전제하는 현대의 관점과 다르다. 지금부터는 밀레토스 학파의 자연을 이해하는 관점, 즉 근본 물질을 추구하는 그들의 학문 태도의 한계점을 지적하고 이를 극복하려는 피타고라스의 사상을 다루고자 한다.

› 밀레토스 학파의 학문탐구 방식이 가진 문제점

› 피타고라스의 제안

› 피타고라스주의의 혁명

› 피타고라스주의가 성공한 철학적 요인

| 밀레토스 학파의 학문탐구 방식이 가진 문제점

그리스 밀레토스 학파에 속하는 이오니아 철학자들은 자연의 근본 물질을 단지 물질 자체로만 보지 않고, 항상 사물 내부에 있거나 사물에 직접적으로 속하는 운동의 원천으로 보았다. 이러한 시선은 현대인의 자연관과는 다르다.

만약 근원적 물질이 정말로 모든 사물을 구성하는 것이라면, 근본 물질은 서로 반대되는 성질을 가진 물질까지 설명할 수 있어야 한다. 예를 들어 물이 근본 물질이라면 불이나 마름은 설명할 수 없다. 따라서 아낙시만드로스가 비판하였듯이 하나의 규정된 근본 물질, 즉 안개나 불 혹은 흙 가운데 어느 하나를 선택하기는 불가능하다. 그러므로 근원 물질은 아무런 내적 특징을 갖지 않는 것이어야 하며, 아낙시만드로스는 무한자 혹은 무규정자를 근본 물질로 보았다.

그러나 무한자가 구체적 물질을 산출하기 위하여 해야 하는 여러 운동과 과정은 그 이유와 맥락을 설명하기 힘들다. 이 때문에 아낙시메네스는 아낙시만드로스를 비판하며 근원 물질로 공기를 제시하였다. 그리고 근원 물질에 작용하는 물리적 과정에 의해서 서로 반대되는 성질이 생성 가능하다고 주장하였다.

아낙시메네스의 문제는 무엇일까? 근원 물질에 대하여 긍정적이거나 부정적이더라도 근원 물질이 있다면 그것이 공간을 점유하고 있다고 말할 수 있다. 그렇다면 공간은 어디에서 올까? 근본 물질로는 공간을 설명할 수 없지 않을까? 그렇다면 근본 물질이라는 개념 자체가 모순이 아닐까? 이렇게 되면 물질이라는 개념과 공간이라는 개념은 구별할 수 없게 된다. 이러한 문제들이 밀레토스 학파의 이론에 크나큰 문제가 된다. 이를 해결하려는 것이 피타고라스의 이론이다.

피타고라스의 제안

피타고라스는 철학과 수학에서 혁명적 아이디어를 낸 사람 중 한 명이다. 그러나 자신의 저작은 남아있지 않고 놀랍게도 그에 대하여 알려진 사실 또한 별로 없다. 피타고라스의 가르침에 대하여 우리가 알고 있는 내용은 다른 사람의 저작을 통해서 간접적으로 전해진 것뿐이다. 피타고라스는 기원전 572년에 출생하였으며 젊은 시절에는 이집트를 방문하여 수학적 관계, 비율과 기하학의 기초적 형태에 대하여 배웠다. 그는 밀레토스 학파에게 교육을 받았었는데, 형이상학 탐구에서 밀레토스 학파와 견해를 달리하였다. 수학이 피타고라스 사상의 핵심이었는데, 그는 수학이야말로 만물에 내재하는 형상과 질서이며 그것을 통해서 세계가 존재한다고 믿었다.

이집트에 있을 때 피타고라스는 기하학에 대해서 공부하였고 3:4:5의 비례를 가진 삼각형이 항상 직각삼각형이라는 사실도 배웠다. 이러한 지식은 건축에 매우 유용하였으나 피타고라스는 한 단계 더 나아가 기저에 깔린 방정식을 발견해낸다.

이 방정식은 $A^2 + B^2 = C^2$으로 알려져 있다. 여기서 C는 직각삼각형 빗변의 길이를, A, B는 각각 나머지 두 변의 길이를 뜻한다. 이 발견은 혁명적이라고 말할 수 있을 정도로 커다란 의미를 지니고 있다. 이 개념은 너무 기이하여 피타고라스는 그것을 신적인 것으로 받아들였다.

피타고라스는 기원전 532년에 시작된 독재자 폴리크라테스의 통치에 반대해서 출생지 사모스를 떠나 남부 이탈리아로 이주하였다. 크로톤에 있던 피타고라스 공동체는 파란만장한 고난을 겪으며 기원전 5세기 중반에 해체되었다. 생존자들은 뿔뿔이 흩어져 그리스의 여러 지역에서 피타고라스 학파의 전통을 유지해나갔다(R. G. 콜링우드, p.81). 그러나 이 역시 남아있는 기록은 전혀 없다. 오늘날 피타고라스주의라고 부르는 것은 유동적이고 일정한 형태가 없다.

밀레토스 학파를 다룬 2장에서 아낙시메네스는 공기를 근원 물질로 보고 공기의 희박화와 농축화에 의해서 사물들이 형성된다고 주장했음을 언급하였다. 그런데 문제는 희박화와 농축화가 가능하다는 사실은 공간이 있어야 한다는 점을 의미한다. 즉, 물질 자체와 공간을 구분하고 있는 것이다(R. G. 콜링우드, p.83). 이때 문제는 무엇이 구별을 일으키는지이다. 희박화와 농축화는 결국 다른 양의 물질들이 같은 크기의 공간을 점유한다는 것을 의미하는데, 만약 물질이 아무런 내적 특질을 가지지 못한다면 물질과 공간을 어떻게 구분할 수 있을까? 공기는 내적 특질을 가지지 않은 근원적인 물질이고 그 때문에 만약 공간이라는 개념과 물질이라는 개념을 구분하지 못한다면, 밀레토스 학파 이론의 모든 체계가 붕괴되고 만다.

아낙시메네스는 피타고라스의 스승이었다. 피타고라스는 아낙시메네스에게 직접 가르침을 받았으나 이 문제를 그냥 내버려 둘 수 없었다. 그는 우주에 관한 문제들과 당시 얻어진 기하학적인 성과들 사이에 지금까지 간과한 어떠한 연결이 있다고 생각하였다. 피타고라스는 비록 동일한 공간에서 형태를 가지는 다양한 기하학적 도형들이 질적 특수성 없이 단지 형상의 특수성만을 가진 것처럼 보이지만, 그것들은 서로 다른 질적인 차이점이 있다고 생각하였다(R. G. 콜링우드, p.83). 예를 들면 둥근 도형과 각을 지고 있는 도형은 각각 부드러움과 뾰족한 날카로움을 지니고 있다. 이러한 사실에 기초하여 피타고라스는 자연에 있어서 질적인 차이점은 기하학적 구조의 차이에 근거한다고 주장하였다. 어쨌든 이러한 의견은 피타고라스 학파의 학설이었기 때문에 피타고라스 자신의 학설이라고 해도 틀리지 않을 것이다.

피타고라스가 제안한 새로운 이론은 근원 물질과 공간적 성격을 구별할 수 없는 딜레마를 해결하기 위하여 기하학적 형상을 덧붙인 것이었다. 이론의 주안점은 더는 근원 물질이 무엇인가에 관한 질문, 즉 근원 물질이 무엇으로 구성되었는지에 관한 물음은 아무런 소용이 없다는 것이었다. 그에 의하면 근원 물질에는 공간적 성격 이외에 다른 어떤 성격도 부여할 필요가 없다. 그는 우리가 그것에 부여할 것은 기하학적으로 형상화될 수 있는 능력이며, 기하학적 형상으로 말미암아 사물이 탄생한다고 주장하였다. 어떤 사물은 곤충이고 어떤 사물은 사자인 이유는 사물이 지닌 기하학적 구조 때문인 셈이다. 사자나 곤충의 운동은 바로 사물들이 지니는 본성이다. 그리고 삼각형, 사각형 같은 기하학의 본질을 수라고 생각하였다. 피타고라스가 "만물은 수다."라고 말한 이유는 이러한 의미에서이다.

| 피타고라스주의의 혁명

피타고라스는 밀레토스 학파가 답변할 수 없는 것에 대해 원칙적으로 답변하였다. 이러한 피타고라스의 이론이 성공을 거둔 분야는 음악인데, 음정 간격은 어느 정도 단순한 수치의 비율에 대응한다는 원리를 발견한 것이다. 현이 하나 달린 음향측정 기구인 일현금 줄의 길이는 음정의 간격에 따라 달라진다. 한 옥타브를 내는 줄의 길이는 1:2의 비율이고 4도 화음은 4:3, 5도 화음은 3:2의 비율이다. 이런 관찰을 바탕으로 피타고라스는 모든 것이 숫자 또는 비율로 표현될 수 있다고 주장하기에 이르렀다. 아리스토텔레스는 "그들은 그것의(수학의) 원리가 삼라만상의 원리라고 생각하였다."라고 적고 있다(존 헨리, p.30).

현대의 사례를 보자. 화학에서는 물의 질적 특수성을 H_2O와 연결한다. 빛, 방사능 등은 주파수의 수학적 차이에 불과하다. 그리고 원자 구조의 차이는 결국 원자를 구성하는 소립자의 수와 배열이라는 수학적 차이이다. 그런데 이 소립자, 즉 전자를 기술하려면 오로지 질량과 전하로 표현하는 방법뿐이다. 그리고 그것은 모두 수로 표현된다. 이러한 사실은 결국 현대 물리학은 피타고라스 원리를 확장해서 적용한 것에 불과하다는 것을 증명하고 있다. 오늘날 물리적 세계가 수학적 용어로 분석될 수 있다는 생각은 피타고라스로부터 시작되었다고 볼 수 있다. 그러나 피타고라스는 수에 상징적이고 신비적인 의미를 부여하였다. 그리고 피타고라스주의자들은 아리스토텔레스가 말하였듯이 '수'를 실재라고 여겼다. 수는 실재와 무관한 수가 아니라 실재를 구성하는 수를 가리킨다라고 본 것이다. 이런 사상 가운데 일부는 피타고라스주의자가 아닌 이들의 오해 때문에 잘못 전해졌지만, 오늘날 시각에서 볼 때 피타고라스의 사상이 수에 대한 가상적 중요성이라는 신비주의적이고 마법의 개념을 띤 수학과 뒤섞여 있다는 점은 부정할 수가 없다(존 헨리, p.31). 어쨌든 수에 관해서 피타고라스가 주장하는 바는 세계가 무엇으로 구성되었는지는 중요하지 않으며, 우리가 연구해야 할 것은 근원 물질이 수용하고 경험하는 패턴과 패턴의 변화들이란 것이다.

이러한 방식으로 근원 물질을 파악한 피타고라스주의는 혁명적이라고 말할 수 있는데, 이 혁명이 자연과학에서 눈에 띄는 성공을 거두게 된 이유를 한번 짚어보자. 밀레토스 학파는 근본 물질을 찾아서 그것을 가지고 자연의 다양한 현상을 설명하려고 하였다. 그런데 피타고라스 학파는 이러한 시도가 성공하기 힘들다고 파악한 후, 자연 현상을 수학적으로 풀어낼 수 있을 것으로 생각해서 구조와 관련하여 설명하려고 한 것이다. 피타고라스에게 구조는 바로 수학적 구조였다. 사물의 다양한 변화를 운동으로 설명할 때는 유사점과 차이점을 공정하게 다뤄야겠다는 태도가 중요하다. 그러나 근본 물질을 가지고 운동을 설명하려면 이러한 요구를 충족하기가 힘들다. 하나의 궁극적 물질에 도달하지 못하면 아직도 할 일의 반이 남아있는 셈이다. 반면에 억지로 하나의 궁극적 물질에 도달하게 된다면 모든 차이점을 무의미하게 만드는 결과를 낳을 수 있다.

수학적 형상은 수의 다양성만큼 무한히 다양한 형상들의 위계 속에서 스스로 다른 것과 차별화하는 원리이다. 수학적인 형상들은 삼각형, 오각형 ……, 피라미드, 정육면체, 정십이면체 ……, 1:2. 2:3. 3:4 …… 의 비율처럼 무한하다. 이렇게 무한하게 계속되는 형상들은 그 내부에 차별성의 근거를 가지게 되며, 따라서 수없이 많은 종류의 사물 간 차이점을 설명할 수 있게 된다(R. G. 콜링우드, p.87). 그리고 이렇게 다양한 것을 가지고 자연 현상과 사물의 운동 다양성을 충분히 설명할 수 있다. 하지만 궁극적 물질이라는 어떤 단일성을 택하면 다양한 차별성을 설명하기가 힘들게 된다.

피타고라스주의가 성공한 철학적 요인

피타고라스주의가 성공할 수 있었던 철학적이며 심오한 요인은 다음과 같다. 이오니아인들은 물리학과 수학이라는 두 가지 분야를 동시에 다루었으나 그 둘을 효과적으로 연관 짓지는 못하였다. 그들은 근본 물질을 찾기 위하여 노력하다가 설사 그것을 발견했더라도 그것을 수학과 연결하지는 못하였다. 물리학이 필요로 하는 원리가 예전에는 지성을 통해 이해될 수 있는 것, 즉 물질과 동일시되었다면 이제는 지성을 통해 이해될 수 있는 최상의 것인 수학적인 진리와 동일시되었다(R. G. 콜링우드, p.87). 사람들이 수학적으로 사고하는 법을 배우게 될 때(그리스인들은 그것을 이오니아인들로부터 배웠다) 수학은 보다 편안하게 사고할 수 있는 무대를 제공한다는 점이 분명해졌다. 그 분야는 다른 어떤 분야보다 더 명확한 지식을 얻을 수 있고, 이오니아인들의 천체에 관한 예측 또는 우주론적 사고방식에서 얻을 수 있는 것보다 더 많은 지식을 얻을 수 있었다(R. G. 콜링우드, p.87). 피타고라스 학파를 통하여 이와 같은 명확한 지식이, 사물들의 본질에 관한 지식으로서 새롭고도 즉각적인 믿음을 주는 위치에 놓이게 되었다. 본질에 관한 지식은 사물들이 가질 수 있는 겉모습일 뿐 아니라 겉모습에 독특한 속성들과 차이점을 부여하는 것이기도 했다. 무엇보다 사물을 그 사물이게끔 하는 사물의 본질은 본질적인 지성에 의해 가장 잘 이해될 수 있다고 주장하였다는 점에서 피타고라스주의가 지닌 철학적인 중요성은 훨씬 더욱 컸다(R. G. 콜링우드, p.88).

아리스토텔레스는 그리스 사상사를 회고하면서 순수형상을 중요시한 플라톤을 피타고라스 학파의 일원으로 묘사하였다. 만약 형상들의 위계 속에서 본질적으로 다른 것과 차별하는 것이 형상이라면, 다양하면서도 무한한 수의 수학적 형상들만으로 그 위계를 가득 메울 수 있다고 생각할 필요는 없기 때문이다. 즉, 비수학적 형상도 있을 수 있다는 이야기이다(R. G. 콜링우드, p.88).

피타고라스 이후 소크라테스는 윤리적 개념이 수학적 개념보다 이해되기 쉽다고 주장하였다. 또한 소크라테스 혹은 그의 제자 플라톤이 사물의 궁극적인 본성과 선(善) 개념을 동일시하면서 수학적 관심이 줄어들기는 하였지만, 자연의 궁극적 본질에 관한 질문이라는 측면에서 보자면 철학적으로는 여전히 아무런 변화가 없었다(R. G. 콜링우드, p.88).

밀레토스 학파는 '자연이란 무엇인가'라는 질문을 근본 물질에 관한 질문으로 대체하여 논구했으나 공간과 물질의 차이를 설명하기 힘들다는 한계에 직면한다. 피타고라스 학파는 우주 현상의 질적인 차이점은 결국 구성 물질의 수학적, 기하학적 구조에 의한 차이라고 주장하였다. 사물의 본질을 수학적인 것에 호소함으로써 지성의 대상으로 만든 것이다. 이것은 플라톤으로 이어져 세계를 수학적으로 바라보는 현대의 관점을 형성한다. 이 수학적인 방식은 현대의 양자역학에까지 이어진다. 아래의 책을 읽으면 이 주제를 이해하는 데 도움이 된다.

이 책들에는 주요 과학적 아이디어들이 나타나는 과정과 배경 철학사상이 들어있다.

『서양과학사상사』, 존 헨리 지음, 노태복 옮김, 책과 함께

『철학과 물리학의 만남』, W. 하이젠베르크, 최종덕 옮김, 한겨레

『양자역학의 역사와 철학』, 김유신, 이학사

Q&A

Q 세계가 수학적이라는 사실은 무엇을 함축할까?

A 세계의 모든 질적인 것이 사상되어 양적으로 환원되어 버리는 일이 발생할 수 있다.

Q 피타고라스의 주장은?

① 만물은 수다 ② 만물은 불이다 ③ 만물은 물이다 ④ 만물은 돌이다

A ① 피타고라스는 만물이 수학적 형상에 의하여 질적으로 달라진다고 여겨 만물은 수라고 하였다.

Q 피타고라스는 밀레토스 학파가 답변할 수 없는 것에 대해 원칙적으로 답변을 하였다. 밀레토스 학파의 근본 딜레마는 무엇일까?

① 세계의 근본 물질은 여러 가지다.

② 세계의 근본 물질은 양적이다.

③ 내적 구조를 갖지 않는 근본 물질은 공간이라는 개념과 물질이라는 개념을 구분하지 못한다.

④ 세계를 일원론적으로 파악하였다.

A ③ 아낙시메네스의 공기는 내적 구조를 갖지 않는 근본 물질이다. 그렇다면 공간이라는 개념과 물질이라는 개념을 구분할 수 없는 딜레마에 빠진다. 아낙시메네스는 이를 해결하기 위해서 수학이라는 형상을 덧붙였다.

Q 피타고라스주의의 성공 요인은 무엇일까?

① 우주 현상의 질적 차이점을 근본 물질의 차이점으로 보았다는 점

② 피타고라스가 스승 아낙시메네스의 이론을 계승 발전시켰다는 점

③ 피타고라스 정리의 위대함과 음악을 수학적으로 설명할 수 있음을 보였다는 점

④ 우주 현상의 질적인 차이점이 근본 구성 물질의 차이라기보다 그 구성 물질의 수학적, 기하학적 구조에 의한 차이라는 것을 발견하였다는 점

A ④ 피타고라스 학파는 우주 현상의 질적인 차이점은 결국 그 구성 물질의 수학적, 기하학적 구조에 의한 차이라고 주장한다. 밀레토스 학파는 자연이란 무엇인가라는 질문을 근본 물질에 관한 질문으로 대체하여 논구했으나 공간과 물질의 차이를 설명하기 힘들다는 한계에 직면하였다. 사물의 본질을 수학적인 것에 호소함으로써 사물의 본질을 지성의 대상으로 만들었다.

3

자연철학의 근본 문제: 변화와 생성

앞에서 피타고라스를 다루면서 그가 세계의 현상을 기하학적 차이로 보려는 태도를 가졌으며, 수학적으로 그것을 파악하려고 한 최초의 사람이었다고 말하였다. 밀레토스 학파는 근원적 물질로서 세계를 설명하려고 했으나 그때 발생하는 문제를 극복할 필요가 있었다.

피타고라스는 "만물은 수다."라고 말하였는데 이 주장은 수학, 특히 기하학적 구조가 사물을 사물이게끔 만든다는 의미이다. 수는 변하지 않기 때문에 피타고라스 정리도 변하지 않을 것이다.

이 불변 사상은 진리는 일자이고 불변이라고 주장하는 파르메니데스의 이론에도 나타난다. 반면에 헤라클레이토스는 "만물은 유전한다."라는 주장으로 요약되는 변화를 만물의 근본적인 특징으로 보았다. 이 둘은 모순인 것 같지만 변화를 알려면 어떤 형태든지 불변을 전제하여야 한다. 그리고 불변을 알려면 변화를 전제하여야 한다. 원자론은 원자라는 불변과 원자들의 운동이라는 변화로 자연 현상이 생긴다고 본다. 변화도 곧 세계 현상의 본질인 것이다.

변화의 문제에 대해서는 근본 물질, 즉 제1 물질primary substance이 무엇인지에 관하여 사색하였던 밀레토스 학파로 거슬러 올라간다. 애초에 밀레토스 학파는 변화를 세계의 특징으로서 있는 그대로 수용하였다. 즉, 감각지각을 그대로 믿었고 그것이 환상이거나 우리를 속인다고 생각하지 않았다. 밀레토스 학파는 변화의 발생을 당연하다고 생각하였다. 감각지각이 환각이나 환영이라고는 결코 생각하지 않았다. 그렇기 때문에 그들은 변화는 당연하며, 문제는 이 변화를 일으키는 근본 물질이 무엇인가 하는 방식으로 질문을 던졌다.

그러나 기원전 5세기 초에 이 변화의 문제가 자연에 관한 주요 주제가 되었다. 시간이 흐르면서 변화가 무엇인지, 변화가 실재하는지, 변화란 우리가 속은 탓인지, 진리는 불변인지 하는 논쟁이 나타나게 된 것이다. 기원전 5세기 초가 되면서 변화는 물론 일어나고 이 변화의 외양은 감각으로 지각되는데 우리가 이 감각을 신뢰할 수 있는가라는 질문이 제기된다. 즉, 변화가 바탕에 깔린 실재에 대응될 수 있는가와 감각보다 이성을 신뢰해야 하지 않는가라는 질문이 나오게 된 것이다. 만약 변화가 바탕에 깔린 실재에 대응하지 못한다면, 외양은 우리를 잘못 이끄는 것이 아닌가라는 의문이 든다. 이것은 외부세계에 대한 지식의 토대가 무엇인가라는 인식론적 문제이다.

이 질문은 나타나자마자 곧 주요 철학적 주제가 되고 일반적 감각을 더는 당연한 것으로 받아들이기 힘들게 되었다. 지식의 토대와 변화의 본성에 대한 인식론적 질문을 하게 된 것이다. 이 장에서는 자연철학 근본 문제의 하나인 변화에 관한 문제를 다루고 이러한 변화와 생성을 어떻게 볼 것인가라는 주제를 다룰 것이다.

변화에 관한 철학적 질문을 한 최초의 철학자는 그리스의 유명한 두 사상가인 헤라클레이토스와 파르메니데스이다. 헤라클레이토스는 에베소에서 온 이오니아인이고 파르메니데스는 이탈리아 서해안에 있는 나폴리 남단의 그리스 식민지 엘레아 주민이다.

우선 이 두 철학자를 다룬 후 두 사람의 문제를 다른 관점에서 해결하기를 시도한 철학자들인 엠페도클레스와 아낙사고라스, 원자론자들을 다룰 예정이다.

› 헤라클레이토스: 만물은 유전한다
› 파르메니데스: 진리는 일자이다
› 엠페도클레스, 아낙사고라스, 레우키포스(원자론): 다원론자

헤라클레이토스: 만물은 유전한다

이오니아의 초기 사상가들은 세계의 다양성과 복잡성을 밑바닥에 놓인 근본물질로 설명하려고 하였다. 그런데 에페소스의 헤라클레이토스는 오직 변화만을 경험할 수 있다고 주장하였다. "우리는 같은 강물에 두 번 들어갈 수 없다."

라고 이야기하던 그의 철학은 "판타 레이, 즉 만물은 유전한다everything flows." 였다. 그러나 이러한 주장은 문제의 해결책이 되지 못하며, 문제는 이러한 주장을 문자적으로 해석해야 할 것인가의 여부이다. 학자들은 헤라클레이토스가 세계에는 변화와 상호작용이 일어나고 있음을 강조하였다는 데에는 동의한다. 그러나 세계에는 정지도 있고 평형상태도 있다. 헤라클레이토스의 관점에서 명백한 정지나 평형상태는 반대되는 것들 사이에 있는 긴장 혹은 상호작용을 숨기고 있을 뿐이다. 이것은 그의 단편물에서 보인 예로 "당겨진 활 혹은 수금의 현lyre은 정지해 있지만 사실은 긴장 상태에 있다."에 잘 나타난다. 변화는 어떤 특정한 영역 혹은 어떤 척도measures 내에 한정되어 있고 그것은 상호작용하는 사물 간의 균형을 보증한다고 보았다.

지식의 문제에서 헤라클레이토스는 감각의 증거를 전부 부정한 것이 아니라 조심스럽게 사용해야 한다고 강조하였으며, 한 단편에서는 "눈과 귀는 사람들에게 나쁜 증인이 된다."라고 경고하기도 하였다. 헤라클레이토스가 보기에 세상은 변화 외에는 아무것도 존재하지 않는 것처럼 보였다. 즉, 경험세계를 보면 모든 것이 변하는 듯 보이나 자세히 보면 변화의 종류를 제한하는 결정이 존재하는 사실을 알 수 있다. 헤라클레이토스는 여름이 가면 어김없이 가을이 온다거나 강은 언제나 흐른다거나 하는 결정을 만들어내는 특성을 로고스라고 일컬었다. 그는 "모든 것이 로고스에 따라서 생기는데 사람들은 이를 경험하지 못하여 알아차리지 못한다."라고 하였다.

로고스가 무엇인가? '로고스'가 모든 것을 통합하는 하나의 일관된 법칙이라고 주장하면 간단할 텐데 헤라클레이토스는 로고스를 불과 동일시하였다.

그렇다고 탈레스나 아낙시메네스의 물이나 공기를 대신하는 자리에 불을 놓아둔 것은 아니다. 헤라클레이토스는 불을 일종의 능동적인 동적 원리로 여겼다. 불은 물질의 형태가 아니라 우주에서 활동하는 하나의 원동력이었다. 불이 결정 원리인 로고스라면 아무렇게나 행동하지 않고 정해진 한계 내에서 이루어진다는 제약이 붙는 의미이기도 하다(존 헨리, p.29).

파르메니데스: 진리는 일자이다

헤라클레이토스와 달리 이탈리아 남부 엘레아의 파르메니데스는 인간 이성은 변화 현상을 결코 이해할 수 없고, 인간 이성이 이해할 수 없는 것은 실재할 수 없다고 주장하였다. 이에 대한 파르메니데스의 논거는 매우 강력하다. 첫째, 존재하는 것은 새로 생기지도 없어지지도 않는다. 둘째, 존재하는 것과 존재하는 것 사이에 틈 또는 허공은 없다. 사물의 변화는 그 속성의 변화일 텐데 만일 속성이 존재하는 것이었다면, 첫 번째 논거에 따라 그 속성은 새로 생기지도 없어지지도 않는다. 따라서 사물은 변화하지 않으며 나아가 허공은 없으므로 한 위치에서 다른 위치로의 운동도 불가능하다. 또한 한 사물이 두 사물로 나누어진다면 두 사물 사이에 틈 또는 허공이 생겨나야 한다. 하지만 두 번째 논거에 따라 허공은 존재할 수 없기 때문에 한 사물은 두 사물로 나누어질 수 없다. 종합하면 세계 전체는 나눌 수 없는 한 사물이다. 이상하지 않은가?

파르메니데스의 제자 제논은 스승 파르메니데스에 반대되는 주장이 결국 모순에 이르게 된다는 것을 보여주려고 하였다. 이른바 제논의 역설은 변화의 실재성과 사물의 다수성을 가정할 경우 모순에 이르게 된다는 점을 보여주는 논증이다. 제논은 한 사물이 두 사물로 분할될 수 있다는 것을 인정할 경우, 한 사물이 무한히 분할될 수 있다는 점도 인정해야 한다고 생각하였다. 한 사물이 무한히 분할될 수 있다고 가정할 경우 제논에 따르면 달리기 선수 아킬레우스가 자기보다 일찍 출발한 거북이를 결코 따라잡을 수 없다. 예를 들어 거북이가 아킬레우스보다 100미터 앞서 있다고 하자. 그리고 아킬레우스는 거북이보다 10배 빠르다고 하자. 같은 시각에 같이 출발하였을 때 아킬레우스가 거북이를 따라잡으려고 100 미터를 가면 거북이는 10 미터를 간다. 또 아킬레우스가 10 미터를 가면 거북이는 1미터를 간다. 아킬레우스가 거북이를 따라잡으려고 거북이 위치에 가는 동안 거북이도 움직인다. 아킬레우스가 아무리 달려서 앞서 있던 거북이 위치에 도착하더라도 거북이는 그보다 더 앞서 움직인다. 따라서 아킬레우스는 거북이를 따라잡지 못한다. 하지만 분명히 아킬레우스는 거북이를 따라잡을 수 있다. 여기서 제논이 얻을 수 있는 결론은 실재가 분할될 수 있다는 가정이 결국 모순을 초래한다는 것이다.

파르메니데스와 제논에 따르면 우리는 감각 경험을 통하여 변화가 우리 세계에서 벌어진다는 사실을 믿으나 이 믿음은 이성에 근거하지 않는다. 즉 실제로 있는 세계, 지성의 대상이 되는 세계는 '역설적인' 물리적인 세계로 우리에게 발견되는 것과 정반대의 특징을 가진 세계이다. 반면에 플라톤에게 있어서 실제로 있는 것 또는 지성의 대상은 물리적인 세계가 아니라 순수형상이다.

엠페도클레스, 아낙사고라스, 레우키포스(원자론): 다원론자

진리는 불변이라고 하지만 과학은 자연의 다수성, 다양성, 변화무쌍함을 기술하고 해명하여야 한다. 또한 과학은 이러한 변화 속에서 보존되는 것, 불변자, 지배 원리 등을 발견하여야 한다. 헤라클레이토스와 파르메니데스의 논쟁은 이 두 과제가 동시에 추구될 수 없는 두 마리의 토끼라는 점을 보여주는 듯하다. 하지만 다원주의라는 새로운 조류가 등장하여 두 과제의 충돌을 해소하려고 하였다.

엠페도클레스는 만물은 네 개의 뿌리, 즉 리조마타로부터 자라난다고 주장하였다. 네 개의 뿌리는 물, 불, 공기, 흙인데 나중에 플라톤 또는 아리스토텔레스가 이 '뿌리'를 '원소(스토이케이온)'라고 불렀다. 엠페도클레스의 4원소설은 처음부터 만물의 출발점을 하나가 아니라 4개로 잡았다. 다시 말해 만물은 처음부터 다수성과 다양성을 지니고 있다는 것이다. 한 원소는 다른 원소로 구성되어 있지 않고 이들은 아예 처음부터 다른 것이다. 각 원소는 파르메니데스가 주장하였듯이 새로 생기지도 없어지지도 않는 불변자이다. 엠페도클레스에 의하면 뼈는 불, 물, 흙이 4:2:2로 결합된 것이고, 피와 살은 불, 공기, 물, 흙이 1:1:1:1로 결합된 것이다. 존재하는 것들은 서로 자리를 바꾸거나 배합 비율이 바뀔 뿐, 새로 생기지도 없어지지도 않는다. 그는 여기서 더 나아가 원소들을 모아 섞는 힘으로서 사랑을 도입하고 원소들을 떼어내는 힘으로서 미움을 도입한다.

아낙사고라스는 엠페도클레스의 네 가지 뿌리보다 더 근원에 있는 것을 도입한다. 그는 다양하고 작은 씨앗, 즉 스페르마타spermata가 만물을 이룬다고 주장하였다. 각 씨앗은 빈틈이 없는 단일체이며 이것이 혼합하여 물, 불, 공기, 흙이 생기고 다시 이 4원소가 혼합하여 만물이 생긴다. 가령 젖은 씨앗과 차가운 씨앗에서 물이 생기고, 마른 씨앗과 뜨거운 씨앗에서 불이 생긴다. 한 사물 속에는 다양한 씨앗들이 무수히 들어있으므로 한 사물은 그와 전혀 다른 사물로 바뀔 수 있다. 가령 소는 채소를 먹지만 이 채소는 소의 몸속에서 피와 살과 뼈로 바뀔 수 있다. 아낙사고라스의 이론은 레우키포스와 데모크리토스의 원자론으로 가는 중간 단계로 볼 수 있다.

원자론이란 우주는 허공을 가로질러 움직이는 '아톰atom'으로 이루어져 있다는 견해이다. 여기서 아톰은 '원자'로 번역되는데, 헬라어 어원으로는 '나눌 수 없는 것' 또는 '자를 수 없는 것'을 뜻한다. '아톰'에서 '아'는 '아니다'를 뜻하고, '톰'은 '자르다'를 뜻한다. 데모크리토스는 허공이 실제로 '있다'고 주장하였는데, 그는 그릇에 재를 가득 담아 그만큼의 물을 넣을 수 있다는 사실을 보여주었다. 그릇에 담긴 재의 양만큼 허공이 실제로 있어야 이런 일이 일어날 수 있다는 주장이다.

데모크리토스의 원자주의는 융합연구의 산물인데 이 견해는 원래 언어탐구로부터 시작되었나. 문장과 낱말은 더는 나눌 수 없는 자음과 모음으로 구성되어 있듯이, 사물도 더는 나눌 수 없는 물질로 구성되어 있다는 것이다. 수십 개의 문자가 모든 문장을 산출하여 내듯이, 여러 유형의 원자들이 세상의 모든 사물을 산출하여 내는 것이다. 원자주의는 이전 이론들을 종합하였는데 여기에는 일원주의 요소와 다원주의 요소가 모두 담겨 있다. 모든 원자가 질적으로 동일하다는 것은 일원주의 요소이다. 반면 모양과 크기가 다른 여러 유형의 원자들이 존재한다는 것은 다원주의 요소이다. 각 원자가 새로 생기지도 않고 쪼개지지도 않으며 없어지지도 않는 것은 파르메니데스 요소이며, 각 원자가 허공 속에서 끊임없이 장소를 이동하는 것은 헤라클레이토스의 요소이다. 여러 유형의 원자들이 배합 및 조합하여 다양한 사물이 생긴다는 것은 엠페도클레스의 요소이다. 사물의 성질은 원자들의 결합구조에 의하여 결정된다. 예를 들면 둥근 원자가 많이 들어있는 사물은 달고 모난 원자가 많은 사물은 시거나 맵다. 원자론은 질을 양으로 환원하는 견해인데 이것은 만물을 수의 구성물로 보는 피타고라스 학파의 영향으로 보인다. 피타고라스와 파르메니데스, 헤라클레이토스의 사상들이 모두 반영된 것이 원자론이다.

변화와 생성의 문제는 감각의 신뢰성에 대한 문제와 연결되는 인식론적 문제로 인식토대에 관한 문제이다. 이것을 더 깊이 이해하기 위해 읽어야 할 책은 버트런드 러셀이 저술한 『서양철학사』(상)와 R. G. 콜링우드의 『자연이라는 개념』 등이 있다.

진리는 불변이다. 감각과 관찰은 항상 이론의 보정을 받아야 한다.

Q&A

Q '왜 감각을 신뢰할 수 없는가'를 사례를 들어 설명해 보시오.

A 젓가락이 물속에서 휘어진다는 관찰은 실제로 젓가락이 휘어지는 것을 보여주는 것이 아니다, 걸어가면 달이 뒤따라 오는 것처럼 보인다 등등.

4

플라톤과 아리스토텔레스의 자연철학

지난 장에서 우리는 변화와 생성에 관한 철학과 원자론까지 살펴보았다. 상식적으로 변화를 이해하려면 불변의 개념을 갖고 있어야 한다. 그리고 불변을 알려면 변화를 알아야 한다. 따라서 이 두 주제에 대한 철학적 논의는 당연하다. 파르메니데스가 주장한 지식에 대한 추상적이고 이성적인 접근법은 플라톤에 이르러 절정을 맞았다(존 헨리, p.39). 반면에 좀 더 실제적이고 상식적인 엠페도클레스의 접근법은 아리스토텔레스에 의해 정점에 올랐다. 알프레드 화이트헤드Alfred Whitehead는 서양철학사가 플라톤에 대한 일련의 주석에 지나지 않는다는 견해를 피력하였다. 그리고 이 견해를 부정하기 힘들 정도로 서양지성사에서 플라톤의 영향은 크다. 또한 아리스토텔레스의 자연철학은 중세로부터 과학혁명이 일어나기까지 서양과학에 지배적인 영향을 끼쳤다. 따라서 서양과학의 변천을 살펴보기 위해서는 플라톤과 아리스토텔레스를 다루지 않을 수 없다. 따라서 이 장에서는 플라톤과 아리스토텔레스의 자연철학에 대하여 생각하고자 한다. 특히 파르메니데스, 헤라클레이토스, 피타고라스와 같은 밀레토스 학파 이후 사상가들의 영향을 받은 플라톤과 아리스토텔레스의 자연철학이 어떠하였는지를 살펴보자.

› 플라톤의 자연철학
› 아리스토텔레스의 자연철학

플라톤
(출처: 위키피디아)

플라톤의 자연철학

플라톤은 파르메니데스로부터 실재나 진리는 불변한다는 주장을 받아들인다. 그리고 피타고라스로부터 자연이 수학적이라는 사상을 받아들이고 형상에 관한 이론을 받아들인다.

우리 주위에 변화는 가득하지만 변화는 덧없는 것이고 신뢰할 수 없는 것이다. 예를 들어 여러분이 '나는 밖에 비가 온다는 것을 안다'라고 말하면서 밖으로 나왔을 때는 이미 비가 그쳤을지도 모른다. 늘 변화를 파악하지만 그 순간 변화는 지나가버려 나의 인식은 거짓이 될 수 있다. '비가 왔었다'는 사실은 변하지 않는다고 말할 수 있으나 그것은 나의 기억 속에만 존재하므로 틀릴 수도 있다. 우리가 감각으로 알게 된 것은 언제든지 틀릴 수 있다. 이것이 바로 파르메니데스가 변화하는 세계를 인정할 수 없는 이유였다. 내가 무엇을 안다고 주장할 때, 예를 들어 만약 '나는 x를 안다'고 진술한다면 x는 현재뿐 아니라 영원히 참이어야 한다. x가 '나무는 자란다'라면 나무는 영원히 자라야만 한다. 그렇지 않으면 우리는 '나무는 자란다'는 표현을 할 수가 없다. 오히려 어떤 나무는 언제 어느 장소에서 잠시만 자란다라고 해야 한다. 이것조차도 정확히 표현할 수가 없다. 감각은 끊임없이 우리를 속이기 때문에 무언가 불변하고 영원한 것이 있어야 한다.

자연철학에 관한 플라톤의 주요 저서는 『티마이오스』이다. 『티마이오스』에서 플라톤은 원래 혼돈에 있었던 물질 질료에서 데뮤고스가 이데아의 질서를 따라 세계를 창조하였다고 말한다. 질료에서 만들었기 때문에 세계에는 변화가 존재할 수밖에 없다. 실재는 참되고 불변이라고 말한다. 플라톤은 불변의 세계는 이데아계이며 변화는 현상계라고 분리하였다.

플라톤에 의하면 사물을 그 사물로 만드는 것은 사물 내부에 있는 형상 이데아이다. 예를 들어 삼각형을 삼각형이 되게 하는 것은 실재하는 삼각형의 모습이 아니라 삼각형의 형상이다. 나무를 나무가 되게 하는 것은 실제적 나무의 구성요소가 아니라 나무의 형상이다. 현실의 나무는 이 형상을 모방하기 때문에 나무로 존재한다. 즉, 현상계는 이데아계를 모방하거나 이데아계가 현상계에 참여하기 때문에 우리는 현실을 인식할 수 있다고 한다. 우리가 사물을 인식할 때 모든 구체적 사물 자체만을 인식하는 것은 아니며 보편개념 아래에서도 사물을 인식한다. 플라톤은 이러한 인식 현상에 대해 잘 설명하였는데, 신화적 용어를 사용하여 이데아계와 현상계를 분리하였다. 우리가 고양이를 인식하는 것은 구체적 고양이를 보고 이데아계의 고양이를 기억해내기 때문이라고 하였다. 즉, 인식이 가능한 이유는 이미 우리에게 형상에 대한 기억이 있기 때문이다.

형상은 자연 세계를 구성하는 사물처럼 감각되는 것이 아니라 지성을 통하여 파악되는 것이다. 파르메니데스나 플라톤은 지성을 통하여 파악되는 세계가 바로 실재하는 세계라고 말한다. 플라톤은 형상 혹은 원형이나 선성善性은 우리의 구성이 아니라 우리와 독립적으로 실재한다고 보았다. 실재라는 것은 상상이나 환상과는 다르며, 플라톤이 사용했던 '관념들ideas'이라는 용어는 몸이나 물질을 가지는 사물과 마찬가지로 실재하는 것을 의미한다. 그리스적 의미에서 삼각형의 원형은 절대적으로 실재하는 것이다. 플라톤에 따르면 주요한 모범은 수학이며, 그중에서도 특히 기하학이다. "기하학을 모르는 자는 들어오지 못하게 하라." 아테네에 있던 플라톤의 아카데미아 정문 위에 적힌 문구이다.

우리의 지각대상은 어떠할까? 덧없이 변하고 생겼다가 사라지는 것을 실재라고 할 수 있을까? 플라톤에게서 사물이 변화한다는 것은 자연을 구성하는 사물들의 비실재성을 증명하는 것이다. 예를 들어 태양은 변한다. 따라서 플라톤이 태양은 실재하지 않는다고 하더라도 우리는 태양은 저기 있다고 말할 수 있다. 즉, 단순히 있다고 하는 것과 실재성은 구별된다. 플라톤은 파르메니데스처럼 변화를 지성의 대상으로 보지 않고, 진리는 불변에 있음을 받아들였다.

이런 철학관을 가진 플라톤 과학의 경향은 다음과 같다. 우선 추상적 사고를 중시하였고, 과학은 수학적이며 목적론적 경향을 띠었다. 또한 우주는 유기체이고 엠페도클레스의 4원소 이론의 원자론적 버전을 지지하였다. 그는 세계는 네 가지 기본 원소로 이루어졌으며 천상의 원소는 다섯 가지라고 하였다. 그리고 피타고라스를 따라서 원소는 기하학적인 정다면체로 구성되었다고 말하였는데, 정다면체는 단순하고 수학적인 아름다움과 완벽성을 지니고 있다고 보았다. 흙의 원자는 정육면체, 불의 원자는 정사면체, 공기는 보이지 않는 정팔면체, 물은 정십이면체, 천상의 원소는 정이십면체라고 하였다. 이처럼 그의 수학적 경향은 주로 기하학적이었다. 그는 지구중심설을 주장하였고 행성은 등속 원운동을 한다고 보았다. 어째서 등속 원운동을 한다고 보았을까? 아마도 원운동이 가장 완전한 운동이라고 생각하였기 때문일 것이다.

플라톤은 그 당시 실제 행성은 등속 원운동을 하지 않고 역행운동과 타원운동을 한다고 관찰하였다. 플라톤은 진리를 이데아계에 속한다고 보았기 때문에, 자신이 관찰한 세계는 현상계이므로 의문을 가질 필요가 없고 원운동으로 설명된다고 생각한 것이다.

아리스토텔레스의 자연철학

아리스토텔레스의 철학은 워낙 방대하고 복잡하여 요약하기가 쉽지 않다.

아리스토텔레스
(출처: 위키피디아)

여기서는 아리스토텔레스의 우주론을 중심으로 그의 철학을 간략하게 살펴볼 예정이다. 아리스토텔레스의 자연관에서 자연은 변화뿐만 아니라 노력이나 성향, 즉 일정한 방식으로 변화하려는 성향을 의미한다. 다시 말해, 17세기의 물질 세계처럼 관성으로 특징지어진 세계가 아니라 자발적 운동으로 특징지어진 세계이다. 아리스토텔레스는 자연 그 자체를 과정이자 성장이며 변화로 보았고, 자연의 사물은 운동의 원천을 내부에 가지고 있다고 보았다. 그리고 본질을 따르는 운동을 자연스러운 운동이라고 생각하였다. 그 당시 그리스인들에게 자연의 법칙은 현대인이 생각하듯 입법자가 되어 명령이나 강제적인 힘을 부여하는 존재를 지칭하는 것이 아니라, 단지 사물의 '일반적인' 특징을 지칭하는 것이었다.

플라톤은 물질 세계를 낮추어 보고 심지어 그 실재성을 부정하였으나, 플라톤의 제자였던 아리스토텔레스는 온갖 변화로 가득한 물질 세계를 인정하였다. 따라서 아리스토텔레스는 자연 현상에 관하여 많은 관찰과 탐구를 하였고, 감각을 통해 얻은 정보를 상식에 비추어 해석함으로써 지식을 얻는다고 보았으며, 보통 사람이 받아들이지 못하는 사항은 일단 의심부터 하였다. 그러다 보니 이데아계를 인정하지 않았고 원자론조차 받아들이지 않았다. 원자는 관찰되지 않고 철저히 양적인 특징만 가진 것처럼 보였기 때문인지도 모른다.

그렇다면 아리스토텔레스가 변화에 어떻게 접근하였는가를 살펴보자. 아리스토텔레스는 세계의 복잡성을 단일한 원리로 설명하기를 거부하였다. 가령 물, 불, 공기 등으로 환원될 수 없다고 보고 대신에 모든 변화과정을 적절히 분류하여 탐구하는 분류체계를 만들었다.

아리스토텔레스는 플라톤의 이데아 이론을 비판하면서 모든 사물은 형상과 질료로 구성되어 있다고 보았지만, 플라톤처럼 형상의 세계가 따로 존재한다고 여겨지는 않았다. 그의 형상 개념은 개별 물체마다 구체적이므로 플라톤의 보편적 또는 이상적 형상 개념을 거부한다. 아리스토텔레스는 플라톤처럼 모든 탁자가 공통점을 갖고 있다고 해서 그 공통된 속성을 단일하게 구현하는 이상적 탁자가 존재한다고 결론을 내리는 플라톤의 생각은 그르다고 주장한다(존 헨리, p.54~55). 개별적 형상이 사물의 본성을 이해하는 데 중요한 역할을 한다. 이것이 아리스토텔레스와 그의 추종자들이 고대 그리스 철학자들 가운데서 유독 세상의 다양한 생물체에 진지한 관심을 보인 이유이다. 그리고 아리스토텔레스는 동물에 대해서도 많은 기술을 하였다. 다음은 아리스토텔레스의 우주관이다.

• 천상계와 지상계의 구별: 천상계 불변, 지상계 가변

아리스토텔레스는 달의 중간을 경계로 하여 달의 윗부분을 천상계라고 부르고 지구에서 달 아랫부분까지를 지상계라고 불렀다. 천상계는 불변의 세계로서, 행성과 태양은 원운동을 하며 그 운동 역시 불변이다. 이와 달리 지상계는 변화가 있는 세계이다.

• 지구와 우주의 중심과 천동설

우주의 중심은 지구이다. 흙이 가장 무겁기 때문에 흙으로 구성된 지구가 그 중심이다. 흙 외에도 지구는 물, 공기, 불로 규정되어 있으며 행성과 태양, 달은 모두 지구 주위를 회전한다.

• 등속 원운동, 항성 천구

행성의 운동은 등속 원운동이다. 아리스토텔레스는 이러한 원운동을 자연스러운 운동으로 보았고 진공은 없으며 우주는 수정으로 꽉 차 있다고 보았다. 그리고 항성 천구가 우주 전체를 둘러싸고 있다.

• 자연스러운 운동과 강제 운동

아리스토텔레스는 운동의 종류를 자연스러운 운동과 강제 운동으로 나누었다. 자연스러운 운동은 물체 자체의 본연적 성질로 인하여 발생하는 운동이고, 강제 운동은 자연스러운 운동이 아닌 모든 운동이다. 또한 운동하는 물체는 외부에 힘을 가하지 않으면 반드시 멈춘다고 보았다. 즉, 관성의 법칙을 인정하지 않았다. 원격작용도 있을 수 없다. 따라서 아리스토텔레스의 운동관에서 강제 운동이 일어나려면 외부의 힘이 물체에 계속 접촉하여 작용해야 한다. 강제 운동의 원인요소를 접촉이라고 본 것이다. 화살이 손을 떠나는 것에 대하여 왜 날아가는가라고 물으면 화살이 날아가면서 밀어낸 공기가 뒤로 와서 화살을 치기 때문이라고 설명한다. 아리스토텔레스의 세계관에서는 뉴턴의 만유인력도 원격작용이기 때문에 불가능하다.

- 자연과 인공(비자연)의 구별, 목적론적, 체계적, 경험적, 비수학적(세계는 수학처럼 정확할 수 없고 심지어 관련도 없다고 생각함)

이분법으로 자연과 인공을 구별하고 자연 현상에 대한 설명은 목적론적이다. 체계적이지만 플라톤과는 달리 세계가 수학적이 아니며 또한 그럴 이유도 없다고 생각하였다.

Q&A

Q 플라톤과 아리스토텔레스의 자연철학을 현대학문과 비교해 보시오.

A 플라톤은 세계가 수학적이라고 보고 추상적인 학문을 강조하였지만, 아리스토텔레스는 플라톤에 비해 상식적이고 상식적 경험에 맞는 주장을 강조한다. 두 사람의 이론을 현대과학에 비추어 보면 현대학문, 자연과학, 사회과학은 모두 추상적이면서 경험적 검증을 요구한다. 이 둘을 적절히 적용하여 학문을 하는 것이 중요하다.

5

프톨레마이오스의 천문학: 지구중심설

오랜 옛날부터 많은 학자들이 우주의 구조에 대하여 생각하여 왔다. 고대 그리스에서 아리스토텔레스와 에우독소스는 지구가 우주의 중심에 있고 모든 천체가 지구 주위를 공전한다고 주장하였다. 반면에 에크판토스는 지구가 우주의 중심이지만 자전하고 있다고 주장하였다. 필로라우스는 지구도 태양도 우주의 중심은 아니지만 자전과 공전을 하고 있다고 주장하였다. 그리고 아리스타르코스는 우주의 중심에 있는 태양 주위를 지구가 공전하고 있다고 주장하였다. 이처럼 고대 학자들은 지동설과 천동설 모두를 논의하고 있었다.

프톨레마이오스는 이들의 사상을 모아서 아리스토텔레스의 철학에 기초하여 체계화하였다. 물론 지구가 우주의 중심에 있다는 설을 가지고 행성의 위치

계산을 비교적 정확하게 한 사람들이 이전에 있기는 하였으나 결국 모든 것을 체계화한 인물은 프톨레마이오스이다. 지금도 이 형태의 천동설을 '프톨레마이오스의 천동설'이라고 부른다. 지금부터 코페르니쿠스가 나오기까지 서양을 1,500년가량 지배하여왔던 프톨레마이오스의 천동설에 대해서 알아보자.

› 프톨레마이오스의 천동설
› 『알마게스트』
› 프톨레마이오스 천문학의 문제점

프톨레마이오스의 천동설

고대의 천문학에는 여러 가지 선택지가 있었는데, 어떤 형이상학을 배경으로 하느냐에 따라 그 선택이 달랐다. 당시에도 지동설은 있었으나 배경 철학의 선택이 주류 천문학의 선택을 가른 것이다. 프톨레마이오스의 천문학은 몇 가지 형이상학적 원리를 전제로 하고 있다. 엠페도클레스 이래로 받아들여진 4원소설에서 지구는 무거운 흙으로 우주의 중심에 있다. 원운동은 완전하면서 자연스러운 운동인데, 플라톤이 지구 중심의 동심원 모델을 시작하였고, 에우독소스가 동심원 모델을 개량하였으며, 아리스토텔레스가 동심원 모델을 완성하였다고 한다. 프톨레마이오스는 아리스토텔레스의 형이상학에 기초하여 지구는 우주의 중심에 있고 고정되어 있으며 태양을 비롯한 모든 천체는 등속

⊗ 프톨레마이오스와 천동설 모형 (출처: 위키피디아)

원운동을 하되 약 하루에 걸쳐 지구 주위를 공전한다고 하였다. 그러나 태양이나 행성의 공전 속도는 각기 다르고 그러한 이유로 시기에 따라 보이는 행성도 다르다.

천동설이란 무엇인가? 하나의 수학적 천문학 모델인가? 그것이 과연 천체의 실제 움직임에 대한 묘사일까? 태양에서 보면 지구와 행성이 태양을 중심으로 돌고 있으나 지구에서 보면 지구는 정지하여 있고 태양과 행성이 지구를 중심으로 돈다. 상대론 입장에서 보면 양쪽 모두 똑같은 것이 아닌가라고 생각할 수 있다.

프톨레마이오스의 천동설은 단순한 천문학적 계산 방법이 아닌 하나의 우주론이었다. 즉, 천동설에는 당시의 철학이나 사상이 담겨 있다. 그리스 철학에서 지구가 중심인 이유는 흙, 물, 공기, 불 중에서 무거운 것일수록 중심에 있고 가벼운 것일수록 천상으로 가기 때문이다. 그것은 자연스러운 운동의 결과이다. 천동설에서 말하는 천구는 딱딱한 구체이며 이것이 지구와 태양, 행성을 포함한 모든 천체를 감싸고 있다. 항성은 천구에 붙어있거나 천구에 뚫린 미세한 구멍으로 천구 밖의 빛이 새어 나와 보이는 것으로 여겨졌으며, 행성과 항성의 운동은 신이 최초로 일으킨 것으로 생각한다. 아리스토텔레스는 신이 부동의 원동자라는 주장을 내세우며 신이 태양과 행성의 원운동을 일으킨 후 세상을 떠나 자신의 사색에 몰두하였다고 한다. 모든 변화는 지구와 달 사이에서만 일어나고 더 멀리 있는 천체는 정기적인 운동을 반복할 뿐, 변화는 영원히 일어나지 않는다고 여겼다.

프톨레마이오스 우주관은 신학적으로 중세와 잘 부합되었다. 신이 지구를 우주의 중심으로 둔 것은 인간이 사는 특별한 천체이기 때문이다. 지구는 우주의 중심인 동시에 모든 천체의 주인이다. 그는 모든 천체는 지구의 종이며 주인을 따르는 형태로 운동한다고 생각하였다. 아리스토텔레스의 철학이 비록 기독교와 부합하지 않았지만, 적절히 신학적으로 받아들였기 때문에 중세 유럽에서 기독교 신학은 천동설을 공식적인 우주관으로 간주하게 되었다.

알마게스트

『알마게스트Almagest』는 프톨레마이오스의 주요 저서이다. 그의 이론은 일상적 경험과 조화를 이루고 있다. 이 책은 2세기에 별과 행성들의 궤도 운동을 다룬 수학적이고 천문학적인 책으로 그리스어로 쓰였다. 『알마게스트』는 지구를 중심모델로 헬레니즘적인 알렉산드리아, 중세 비잔틴 그리고 이슬람 세계에서 중세와 르네상스를 거쳐 코페르니쿠스의 출현까지 1,200년 이상이나 받아들여진 가장 영향력이 있는 과학 저서였다. 그리고 17세기까지 이슬람과 유럽 천문학의 가이드이기도 하였다. 그리스어로 쓴 원전의 이름은 『*Mathematike Syntaxis*(영문: The Mathematical Arrangement, 수학적 배열 조직)』이었다. '알마게스트'라는 이름은 가장 위대함megiste을 상징하는 그리스 단어의 아랍적인 왜곡이다. 이 책은 827년 아랍어로 번역되었고 12세기 중반에 다시 라틴어로 번역되었다. 라틴어로는 'Magna Syntaxis'이며, 영어 'Almagest'는 아랍어 'al-majistidpti'에서 나왔다.

이 책은 고대 그리스 천문학의 가장 중요한 정보이다. 『알마게스트』는 열세 권으로 구성되었고, 첫 번째 책은 아리스토텔레스 우주론의 요약을 포함하고 있다. 구형의 지구가 움직이지 않은 채 중심에 놓여 있고, 지구를 중심으로 하는 구형의 하늘이 존재하며, 항성과 여러 행성은 지구를 중심으로 공전을 한다는 내용이다. 항성들을 통과하는 태양의 겉보기 궤도를 다루면서 지구 중심적이며 구형인 우주에 대한 논증도 담고 있다. 또한 3각법 테이블을 따르는 데 필요한 것도 포함하고 있다. 그것으로 프톨레마이오스는 태양, 달, 행성과 항성들의 운동을 설명하고 예측하였다. 두 번째 책은 구형 삼각법을 사용한 지도제작법을 설명하고 있다. 낮의 길이, 하늘의 별들이 뜨는 것과 지는 것을 위한 매일의 운동, 태양이 남중할 때의 위도, 주야 평분점equinox 하지, 동지에서 그노몬gnomon, 해시계 침의 위치, 관찰자의 위치에 따라 변하는 다른 관찰 등등과 관련한 문제를 다루었다. 그다음 책들에서는 1년의 길이, 주전원의 운동,

일식, 월식 예측, 연주시차, 수성, 금성, 화성, 목성 토성, 역행운동 등의 관찰을 담고 있다.

이 우주관은 많은 사람에게 영향을 미쳤다. 14세기에 발표된 단테의 『신곡-천국』 편에서는 달, 태양, 목성 등의 행성이 있는 하늘이 지구 주위를 동심원 모양으로 둘러싸고 있다. 그리고 그 위에는 항성이 있는 하늘보다 더 멀리서 움직이는 가장 높은 하늘을 볼 수 있는 것으로 묘사되어 있다.

천동설은 중세를 지배하였을 뿐만 아니라 코페르니쿠스가 출현할 때까지 관측 사실과 정합성에 있어서 당시 지동설보다 우위에 있었다. 만약 지동설이 사실이라면 항성의 연주시차가 관측되어야 한다. 하지만 당시 기술로는 그 모습을 관측할 수 없었기 때문에, 프톨레마이오스의 천문학은 수많은 약점에도 불구하고 여전히 사용되었다. 이뿐만 아니라 천동설은 엄청난 관찰 자료를 설명할 수 있는 여러 방법을 개발하였다.

이에 비하여 코페르니쿠스의 천문학은 우주를 유한한 구(球)로 상정하는 아리스토텔레스의 우주론과 등속 원운동에 대한 이론을 유지하고 있었기 때문에 문제가 나타나게 된다. 특히, 관성의 원리조차 없었던 당시에는 지구가 움직이기 때문에 물체를 떨어뜨리면 뒤로 가서 떨어져야 한다고 생각하였으며, 사람이 어지러워야 할 뿐 아니라 공기와의 마찰로 인하여 소리도 나야 한다고 생각하였다. 그런데 그러한 일은 일어나지 않았고, 이것은 코페르니쿠스의 지동설이 틀렸다는 증거로 삼아지게 된다. 무엇보다 지동설은 천문학의 외적인 사실들을 설명할 수 없었다. 코페르니쿠스의 안을 받아들이려면 우주론의 토대가 되는 철학적 대안이 나와야 하는데 그러지 못하였다. 코페르니쿠스는 자신의 천문학적 주장이 천문학 외의 문제와 관련이 있다는 점을 인식하지 않았다. 이로 인하여 사람들은 프톨레마이오스의 천문학이 오류가 많을지라도 버리지 못하고 여전히 사용할 수 밖에 없었다. 더불어 코페르니쿠스의 빈약한 관찰 자료는 프톨레마이오스 천문학이 17세기까지 영향력을 행사하는 데 일조하였다.

프톨레마이오스 천문학의 문제점

프톨레마이오스의 천동설 모델은 하늘을 관찰할 때 발견되는 역행운동이나 행성의 타원운동 등을 설명할 수 없었다. 이것을 해결하기 위하여 프톨레마이오스는 주전원의 사용, 기하학적 중심과 운동의 중심 구별 등 보완책을 만들었으나 그 방법은 매우 복잡하고 계산하기 힘들었다. 여전히 등속 원운동을 고집하고는 지구를 중심으로 하는 토대에서 해결할 수 없는 문제가 많았다. 코페르니쿠스가 등장한 시기에는 수정이 필요한 달력들이 많았고, 새로운 천문학의 출현이 절실하였다.

이번 장은 지식을 주기보다는 사고하는 틀과 관련된 내용을 담고 있다. 토마스 쿤의 과학혁명 구조를 보면 일반적으로 과학이란 대개 정상과학을 이야기한다. 정상과학은 토대가 되는 패러다임이 있다. 패러다임은 과학 외적인 것으로 과학에 의미를 부여하고 과학과 생활세계의 정합성을 주는 틀이다. 토마스 쿤의 과학혁명 구조에는 여기에 관한 이야기가 잘 나와 있어 프톨레마이오스와 코페르니쿠스의 관계를 이해하는 데 도움이 된다.

Q&A

Q 천문학은 천문학 외적인 것에 토대를 두므로 천문학의 변화를 가능하게 하려면 외적인 토대에 대한 변화가 필요하다. 만약 천동설을 변화시키려면 어떤 외적인 사상을 변화시켜야 가능할까?

A 몇 가지를 생각해 볼 수 있다. 첫째는 행성의 원운동 변화이다. 그러나 원운동을 변화시키려면 운동의 원인을 설명해야 하는 문제가 있다. 왜냐하면 기존의 원운동은 설명이 필요하지 않았기 때문이다. 둘째는 지구가 중심인 동시에 정지하여 있어야 한다는 생각이 필수적인가이다. 이 생각을 부정한다면 가장 무거운 것이 운동하여야 한다. 또한 지구가 중심에 있고 물로 둘러싸여 있다는 생각 역시 거부하여야 한다. 코페르니쿠스는 지리상의 발견으로 지구가 중심이고 물로 둘러싸여 있다는 사실을 부정하는 증거를 제시하였다. 지구에 대한 개념이 변하여 지구가 우주의 중심이라는 개념이 변할 수 있었다. 다음은 천문학적 논의로 태양이 중심이고 지구가 돈다는 것을 생각할 수 있다.

6

천문학의 혁명:
코페르니쿠스의 태양중심설

코페르니쿠스의 태양중심설은 단순히 당시 천문학적 이론인 지구중심설을 천문학적 비판을 통해서 태양중심설로 바꾸어 놓은 주장이 아니다. 여기에는 천문학 외적 요소인 지식의 정당화, 세계관, 우주론 등의 여러 요소가 개입되어 있었다. 코페르니쿠스가 살던 시기는 르네상스였다. 르네상스때도 지식의 정당화 근거에 전통적 권위가 중요한 역할을 하였으나 과거와 달리 자연계의 관찰도 중요한 역할을 하였다.

자연철학 우주론, 천문학에 대한 지식의 정당성을 관찰을 통하여 확립하려는 움직임이 일어난 것은 플라톤, 아리스토텔레스 등 고대 학자들의 천문학적 주장이 많은 문제점을 노출시켰기 때문이다. 이런 분위기 속에서 코페르니쿠스 역시 르네상스인답게 관찰에 입각한 천문학적 증거를 통하여 그 증거와 합치하는 결론을 끌어내려고 하였다.

코페르니쿠스의 천문학이 어떻게 나오기 시작하였는지 배경과 내용, 그리고 한계는 무엇인지 살펴보자.

› 코페르니쿠스 천문학의 출현 배경
› 코페르니쿠스의 태양중심설이 주는 우주론적 의미
› 코페르니쿠스의 한계

코페르니쿠스 천문학의 출현 배경

원래 고대 그리스의 수학, 바빌론과 이집트의 경험적 자료와 수학, 그리스의 원자론 등, 세 전통은 서로 교류하면서 독자적으로 발전하였다. 그러다가 정치적 쇠퇴와 변화로 인하여 떨어져 있다가 다시 만나게 된다. 이 만남은 천문학의 탐구에 활력을 불어넣게 된다. 또한 지리상의 발견 등으로 지구 개념에 변화가 일어나면서 우주관 자체의 변화도 필요하게 되었다. 왜냐하면 당시 지구 개념은 우주론이 반영된 것이기 때문이다.

프톨레마이오스 천문학은 당시의 우주론을 충실하게 반영하였다. 그런데 우주론에 근본적 변화가 생기면서 우주관에 기초하여 형성된 프톨레마이오스의 지구중심설을 반드시 채용할 필요가 없다는 결론에 이르게 된다. 그리고 당시 지리상의 발견을 위한 많은 항해가 있었는데, 이들에게는 특히 더 정확한 달력과 천문학이 필요하였기 때문에 사람들은 천문학에 많은 관심을 두게 되었다.

15세기가 되면서 관찰 천문학이 항해와 구 율리우스력의 개혁과 연관되며 다시 발전하게 된다. 그러한 움직임은 빈 대학의 게오르그 푸어바흐George Purbach로부터 시작되었다. 그의 학생이었던 요한네스 뮬러Johannes Muller는 프톨레마이오스 천문학의 그리스 원전을 공부하기 위하여 이탈리아로 갔다. 뮬러는 처음으로 대기의 굴절을 고려한 올바른 천문학적 관찰을 하였고, 천문학에 기계적인 시계를 최초로 사용하였다. 그리고 달력을 개혁하기 위하여 로마로 갔으나 그 일을 하지 못한 채 죽고 말았다. 대신 그 작업은 친구이자 예술가인 알브레히트 뒤러Albrecht Dürer에게 계승된다.

코페르니쿠스가 천문학적 작업을 할 때는 이미 정확한 근대적인 관찰 자료들이 상당히 축적되어 있었다. 코페르니쿠스는 프라우엔부르그의 성당참사회 회원으로 자신의 생각을 발표하기 오래전부터 학식 있는 천문학자로 알려져 있었다. 그는 이탈리아에서 다양한 분야의 학문을 연구하였으며 고향으로 돌아와 의사와 교회행정가로서 활동하였다. 코페르니쿠스의 천문학적 지식은 잘 알려져서 1514년에는 라테란 공의회Lateran Council로부터 달력 개정에 관한 질의를 받았기도 하였다. 우주체계에 관한 코페르니쿠스의 새로운 관념들은 33세 때 본격적으로 형성되었지만, 그는 당시에는 생각을 공표하지 않고 몇 년 동안 이론을 꼼꼼하게 다듬고 증명하는 데에 힘을 쏟았다. 그러나 그의 생애 중에는 이론의 초록만이 부분적으로 발표되었다. 그의 주요 저서 『천구의 회전에 관하여』는 그의 사후인 1543년에 발표되었다. 코페르니쿠스는 임종을 맞은 병상에서만 그 증명서를 읽었기 때문에 그의 친구 안드레아스 오지안더Andreas Osiander가 교회와 타협한 서문을 그의 저작에 덧붙여 놓았다는 것을 알지 못한 채 임종하였다(라이엔바하, p.22).

출간된 『천구의 회전에 관하여』에는 지구가 다른 행성들처럼 태양 주위를 공전하며 또한 자전축을 중심으로 24시간마다 회전한다는 주장이 담겨 있다. 그렇다면 코페르니쿠스가 아리스토텔레스 철학이 지배적인 시대, 특히 프톨레마이오스의 천문학에 익숙한 천문학자들에게 어떻게 태양중심설을 정당화시켰는지 그리고 그것의 의미는 무엇인지 살펴보자.

플라톤, 아리스토텔레스, 프톨레마이오스 같은 권위자들이 오랫동안 설명한 우주는 기본적으로 지구가 중심에 고정되어 있고 태양을 비롯한 행성이 지구 주위를 공전하는 구조였다. 전통적 권위가 지식을 정당화하던 시기에는 이

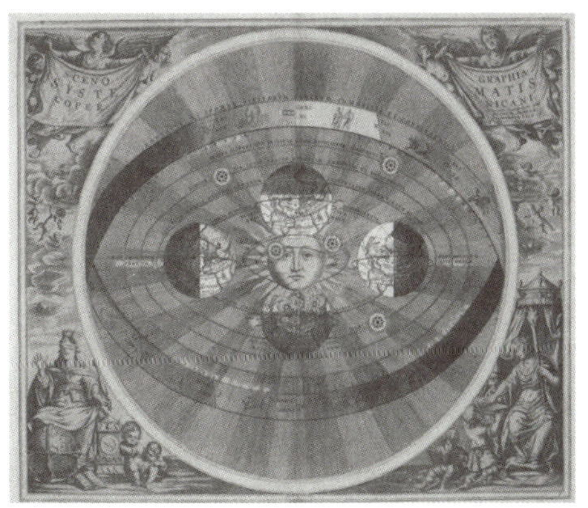

코페르니쿠스와 태양중심설 모형(출처: 위키피디아)

미 알던 기존의 모델에 적합해 보이지 않는 현상이 관찰되더라도 기존 틀의 범위에서 자료를 해석하였다. 예를 들어 관찰을 통하여 행성이 등속 원운동을 하지 않고 타원운동을 하거나 역행운동을 한다는 사실을 알 수 있다. 그러나 코페르니쿠스 이전의 천문학자들은 프톨레마이오스-아리스토텔레스의 틀을 여전히 유지하면서 내부 수정을 통하여, 즉 주전원을 도입하여 새로 발견된 천문현상을 설명하려고 하였다. 또는 달력에서 많은 오차가 발견되는 등의 오류가 발견됨에도 그 현상들을 무시하려고 하였다. 왜냐하면 지식 정당화의 근거로서 관찰보다는 고대의 권위가 훨씬 비중있었기 때문이다. 이런 현상은 과학발달에서는 흔한 일이며, 관찰 결과가 있을지라도 그것을 해석할 수 있는 틀이 있어야 인지가 되고, 그렇지 않으면 이론이나 주장은 무시를 받을 수 밖에 없게 된다.

일상적인 경험을 비추어보면 분명히 지구는 멈춰있고 태양을 비롯한 다른 행성이 지구 주위를 움직이는 것으로 보인다. 만약 코페르니쿠스도 일상적인 개인 관찰에 의존하였다면, 천문학의 혁명은 일어날 수 없었을 것이다. 게다가 오늘날의 상대론적 관점에서 보면 천문학에서 지구를 정지시키고 태양과 행성을 돌게 하든지, 태양을 정지시키고 지구와 다른 행성을 태양 주위로 돌게 하든지 세부적인 면에서 수학적 유도나 계산에서 차이가 있을 수도 있지만, 큰 틀에서는 기본적으로 차이가 별로 없다고 볼 수 있다. 따라서 코페르니쿠스의 주장은 혁명이 될 수 없지 않았을까? 그렇다면 무엇 때문에 코페르니쿠스의 태양중심설을 혁명적이라고 평가하는 것일까? 단순히 태양중심설이 천문학을 간단하게 기술할 수 있도록 해주었기 때문일까? 그리고 코페르니쿠스는 어떻게 그러한 혁명적인 생각을 할 수 있었을까?

코페르니쿠스의 천문학적 이론의 변화는 중세 시대의 세계관을 변화시켰다. 중세의 세계관을 형성하는 중요한 토대 중의 하나가 우주론이다. 우주론은 중세 세계관 전체와 정합성을 이루고 있었다. 만약 우주론이 붕괴되면 우주론을 중심으로 가지고 있던 중세의 세계관이 무너지고 동시에 새로운 세계관이 대두될 것이다. 지구중심설은 단순히 일상적인 관찰적 사실에만 토대를 가지고 있지 않다. 그것은 고대 그리스의 아리스토텔레스 자연철학에 기초하고 있다.

르네상스 시대에 항해를 통한 지리상의 발견들은 지구에 대한 개념에 변화를 가져왔다. 코페르니쿠스 혁신의 출발점은 여기에 있다. 콜럼버스는 1492년에 서인도 제도를 발견하였다. 그는 물이라고 하는 크나큰 구 내부에 지구라는 더 작은 구가 떠 있다는 당시 우주구조학자들cosmographers의 주장(동 시대 사람들도 그렇게 믿고 있었다)에 반대하여, 지구에 대한 더 단순한 관점을 옹호하였다. 한편 클라우스 포겔Klaus Vogel은 프랑스 신학자이며 우주구조학자인 피에르 다이Pierre d'Ailly의 저서 『세계의 이미지Imago Mund, Image of the World』에서, "흙과 물은 합쳐서 하나의 둥근 물체를 형성한다."고 주장하면서 당시 우주구조학자들과는 다른 견해를 취하였다.

두 가지 견해 중에서 어떠한 논쟁으로도 어느 쪽이 옳은지를 결정할 수 없었다. 이러한 상황 속에서 콜럼버스의 여행은 초기 근대과학사에서 최초의 위대한 실험으로 간주될 수 있었다(Klaus A. Vogel, p.477~478). 콜럼버스 항해의 진짜 목적은 흔히 알려져 있듯이 지구가 둥근지 편편한지에 대한 확인이 아니라, "지구와 물이 하나의 둥근 일체를 이루고 있는지"에 대한 확인이었다(존 헨리, p.118).

당시 지배적이던 스콜라적 아리스토텔레스주의 철학에 따르면 지구의 구는 그보다 더 큰 물속에 떠 있으며 다만 지구 꼭대기의 반구만이 물 위에 나와 있다고 생각하였다. 이 견해는 관찰에 의한 것이 아니며, 우주의 근본 원소인 네 가지 원소 중에서 가장 무거운 흙을 제일 중심에 두고 그다음에 물, 공기, 불 그리고 제일 바깥에는 다섯 번째 원소인 별들이 연속적으로 동심원을 그리며 배열되는 아리스토텔레스 사상에 따른 것이다. 이 견해를 적용하면 지구는 완전히 물에 둘러싸여 있어야 하지만 실제로는 그렇지 않다. 따라서 스콜라주의자들은 아리스토텔레스주의를 유지하면서도 현실과 적합하도록 이론을 구성하였는데, 그 타협안이 바로 지구가 물의 구를 뚫고 솟아올라 공기 속에 반구를 드러냈다는 것이다(존 헨리, p.118). 그 당시에 이미 유럽, 아시아, 아프리카 대륙은 솟아오른 반구에 있다고 여겨졌으며, 대륙은 하나의 대양으로 둘러싸여 있고, 대양은 반구의 가장자리에서 커다란 물의 구와 합쳐진다고 생각하였다. 그런데 서인도에 이어 남아메리카가 발견되자 이러한 세계관에 대한 의심이 피어오른다. 즉, 땅과 물이 결합하여 하나의 구를 이루어야 현실을 설명할 수 있다는 생각이 든 것이다. 아리스토텔레스주의 사상에 토대를 둔 흙이 중심에 있고 물, 공기, 불 그리고 별들이 원운동하는 우주 구조에 의하면 지구중심설은 당연할 뿐 아니라 지구 중심이 아닌 우주론은 설 자리가 없다. 그런데 지구가 땅과 물이 결합한 하나의 구라는 견해가 사실이라면, 지구를 중심에 놓고 물, 공기, 불로 이어지는 아리스토텔레스의 우주 구조는 치명상을 입게 된다.

이러한 지구 개념의 변화에 힘을 얻어 코페르니쿠스는 아리스토텔레스-프톨레마이오스 우주 구조에 대한 도전으로, 태양을 중심에 놓는 사상을 가질 수 있었다. 코페르니쿠스의 책 첫 장Book One은 열네 개의 소 단락으로 나뉜다. 그는 첫째 단락에서 우주가 구형이라는 사실을, 둘째 단락에서는 지구가 구형이라는 사실을 말하면서 셋째 단락에서는 "어떻게 지구는 물과 더불어 하나의 구를 형성하는가"(Nicolaus Copernicus, 1543, p.11)라는 내용을 제시한다. 그리고 지리상의 발견을 소개하고 이 모든 것으로부터 땅과 물이 중력의 한 중심에 놓여 있다는 사실이 드러난다고 생각하며, 뒤이어 자신의 시도가 타당하다고 여기면서 자신의 이론을 전개한다.

그 당시 우주는 지구가 중심에 있고 진공이 없었기 때문에 지구는 양파 껍질처럼 일련의 구들에 의하여 겹겹이 둘러싸여 있었다. 화성의 운동은 화성을 둘러싼 구 위에서 이루어진다. 보이지 않는 수정처럼 투명한 구 위로 화성이 하나의 점처럼 움직이는 것이다. 이론은 관찰의 결과와 결과의 분석에 의한 것이라기보다는 형이상학적 가정을 유지하기 위해 만든 것이라고 볼 수 있다. 따라서 이 모델에 따르면 지구와 행성 간의 거리가 얼마인지조차도 상상할 수 없다.

그런데 코페르니쿠스는 여기에 대한 대안으로 지구를 포함하여 행성들이 태양 주위를 회전(공전)한다는 견해와, 또한 지구가 자신의 자전축을 중심으로 24시간마다 회전한다는 내용을 제안하였다. 코페르니쿠스 이전의 천문학에서 지구는 절대적으로 정지해 있으므로 별들(독립적으로 움직이는 행성이 아니라 서로와의 관계가 고정된 별들)이 지구 주위를 24시간마다 돌아야 하였다. 게다가 프톨레마이오스 체계가 지니는 중대한 문제점 중 하나는 행성들이 떨어져 있는 순서를 배정하기가 불가능하다는 사실이다. 따라서 지구로부터 떨어져 있는 순서는 관례에 따라 정하여졌다(존 헨리, p.126). 한 행성의 대원과 주전원 사이의 상대적 비율만 유지된다면 행성은 천구의 중심에서 어느 거리에나 위치할 수 있다. 따라서 프톨레마이오스는 행성의 위치를 계산하기 위한 기하학적 편법을 제공하였을 뿐이며, 천체들이 실제로 어떻게 작동하는지에 관한 정보는 전혀 주지 못하였다는 사실을 알 수 있다. 독일 천문학자 게오르크 레티쿠스 Gerge Rheticus는 이렇게 말하였다(존 헨리, p.126).

> "금성의 구와 수성의 구 위치 그리고 이들과 태양의 관계에 대해 많은 논쟁과 다툼이 있지만 답이 나오지 않았다. 흔한 가설들을 인정하면서 이 질문을 해결하기란 매우 어렵거나 심지어 불가능함을 알지 못하는 이가 어디에 있는가? 이 가설에서는 각 행성이 기하학적으로 어느 위치에 고정되어 있는지를 알려줄 일반적인 척도가 마련되어 있지 않다. 그런 까닭에 구의 주전원 상호 비율을 유지하기만 하면 토성을 태양보다 지구와 가까운 곳에 위치시키지 못할 까닭이 무엇인가?"

코페르니쿠스를 포함한 여러 르네상스 사상가들이 프톨레마이오스에 대하여 이런 불만을 가진 까닭은, 천문학과 우주론이 아쉽게도 분리되었다는 사실에서도 찾을 수 있다(존 헨리, p.127). 세계의 참된 모습을 알고자 하였던 플라톤과 아리스토텔레스의 소망은 까마득히 멀어져만 갔다. 프톨레마이오스는 실용적인 기법인 천문학에는 관심이 있었으나 참된 학문인 우주론에는 관심이 없었다(존 헨리, p.127)고 하여야 할까?

코페르니쿠스의 태양중심설이 주는 우주론적 의미

코페르니쿠스는 베살리우스를 포함한 르네상스 사상가들처럼 고대인의 방식을 부활시키고자 하였다(존 헨리, p.127). 특히 참된 우주론을 세우려는 고대인들의 시도를 선망하였으나 오지안더가 작성한 코페르니쿠스의 책 『천구의 회전에 관하여』의 서문 제목 "이 연구의 가설에 관심을 갖는 독자들을 위해"(Nicolaus Copernicus, 1543, p.3)는 그를 우주론자로 보이게 하지 않는다. 코페르니쿠스의 천문학적 발견의 참된 의미는 매우 의미심장하다. 단순히 중심이 지구에서 태양으로 대체된 것이 아니다. 비록 태양을 중심에 놓는 것이 단지 천문계산에 매우 편리한 것을 의미할 수는 있으나 새로운 중심을 발견한 것은 아니다. 코페르니쿠스의 태양중심설은 사실상 우주에 중심이 없음을 의미한다. 왜냐하면 구형의 유기체적인 우주론에 의하면 흙이 중심이고 그다음에는 물 그리고 공기 다음에는 불이고 그 끝에는 최극단에 있는 제5원소가 있다. 태양은 불이기 때문에 우주론적 중심이 될 수 없다. 만약 세계에 중심이 없다면 앞에서 언급한 기존의 우주론에 많은 모순이 생긴다. 즉, 항성은 반드시 신적인 물질로 구성될 필요도 없고 지구와 동질적인 물질이 아닐 이유도 없다. 중력의 법칙도 아리스토텔레스처럼 지구에만 한정될 필요도 없다. 지구 중심적인 천문학을 거부한 코페르니쿠스 덕분에 뉴턴은 달이 궤도를 벗어나지 않게 하는 힘이나 사과를 지상으로 끌어당기는 힘이 똑같은 만유인력이라는 생각을 해낼 수 있었다.

코페르니쿠스의 한계

아리스토텔레스에게 자연은 질적으로 서로 다른 물질들로 구성되어 있고 이질적으로 운동하는 것이었다. 예를 들어 흙은 중심을 향하여 운동하고 불은 중심으로부터 멀어지는 방향으로 운동한다. 그러나 이 생각은 오래 유지되지 못하였다. 오히려 세계의 어느 곳에서나 질적으로 단일한 물질뿐이라는 생각이 더욱 타당성을 갖게 되었다. 물질들의 유일한 차이점은 양적인 차이점으로 이는 기하학적 구조이다. 이는 피타고라스의 주장을 적용한 것이며 원자론을 받아들이면서 물질의 질적인 차이점은 다른 모든 것을 결정하는 원자 구조의 형태들로 환원된다.

그러나 코페르니쿠스는 여전히 플라톤과 아리스토텔레스의 세계를 완전히 거부하지 못하였다. 아마도 자신의 발견이 의미하는 바를 충분히 깨닫지 못했거나, 자신의 우주론이 플라톤-아리스토텔레스의 일부를 고수한 것이기 때문일 수도 있다. 그는 등속 원운동만 고수하고 주전원을 사용하였는데, 타원운동이 관찰에서 나오기 때문에 주전원을 사용하지 않을 수 없었기 때문이다. 그리고 우주가 유한하다는 생각을 고수하였기 때문에 연주시차가 측정되지 않은 점을 이상하게 생각하였다. 코페르니쿠스의 천문학이 프톨레마이오스의 천문학보다 수학적으로 간결하였지만 프톨레마이오스의 천문학은 폐기되지 않고 17세기까지 계속되었다.

과학혁명의 첫 시작은 천문학의 혁명이다. 흩어져 있었던 수학, 경험적 자료, 원자론이 서로 만나는 일은 심오한 사건이다. 이것으로 새로운 혁명을 위한 충분한 자료와 그것을 조작할 수 있는 수학적인 도구가 갖춰진 셈이다. 그리고 사물의 변화를 운동으로 설명하려는 원자론의 주장이 데카르트의 기계론적 입자 철학 체계를 형성할 수 있게 되어 과학혁명이 발전한다. 참고할 만한 서적으로는 김영식의 『과학혁명』(아르케, 2001)이 있다.

Q&A

Q 코페르니쿠스의 태양중심설은 단지 지구중심설의 수학적 체계만 바꾼 것인가? 어떻게 그렇게 바꿀 수 있었을까?

A 코페르니쿠스의 시대에 근대적 관찰 천문학이 발달하게 되었고 많은 관찰 자료가 축적되었다. 그리고 지리상의 발견으로 지구 개념에 대한 변화가 생겼다. 즉, 지구가 중심이라는 사상은 아리스토텔레스의 형이상학인 제5원소 설에서 가장 무거운 흙이 지구의 중심에 있고 물로 둘러싸여 있어야 한다. 그리고 지리상의 발견으로 지구와 물은 하나의 구 형체를 구성한다는 것을 발견하였다. 이것은 지구 중심이론을 부정할 수 있는 근거이다.

7

케플러와 갈릴레이의 천문학과 역학

코페르니쿠스 사후에 발표된 태양중심설은 처음에는 많은 사람이 받아들이지 않았다. 요하네스 케플러Johannes Kepler를 천문학에 몰두하게끔 길을 열어준 티코 브라헤Tycho Brahe는 뛰어난 관측 천문학자로 천체를 맨눈으로 가장 정확하게 관측한 사람이었다. 그런데도 그는 코페르니쿠스 체계를 받아들이지 않았다. 케플러는 브라헤의 자료에 수학적 이해를 제공한 학자로서 코페르니쿠스가 타당하다고 믿었다. 케플러는 코페르니쿠스의 이론을 발전시키고 아이작 뉴턴Isaac Newton이 나올 수 있는 길을 여는 데 중요한 역할을 한다. 이 장에서는 케플러와 갈릴레이의 천문학을 다룰 예정이다.

› 코페르니쿠스 모델과 티코 브라헤
› 케플러의 천문학
› 갈릴레이의 역학과 천문학
› 갈릴레이의 한계

코페르니쿠스 모델과 티코 브라헤

코페르니쿠스는 책이 출간된 지 몇 달 만에 죽었기 때문에 당대 사람들에게 자신이 지구가 움직인다고 믿었는지 아닌지를 밝힐 기회가 없었다. 하지만 코페르니쿠스가 단지 수학적 기법을 내놓은 것이 아니라 우주론이라는 학문을 되살렸다고 본 일부 독자들은, 그가 무엇을 시도하였는지를 알아차리고 코페르니쿠스를 받아들였다. 1,600년 전에는 오직 열한 명의 사상가만이(존 헨리, p.136) 코페르니쿠스가 『천구의 회전에 관하여』를 통하여 지구가 정말로 움직인다는 사실을 보여주었다고 믿었다. 물론 어떻게 지구가 움직일 수 있는가에 대한 물리학적 원리는 알지 못하였지만 말이다.

사실상 코페르니쿠스 모델을 세계에서 받아들이려면 어떻게 지구가 움직이는지에 대한 우주론적 설명을 할 수 있는 철학적 토대가 있어야 한다. 프톨레마이오스 천문학에서는 어째서 태양과 행성이 그렇게 움직이며, 왜 지구가 중심에 있는지에 대해 아리스토텔레스 철학을 토대로 설명했다. 코페르니쿠스

 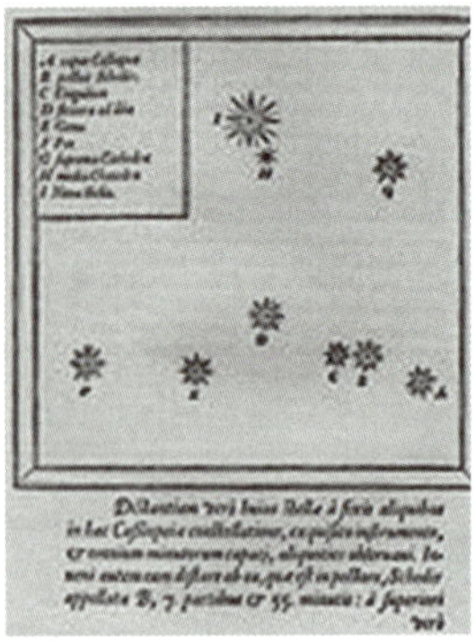

티코 브라헤와 초신성 (출처: 위키피디아)

의 가설은 코페르니쿠스 자신이 일차적 윤곽으로 이해한 것처럼, 태양계의 전 행성에 하나의 공통 운동을 부여한다는 점에서 프톨레마이오스의 이론을 단순히 변형한 것에 불과하다. 케플러는 코페르니쿠스처럼 문제를 이해하지 않았다. 코페르니쿠스 모델의 수학적 단순성 등은 유용하였으나 여전히 프톨레마이오스 천문학이 유용한 점도 있었다. 프톨레마이오스 모델에 관해서는 프톨레마이오스 모델의 본질적인 면(지구중심설)을 고수하면서 코페르니쿠스의 모델을 따라 수정 · 보완(태양중심설과 초신성)하려는 움직임도 있었다. 그 대표자가 브라헤이다.

브라헤가 처음으로 명성을 얻은 계기는 오늘날 '초신성'이라고 불린 별을 관찰한 덕분이다. 1572년에 나타난 이 초신성은 한동안 대낮에도 볼 수 있을 만큼 아주 밝았다고 한다. 아리스토텔레스의 이론에 따르면 천체는 완전하고 불변한 상태이므로 새로운 별이 하늘에 나타나서는 안 되었기 때문에(존 헨리,

p.176) 이 '별'을 천체현상으로 보았다. 일반적으로 혜성, 유성 등의 천체현상을 비와 우박, 번개 같은 기상학적 대기 현상으로 여긴 것처럼 사람들은 아리스토텔레스에 충실하여 그것 역시 하나의 시차라고 보았다. 시차는 어떤 물체를 다른 장소에서 보았을 때 위치가 달라 보이는 현상이다. 브라헤는 초신성을 자세히 관찰한 결과, 초신성이 대기 현상이나 시차가 아닌 우주에 나타난 천체라고 보았다. 브라헤는 코페르니쿠스를 따를 가능성이 높았음에도 불구하고 관찰에 몰두하여 아리스토텔레스주의자답게 지구의 운동을 터무니없다고 보면서 초신성 문제를 해결하기 위한 자신만의 체계를 내놓았다. 브라헤가 제시한 우주는 '모든 행성은 태양을 중심으로 돌고 태양은 지구를 중심으로 돈다'라는 것이었다. 여전히 원운동을 고수하였고 또한 여전히 지구는 중심이었다. 그는 이 체계를 확립하기 위해 체계적인 수학이 필요함을 깨닫고 수학적 재능이 뛰어난 케플러를 조수로 채용하였다. 그런데 브라헤는 코페르니쿠스주의자인 케플러를 경계하여 케플러에게 화성에 관한 자신의 데이터만을 보고 사용할 수 있게 함으로써 화성의 궤도를 알아내는 일에 묶어두었다. 화성은 지구와 가까이 있어서 궤도를 알아내기가 매우 어려웠다(존 헨리, p.179). 케플러는 브라헤 사후에 여러 어려움을 겪었지만, 마침내 브라헤의 데이터에 맞는 화성의 궤도가 타원형이라는 사실을 알아냈다.

케플러의 천문학

케플러는 브라헤와 달리 일찍부터 코페르니쿠스주의로 전향하여 지구가 움직인다고 믿었다. 그는 지동설이 행성들의 순서를 고정해주며 태양으로부터 각 행성 간의 거리를 기하학적 요인을 통하여 명확하게 확립시켜 준다는 점에 감명을 받게 된다(존 헨리, p.172). 프톨레마이오스 체계에서는 행성들이 어떤 순서여도 무관하기 때문에 관례에 따라 순서가 정해졌으나 코페르니쿠스 모델에서는 기하학적으로 정의된 우주를 제시할 수 있었다. 이것은 케플러가 보기에 아주 훌륭한 우주였다(존 헨리, p.173). 케플러는 플라톤 이래로 세계가 수학적이라고 생각한 사람이지만, 화성의 궤도를 알아내는 경험을 통하여 천체의 궤도가 수학적으로 표현될 수 있는 것을 발견하고 더욱 황홀해하였다고 한다. 그러나 문제는 무엇이 지구를 움직이게 하는가였다.

그는 원운동이 기하학적 원형原形개념이고 자연스러운 운동이라는 주장을 폐기해야 하는 건 아닌가라는 생각도 하였다. 당시에 원운동은 자연스러운 운동으로 운동의 원인을 설명할 필요가 없었다. 그러나 타원운동을 하면 무엇이 타원운동의 원인인가를 설명할 수밖에 없었다. 이런 질문에 답하기 위해서는 물리적 실재에 무관심한 채 단지 현상의 규칙만을 예측하고 계산하던 당시의 철학적 관행을 넘어서는 우주론이 필요하였다. 그는 행성이 어떻게 움직이는지를 물리적, 인과적으로 설명하고자 하였다.

케플러는 우선 윌리엄 길버트William Gilbert가 연구하여 만든 자기력에 주목하였다. 케플러는 지구와 마찬가지로 모든 행성이 하나의 자석이고 태양 역시 자석이라고 생각하였다. 이런 가정 아래 행성은 신비로운 자기력을 통하여 태양과 이어지고 그 힘으로 태양을 중심으로 공간을 휩쓸고 지나가며 공전할 수 있게 되었다고 여겼다. 그리고 행성이 태양에서 멀어질수록 느리게 움직이는 까닭은 자기력이 거리에 따라 감소하기 때문이라고 보았다(존 헨리, p.181). 그는 이러한 우주론이 담긴 원인 또는 천체물리학에 바탕을 둔 『새로운 천문학』이란 책을 내놓게 된다.

케플러는 멈추지 않고 신의 기하학적 원형, 즉 신이 세계를 창조할 때 그렸던 청사진을 발견하고자 하였다. 그러기 위해서는 타원에서 원으로 또는 타원체에서 구로 되돌아가는 길을 찾아야 하였다. 신플라톤주의의 사고에 깊이 빠져 있던 케플러는 '왜 타원이어야 하며, 왜 각 행성의 속력이 지속적으로 변하는가'라는 새로운 질문에 답하기 위하여(존 헨리, p.182) '구의 음악'이라는 피타고라스의 발상에 주목하였다. 피타고라스에 따르면, 지구에 있는 우리에게는 들리지 않지만 천체들이 회전할 때 창조주인 신이 들을 수 있는 천체의 음악이 흘러나온다(존 헨리, p.183). 놀랍게도 케플러는 음악적 비율과 행성들이 지닌 속력의 비율 간에 상관관계를 발견해냈으므로 다시금 자신이 음악적 원형을 재구성해냈다고 믿었다.

케플러는 다양한 형태로 연구를 계속하였고 결국 자신의 위대한 업적인 행성 운동에 대한 여러 관계를 알아내게 된다. 후대 과학자들은 그의 발견을 행성 운동의 3 법칙이라고 부른다. 이 법칙 덕분에 케플러는 행성의 항성주기(행성의 기준점이 고정된 별에서 출발해 별로 되돌아오는 데 걸리는 시간)를 바탕으로 행성과 태양 간의 평균 거리, 즉 최대거리(원일점)와 최소거리(근일점)의 평균치를 알아낼 수 있었다. 덕분에 그는 완벽한 원 또는 구로 되돌아갈 수 있었고, 드디어 기하학적 원형의 정확성을 확인할 수 있었다. 믿거나 말거나 케플러는 기하학적 원형이 실재함을 확인할 수 있었다(존 헨리, p.184).

신의 뜻을 헤아리고자 하였던 케플러의 시도는 명백하게 증명된 듯 보였다. 하지만 역사의 판단에서 볼 때 케플러의 진정한 업적은 행성 운동의 3 법칙을 발견해낸 것이다(존 헨리, p.184). 케플러의 3 법칙은 첫째, 행성은 완전한 원형이 아니라 타원형 궤도를 따라 운동한다. 둘째, 태양과 행성을 잇는 직선이 같은 시간에 쓸고 지나가는 면적은 언제나 같다. 이것은 행성과 태양의 거리에 따라 행성이 빨리 가거나 느리게 가는 것을 알려주는 법칙이다. 셋째, 행성 공전주기의 제곱은 태양과 행성 사이의 평균 거리의 세제곱에 정비례한다. 즉, $T^2 \propto r^3$(T는 공전주기이고, r은 태양과 행성 사이의 평균 거리)이다. 그러나 오늘날의 평가와 달리 이 세 가지 법칙의 발견은 케플러에게는 어디까지나 부수적인 성과였다.

케플러의 사상을 이해하는 새로운 인물이 케플러의 사후 70년도 채 되기 전에 나타나, 자력에 바탕을 둔 케플러의 천체물리학을 중력이라는 보편적 원리에 바탕을 둔 물리학으로 바꾸어 버렸다. 흥미롭게도 이 수학자 역시 신플라톤주의와 자연 마법적 사고에 빠져 구의 음악에 매료되어 있었다. 그가 바로 뉴턴이다(존 헨리, p.185).

갈릴레이의 역학과 천문학

갈릴레오 갈릴레이Galileo Galilei는 케플러와 마찬가지로 플라톤주의 혹은 피타고라스주의 사상가이다. 갈릴레이는 『프톨레마이오스와 코페르니쿠스의 두 우주체계에 관한 대화』(1632)에서 이렇게 썼다. "내가 확실히 알고 있는 바로는 피타고라스주의자들은 수의 학문에 최대의 존경을 보냈으며, 플라톤 자신도 인간의 지성을 숭앙하였고 아울러 지성이 수의 본질을 이해할 수 있다는 오직 그 이유에서 지성이 신성에 관여한다고 믿었다(존 헨리, p.189)."

그러나 둘 사이에 차이는 있다. 케플러는 기하학 자체 그리고 우주의 기하학적 패턴을 신성의 작용을 이해하기 위한 단서로 여겼다(존 헨리, p.189). 갈릴레이는 수학적, 기하학적 분석을 지구의 현상을 포함하여 자연계의 모든 측면에 적용할 수 있었다. 갈릴레이는 세계를 일종의 기계로 간주하고 그 작용을 수학적 관점에서 분석하고 있다(존 헨리, p.190). 그는 스스로의 방식이 단지 아르키메데스의 방법에 대한 답습일 뿐이라고 하였는데, 아리스토텔레스와 스콜라 철학자들도 세계를 해석하는 방식으로 수학을 선택하였다. 그러나 그들은 수학을 천문학이나 광선 작용 등에 적용할 수 있지만, 그 외의 물질계에 적용하기에는 수학이 너무 추상적이라고 보았다. 그런데 갈릴레이의 야심은 정적인 시스템에만 적용하였던 아르키메데스의 추상화 과정과 수학적 방법을, 움직이는 시스템에도 적용하여 운동에 관한 새로운 과학을 개발하는 것이었다.

둘 사이의 또 다른 점으로, 케플러는 비의적 전통을 거리낌 없이 받아들였고 점성술에도 헌신적이어서 그것을 변혁하여 개선하고자 하였다. 그는 길버트의 물활론적 개념을 받아들이지는 않았지만, 공간의 장대한 거리에 걸쳐 자기력이라는 비의적 힘이 작용하는 우주 이론을 기꺼이 발전시켰다. 이와 달리 갈릴레이는 '원격작용'이라는 개념을 완전히 거부하였다. 비가시적이고 무형적인 힘에 의존하는 가정을 피한 셈이다(존 헨리, p.191). 갈릴레이는 윌리엄 길버트William Gilbert를 존경하였으나 갈릴레이에게 영감을 준 것은 길버트의 자석 개념이 아닌 실험적 방법이었다.

갈릴레이와 케플러의 유사점은 둘 다 수학과 자연철학을 하나로 묶으려는 마음이다. 당시 수학자들은 자연철학자들에게 자신의 물질계에 대한 이해방식을 전해주었다. 그러면서 수학자들은 사회 전체에서 높은 평판과 지위를 누렸다. 케플러와 갈릴레이는 후기 르네상스와 초기 근대사회의 수학계 종사자들을 아우르는 폭넓은 운동을 대표하는 인물이라는 점에서 의미가 크다(존 헨리, p.192).

갈릴레이의 초기 연구는 아르키메데스의 방법론을 확장한다는 의미에서 이루어졌다. 그는 연구를 통하여 다음과 같이 아리스토텔레스의 주장을 바로잡았다(존 헨리, p.192).

• 모든 물체는 같은 속도로 떨어진다.

아리스토텔레스는 무거운 물체일수록 빨리 떨어진다고 말하였다. 그러나 갈릴레이는 가벼운 것과 무거운 것을 묶어서 떨어뜨리면 어떤 속도로 떨어질 것인지를 고찰한 결과, 모든 물체는 같은 속도로 떨어진다고 추론하였다.

• 낙하 중 같은 단위 시간에 이동한 거리는 홀수열(1, 2, 3, 5, …) 형태로 증가한다.

갈릴레이는 매끄러운 홈이 파인 경사를 준비해서 홈에 딱 들어맞는 잘 닦인 금속구를 이용한 실험을 통하여 낙하 중에 이동한 거리가 홀수열로 증가함을 밝힐 수 있었다.

예를 들어 첫 번째 단위 낙하시간에 하강한 거리를 1이라고 하자. 두 번째 단위 낙하시간에 낙하한 거리는 3, 세 번째 낙하 거리는 5 만큼이다. 첫 번째 시간은 1, 두 번째 시간까지는 1+3=4, 즉 총 이동 거리는 4, 세 번째 시간까지는 1+3+5=9로 총 이동 거리가 9이다. 따라서 증가하는 낙하 속력은 경과한 시간의 제곱에 정비례한다. 즉, 낙하시간 1, 2, 3에 대응하는 낙하 거리는 1, 4, 9이고, 이를 보다 일반적으로 나타내면 낙하 거리를 S라고 하고 낙하시간을 t라고 할 때 $S \propto t^2$인 관계가 성립한다.

• 천상의 운동과 지상의 운동을 구별한 것은 잘못되었다.

갈릴레이는 천상과 지상에서의 원운동을 관성 운동으로 받아들였다. 지구는 둥글기 때문에 마찰력이 없으면 원운동을 할 것이고, 따라서 둘의 절대적 구별이 사라지게 된다.

갈릴레이는 피사 대학에 이어 파도바 대학에서 수학을 가르쳤지만 천문학자는 아니었다. 그는 아리스토텔레스가 틀렸음을 증명하기 위한 방편으로 코페르니쿠스를 환대한 것 같다(존 헨리, p.194). 그는 운동에 관한 새로운 이론을 발견하는 데 관심이 있었기 때문에, 길버트나 케플러가 그랬듯이 어떻게 지구를 비롯한 행성이 움직이는가라는 문제를 고민하였다. 만약 무엇이 지구를 움직이는가를 설명할 수 있다면 동시에 아리스토텔레스 이론이 이치에 맞지 않음을 증명할 수 있기 때문이다(존 헨리, p.194). 그러나 갈릴레이가 코페르니쿠스를 옹호하게 된 첫 번째 성과는 운동에 관한 이론보다는 망원경 제작을 통해서였다. 그는 망원경으로 하늘을 바라보면서 놀라울 만한 것을 발견하였는데, 그중에는 아리스토텔레스의 자연철학을 무너뜨리는 결과들이 많았다. 예를 들어 달에도 산, 계곡, 바다로 보이는 지형이 있다는 사실, 목성에도 위성이 있어서 지구만이 위성을 거느리는 것이 아니라는 점, 맨눈으로 볼 수 없는 아주 많은 별, 태양의 흑점이 사라졌다가 태어나는 점, 금성이 달과 같이 모양이 변한다는 점 등이다.

갈릴레이가 관찰을 통하여 이루고자 한 목표는 움직이는 지구를 부정하는 모든 물리학 및 철학을 비판하고, 지구는 틀림없이 운동하고 있다는 자신만의 증명을 내놓는 일이었다. 그는 지구의 운동으로 조수의 움직임을 증명하려고 시도하였다. 조수의 움직임은 지구가 운동하지 않으면 불가능하다. 그러나 완전한 수평면에서는 물체가 관성 운동을 한다는 것을 사고 실험으로 증명하고 다음과 같이 질문하였다. "지구상에서 수평면은 무엇인가?" 답은 '지구 중력 중심에서 일정한 거리에 있는 면'이다. 실제 그런 면은 지구의 곡률을 따라 휘어져 있을 것이다. 따라서 지구의 중심을 가운데 둔 원형 경로 위를 물체가 무한히 회전할 것이다(존 헨리, p.200). 이때 갈릴레이는 중력을 배제한 상황을 제시하였다. 물체가 움직이는 면이 회전의 중심에서 언제나 같은 거리일 때에, 운동은 중력의 영향을 받지 않고 같은 속력으로 무한히 진행된다(존 헨리, p.200).

갈릴레이의 한계

- 현대와 달리 원운동을 관성 운동으로 본 점.
- 물체 고유의 무거움이나 가벼움이 운동의 위, 아래 움직임을 결정한다는 사실을 부정하였다.

현대에 와서 중력에 의한 운동은 가속 운동으로 알려졌으나 갈릴레이는 이를 자연스러운 운동으로 보았다. 또한 $v \propto t$에서 $s \propto t^2$을 유도하였으나 이것이 일반적 가속 운동에 적용될 수 있음을 몰랐다. 그리고 여전히 아리스토텔레스의 잔재가 남아있었다.

코페르니쿠스의 태양중심설 또는 지동설을 강력하게 지지한 사람이 케플러와 갈릴레이였다. 케플러는 개신교도로서 이를 옹호하였기 때문에 교황청에 불려가서 재판받을 필요는 없었다. 케플러의 업적이라고 하면 앞에서 언급하였던 세 가지 법칙을 발견한 일이다. 그리고 케플러가 태양중심설을 말하였으나 이런 사실 역시 케플러가 우주론자를 자처했음을 뜻한다. 비록 태양중심설이라고 하지만 그 뜻은 우주에 중심이 없다는 것이다. 하지만 케플러는 여전히 아리스토텔레스의 분위기를 완전히 벗어나지는 못하였다. 화성 궤도의 타원운동을 수학적 형태로 표현해내면서 그는 길버트의 자기력에도 많은 영향을 받았다. 케플러는 마법에도 상당히 관심이 많았고 비의적인 힘들에도 관심이 많았다. 이런 것들이 케플러에게 창의성을 부여하였다고 생각한다.

갈릴레이도 역시 망원경을 만들어 별들을 관찰함으로써 천상의 변화가 깨지는 현상, 즉 천상도 불변하지 않는다는 사실을 깨달았고 아리스토텔레스의 생각이 틀렸을 가능성을 받아들였다. 그리고 목성의 위성을 발견하면서 지구가 움직인다는 사실이 전혀 이상한 것이 아니라고 생각하였다. 왜냐하면 아리스토텔레스에 따르면 정지해 있는 지구의 주변을 도는 것이 위성인데, 목성에 위성이 있어서 목성 주위를 도는 경우 목성이 움직이면 이 위성은 떨어져 나가야만 한다. 그런데 모두 같이 돌면서 가고 있는 모습을 관찰한 뒤, 천상과 지상의 이분법이 깨지면서 코페르니쿠스를 지지하지 않을 이유가 없어졌기에 코페르니쿠스를 지지하게 된다.

갈릴레이 사건, 즉 천문학을 할 수 없게 만들었던 교황청이 갈릴레이의 지동설을 금지한 사건은 꼭 과학과 종교가 적대적이라는 사실을 말하지는 않는다. 번역된 갈릴레이의 저서들을 읽어보면 그 사실을 잘 확인할 수 있을 것이다.

갈릴레이는 이런 역학을 구축하면서 인류에게 많은 도움을 주었다. 이때 갈릴레이는 자유낙하 시 속도가 시간에 비례한다거나 낙하 거리는 시간의 제곱에 비례한다거나 하는 사실들을 사고 실험을 통하여 밝혀내었다. 그리고 그것을 확인하기 위해 경사진 나무판에 홈을 파서 청동 구슬을 굴리는 실험을 하였다. 우리는 케플러와 갈릴레이의 사례를 통하여 실생활에 관련된 구체적인 실험이 후행적 성격을 띠고 있음을 알게 된다. 따라서 정규 교육과정에서 당장 실현 가능한 실험을 하기에 앞서 추상적 사고 실험을 먼저 해보도록 학생들을 독려하는 것이 창의적 발상과 교육에 큰 도움을 줄 수 있다는 사실을 깨닫게 된다. 그런 면에서 케플러와 갈릴레이는 우리에게 자극을 주는 인물들이다.

Q&A

Q 케플러의 천문학은 우주론적인가? 아니면 물리적 실재와 관계없이 단지 현상의 규칙을 예측하고 계산하는 기법으로서의 천문학을 연구하였는가?

A 케플러는 우주론자를 자처하였다. 원운동은 자연스러운 운동이기 때문에 원인이 따로 있을 필요가 없다. 그러나 타원운동은 원인을 설명해야 한다. 그는 행성이 어떻게 움직이는지를 물리적, 인과적 설명으로 다루려고 하였다. 그렇기 때문에 화성이 타원운동을 하는 모습을 보고 무엇이 그런 운동을 하게 하는 힘인가를 탐구하였다. 그는 길버트의 영향을 받아 자기력에 관심을 두었다. 나중에 이 당기는 힘이 만유인력에 해당한다는 사실은 뉴턴에 의하여 비로소 발견된다.

8

뉴턴의 대종합: 역학과 천문학의 대종합

서구의 근대과학은 코페르니쿠스가 태양중심설을 주장한 이후 갈릴레이와 케플러를 거쳐 뉴턴을 통하여 방법론적 틀이 거의 완성된다. 뉴턴이 만든 방법론은 그 후 많은 사람에게 영향을 미쳐서 뉴턴의 방법론을 사용하는 과학 방법론이라는 하나의 패러다임을 형성하였다. 이러한 뉴턴의 역학을 고전역학이라고 부른다.

갈릴레이나 케플러는 코페르니쿠스를 확고히 지지하고 지구가 실제로 돈다는 주장을 펼쳤었지만, 여전히 아리스토텔레스의 그늘에 머물러 있었다. 케플러는 타원운동을 믿었으나 운동의 원인을 설명하지 못하였다. 갈릴레이 역시 아리스토텔레스의 이분법을 벗어나지는 못하였다. 원운동을 관성 운동이라고 생각하여 증명하다 보니 별들의 움직임에 대한 원인을 미처 생각하지 못한 것이다.

뉴턴은 천상의 법칙과 지상의 법칙이 똑같은 만유인력의 법칙이라는 주장을 펼쳐 천문학과 역학의 대종합을 이루었다. 그러나 뉴턴이 만유인력을 발견한 과정이나 뉴턴의 학문적 삶은 기이하기 그지없다. 뉴턴은 신학에서부터 연금술, 물리학, 광학, 수학 전 분야를 공부하였는데 신학이나 연금술이 오히려 물리학을 발전시키는 데 도움을 주었다. 그의 창의성은 아마도 이러한 융합적 사고에서 오지 않았을까 생각한다.

- 과학혁명과 뉴턴
- 뉴턴 기적의 해
- 신학자로서의 뉴턴
- 만유인력 개념의 출현 그리고 역학과 천문학의 대종합

과학혁명과 뉴턴

뉴턴은 여러 가지 복잡한 요소를 가진 인물이다. 뉴턴의 대종합으로 완성된 만유인력 역시 코페르니쿠스나 케플러, 갈릴레이 등의 영감으로 얽힌 200여 년에 걸친 역사의 우연적 요인에 영향을 받으면서 형성되었는데, 그럼에도 인류 역사상 고전역학만큼 통일성과 체계성을 갖추어 많은 학자의 지지를 받은 이론도 없다.

과학이 형성되던 시기를 되돌아보면 과학은 때때로 당대 최고 엘리트의 지

식이거나 그 시대의 가장 진보적 지식임에도 불구하고 이를 인식하지 못하였던 지도자들에 의해서 배척당하기도 하였다. 과학은 일반적으로 그 시대의 형이상학적 전제에 많은 영향을 받는다. 해석할 수 없는 여러 가지 현상이 나타나 한계를 노출하기 전까지는 마치 공기처럼 그 형이상학적 전제를 의식할 수가 없다. 그러면서 시대를 지배하는 형이상학이 과학의 의미에 대한 기반을 제공하는 가운데, 그 형이상학의 한계를 그대로 수용하면서 과학연구 활동이 진행된다. 그러다가 예상을 벗어나는 여러 실험 결과의 출현으로 더는 그 체계를 유지할 수 없을 때 과학이론은 큰 변화를 겪는다. 우리는 이러한 변화를 토마스 쿤Thomas Kuhn의 용어를 빌려 '과학혁명'이라고 부른다. 역사적으로 거대한 과학혁명은 아리스토텔레스 역학에서 코페르니쿠스의 태양중심설 사상으로, 그리고 케플러와 갈릴레이를 거쳐 뉴턴역학의 탄생으로 이어졌다.

아리스토텔레스의 형이상학은 천상계와 지상계를 구별하였다. 그는 천상의 별들을 지배하는 법칙과 지상의 운동을 지배하는 법칙이 서로 다르다고 생각하였고, 자연운동과 강제운동을 구분하였다. 이들이 각각 서로 다른 법칙을 따른다고 생각하였기 때문이다. 그러나 뉴턴은 자신의 만유인력 이론을 정리한 『자연철학의 수학적 원리Philosophiae Naturalis Principia Mathematica』(일명 '프린키피아')에서 자연운동과 강제운동 그리고 하늘의 행성이 운행하는 법칙이나 지상에서 물체의 운동을 지배하는 법칙은 서로 다르지 않다고 주장하였다. 뉴턴은 모든 것이 하나의 역학 법칙으로 움직인다는 사실을 보여주었다.

갈릴레이와 뉴턴의 영감은 그 후 여러 분야에 적용되어 물체의 동역학뿐만 아니라 열역학, 광학, 전자기학, 중력 등 물리 세계의 모든 현상을 설명하였다.

고전역학은 일상 세계에 관한 실험이나 관찰, 상식적 경험과 잘 부합하여 그 타당성을 의심할 여지가 없다. 물론 당시에도 설명되지 않는 현상들이 전혀 없었던 것은 아니지만 그렇게 많지는 않았다. 게다가 그것들은 고전역학으로 언젠가 설명되리라고 생각하였다.

뉴턴 기적의 해

뉴턴의 명성은 단 두 권의 저서 덕분이다. 그것은 바로 『프린키피아』와 『광학: 빛의 반사와 굴절, 변화 및 색채에 관한 논문』이다. 앞의 저서는 수리물리학의 대표작이고 뒤의 저서는 실험과학의 대표작이다. 뉴턴의 회고에 의하면 자신이 23세이던 해에 케임브리지 대학의 트리니티 칼리지에서 초급 연구원으로 있으면서 가장 훌륭한 연구를 수행했다고 한다. 과학사에서는 1665~1666년의 기간을 이른바 뉴턴의 '아누스 미라빌리스(annus mirabilis: 기적의 해)'라고 하는데, 당시 뉴턴은 유럽을 휩쓴 흑사병으로 학교가 휴교하는 바람에 링컨셔 근처 그랜섬에 있는 고향에 머물고 있었다. 뉴턴은 당시의 성취를 다음과 같이 직접 밝혔다.

"1665년 초에 수열을 근사하는 방법, 그해 5월에 그레고리와 슬루시우스의 접선에 관한 방법, 11월에 미적분학을 발명하였다. 이듬해 1월, 색깔에 관한 이론 그리고 보다 나중에 『광학: 빛의 반사와 굴절, 변화 및 색체에 관한 논문』을 통해 발표될 상당수의 논문, 5월에는 적분학, 같은 해에 달의 궤도까지 뻗어있는 중력에 관해 생각하기 시작했다. 한 구 내에서 공전하는 한 천체가 그 구의 표면을 누르는 힘을 계산하는 방법을 알아냈다. 행성의 공전주기 제곱 값이 공전궤도 중심에서 행성까지 거리의 세제곱에 비례한다는 것은 케플러의 규칙이다. 이로부터 공전궤도를 따라 행성을 회전시키는 힘은 틀림없이 공전궤도 중심으로부터 행성까지 거리의 제곱에 반비례한다는 사실을 추론했다. 그리고 이에 따라 달을 공전궤도에서 회전시키는 데 필요한 힘을 지구표면의 중력과 비교하여 두 힘이 흡사함을 알아냈다. 이 모든 일이 흑사병이 기승을 부리던 1665년에서 1666년에 일어났다. 이때가 내 생애에 가장 창조적인 시기였고 그 어느 때보다 수학과 철학에 마음을 쏟았던 때이다."

하지만 이때 중력에 관한 보편적 원리를 내놓았다는 말은 옳지 않다. 분명히 그는 지구상의 물체가 땅에 떨어지게 하는 힘과 달이 지구 위를 돌게 만드는 힘이 같은 것임을 알아차렸다(존 헨리, p.257). 하지만 당시 데카르트주의자라면 누구나 중력에 의한 물체의 낙하와 행성의 궤도는 같은 관점으로 설명된다는 사상에 익숙해 있었다(존 헨리, p.257). 그러나 그는 분명히 기적의 해 동안에 자신의 수학 기법을 이용하여 데카르트의 가정이 옳은지 검증했을 것이다. "달이 공전궤도를 따라 회전하는데 필요한 힘과 지구표면의 중력을 비교하여 두 힘이 아주 흡사함을 알아내었다."고 한 것은 바로 그런 뜻이다.

뉴턴은 논문에서 드러나듯이 거의 전적으로 데카르트주의 관점에서 사고하고 있다. 말하자면 두 힘의 균형, 즉 중심에서 바깥으로 향하는 힘(원심력)과 안

쪽으로 향하는 힘(구심력)의 균형 덕분에 행성들이 안정된 궤도를 유지한다는 가설을 받아들였다. 달이 지구 위를 도는 현상은 원심력을 생기게 하지만 이 힘은 달을 지구 방향으로 미는(데카르트의 소용돌이 물리학에 따라 생성되어), 지속적으로 하강하는 입자들의 흐름에 의해 상쇄되었다. 하지만 사과는 하강하는 입자들의 힘을 상쇄시킬 원심력의 영향을 충분히 받지 않기 때문에 구심력에 의해 떨어지게 된다(존 헨리, p.258). 그러나 데카르트는 이를 뒷받침할 어떤 수학도 내놓으려 하지 않았다. 그러면 뉴턴은 어떻게 이것을 극복하고 수학적인 결과를 내놓을 수 있었을까?

신학자로서의 뉴턴

뉴턴은 수많은 저술 속에서 신에 관한 이야기를 하고 있다. 『프린키피아』, 『광학: 빛의 반사와 굴절, 변화 및 색체에 관한 논문』, 『중력에 관해서』 뿐만 아니라 여러 신학적 저술 속에서 신을 다루고 있다. 뉴턴은 보일의 강의를 준비하면서 자문을 구했던 리차드 벤틀리Richard Bentley에게 보내는 유명한 편지에서 자신이 '자연신학을 발전시키는promote 것을 목적으로 프린키피아를 썼'다고 케임브리지 대학의 젊은 동료들에게 말하였다. "나는 우리의 시스템에 관한 학술논문을 썼을 때, 인간을 고려하면서 신에 대한 믿음을 위하여 작용할 수 있는 원리에 주목하였다. 그리고 그 목적을 위하여 유용한 사실을 발견하는 것보다 나를 기쁘게 하는 것은 그 어떤 것도 없었다(Stephen Snobelen, p.169~208).” 이 글에서 뉴턴은 자신의 작업이 신의 영광을 드러내는 믿음을 위한 일이라는 고백을 한다. 그렇다면 뉴턴의 작업은 무엇을 드러내기 때문에 믿음을 위한 것인가?

뉴턴은 프린키피아에서 논증하고 기술한 행성의 움직임이 자연적 원인이 아닌 지적 존재자에 의하여 설계되었다는 사실을 드러내는 것이 바로 믿음을 위한 것이라고 보았다. 벤틀리에게 말하기를 “태양계의 설계를 의지를 가진 행위자의 지혜와 모략에 돌리지 않을 수 없었다”고 이야기한다(Stephen Snobelen, p.173). 뉴턴은 “10개의 달이 지구, 목성, 토성을 중심으로 각 행성들의 궤도와 거의 같은 평면 위에서 동심원을 그리며 모두 같은 방향으로 회전한다. 그러나 혜성이 매우 찌끄러진 타원 궤도를 가지고 하늘의 모든 부분에 걸쳐 있기에 단순한 기계적 원인이 그렇게 많은 규칙적 운동을 일으킬 수 있다는 것을 받아들일 수가 없다(I. Newton, p.166).”고 하였다. 나아가서 뉴턴은 “이 가장 아름다운 태양, 행성들 그리고 혜성들의 시스템은 지적이고 능력이 있는 존재의 지혜와 지배로부터 유일하게 나올 수 있다(I. Newton, p.166).”고 주장한다. 그리고 뉴턴은 자신의 저서 『프린키피아』의 2판에 덧붙인 ‘General Scholium’(일반적 주석이라 번역이 되는데, 오해의 소지가 많아 고유명사로 그대로 사용한다)에서 이러한 자신의 주장은 단순히 개인의 믿음이 아니라 “많은 사물의 현상으로부터 신에 관한 담론을 하는 것은 확실히 자연철학의 한 부분에 속한다(I. Newton, p.169).”고 결론 짓는다. 뉴턴의 신은 세계의 설계자라는 사실에 머무르지 않고 더 나아가 실제로 세계를 다스리는 신이 된다.

"'신이 세계에 현존한다고 하여 그를 세계 혼으로 만드는 것이 아니다. 영혼은 복합체의 부분이고 몸은 그것의 다른 부분, 즉 전체로서 몸의 부분이지만 신이 세계에 현존한다는 것은 부분으로서가 아니라 다스리는 자로서이다.'라고 답한다. 이러한 신의 지배를 자연 속에서 구체적으로 드러나도록 하는 접합점을 뉴턴은 공간 개념에서 찾았다고 생각한다."

신의 감각기관Sensorium Dei으로서의 공간 개념을 뉴턴이 사용한 이유를 생각해보자. 공간은 무한하고 사물이 존재하려면 반드시 공간의 존재가 전제되어야 한다. 결국 모든 사물은 어떤 것이든지 존재한다면, 공간에 의하여 품어지는 셈이다. 신이 만물을 다 알고 모든 것을 지각한다고 할 때, 세계에 대한 신의 현존과 섭리를 통하여 관념적이 아닌 물리적인 세계를 이해하고 간섭한다는 것을 어떻게 표현할 수 있을까?

인간의 정신이 몸의 모든 곳에 현전해 있기에 우리는 사물을 지각할 수 있다. 마찬가지로 이 모형을 사용하여 뉴턴은 신이 모든 존재자에게 현전해 있으면 사물을 지각할 수 있다고 표현한다. 사물이 공간 속에 있다는 말은 공간은 모든 사물에 인접해 있다는 뜻이다. 결국 그러기 위해서 신이 모든 공간에 현전하여 있는 것이며 공간이 무한하다는 사실이 신에게 장해될 수 없다. 신은 공간에 무소부재하므로 모든 사물에 대한 즉각적 현전을 이루고 있다. 따라서 이 즉각적 현전으로서 어떠한 것도 매개함 없이 사물을 지각한다는 사실을 설명하기 위한 적절한 표상이 곧 공간에 대한 직유로서의 신의 감각기관이다. 물론 현전이 자동적으로 지각하게 만드는 것이 아니라 신이 살아있는 실체이기 때문에 가능하다.

뉴턴은 신이 세계에 간섭한다는 사실을 그리고 철저한 지배자임을 보여주기 위해서 신은 우주의 모든 곳에 있다는 점을 강조하였다. 심지어 구체적으로 공간의 모든 입자라는 개념까지 동원하여 신의 현존을 묘사한다.

> "그는 영원하고, 무한하고, 무소부재하고omnipotent, 전지전능하고omniscient, 즉 그의 지속은 영원부터 영원까지 달하고 그의 현존은 무한에서 무한까지 달하고 그는 모든 것을 통치하고 존재하거나 이루어질 수 있는 모든 것을 다 안다. 그는 영원성과 무한성은 아니지만 영원하고 무한하다. 그는 지속이나 공간은 아니지만, 지속적이고 현존한다. 그는 영원히 지속한다. 모든 곳에 현존한다. 그리고 항상 모든 곳에서 존재함으로써, 그 지속과 공간을 구성한다. 공간의 모든 입자는 항상 그리고 지속의 모든 나누어지지 않는 순간에 모든 곳에 있다. 확실히 만물의 주요 창조주는 없는 곳이 없으며, 없는 때가 없다never and nowhere. 지각을 가진 모든 영혼은 감각과 운동을 담당하는 기관들 어느 부위에라도, 그리고 어느 시간에서라도 나뉠 수 없는 여전히 같은 인격이다(I. Newton, p.167)."

만유인력 개념의 출현 그리고 역학과 천문학의 대종합

뉴턴은 관찰 가능한 현상에서 중력의 원인을 발견할 수 없었다. 현상에서 연역 되지 않는 것은 가설로 처리해야 하는데, 뉴턴은 가설을 만들지 않았고 중력의 원인 역시 가설로 설정하지 않았다. 다만 뉴턴은 'General Scholium'을 추가하여 마지막에 '그리고 이제 우리는 모든 큰 물체에 스며들어 감춰져 있는 어떤 가장 미묘한 영과 관련된 어떤 사상을 덧붙일 수 있다; 영의 힘과 행동으로 입자들은 가까운 거리에서 서로 끌어당기고 인접해 있으며 서로 일관되게 결합하고…….'라 서술하였다. 그렇다고 이 영을 어떤 신적인 것이나 일반적인 영으로 본 것은 아니다. 뉴턴은 사물로 보되 몇 마디 말로써 설명될 수 없고, 전기적이고 탄성적인 영이 작용하는 법칙을 드러내거나 결정하는 데에 요구되는 정확한 실험의 충족성을 공급할 수도 없다고 보았다.

뉴턴의 중력개념을 도입하면 행성의 움직임을 설명할 수 있으나 멀리 떨어진 두 물체 사이의 인력은 어떻게 작용할 수 있을까? 당시 운동의 원인이 되는 힘은 접촉으로 전달된다고 여겼다. 접촉작용이 운동의 원인으로 아리스토텔레스 철학에서도 이미 인정되었고 데카르트 역시 접촉작용을 인과성의 유일한 원인으로 강조하였다. 따라서 중력 이야기를 할 때 데카르트는 소용돌이 물리학을 이야기한다. 다만 그는 수학적으로 그것을 증명하지는 못하였다. 왕립학회에서는 사람들이 부정할 수 없는 사실만을 다루는데 중력을 통한 인력과 자기력을 사실로 선언하였다.

중력은 접촉작용으로 전달되는 힘이 아니다. 뉴턴을 과학연구에 몰두하게 만든 추진력은 비밀스러운 힘의 작동을 이해하고 싶은 갈망이었다고 한다. 뉴턴의 연금술 연구에서 이러한 점이 잘 드러난다. 그는 수학이나 물리학보다 연금술에 더 많은 시간을 보냈다. 연구한 결과 그는 물질 입자들 사이에 인력과 척력이 작동하고 있음이 틀림없다고 결론을 내렸다(존 헨리, p.259). 연금술과 더불어 뉴턴을 과학연구에 몰두하게 만든 또 다른 원동력은 신앙이었다. 뉴턴은 1672년부터 성경을 연구하기 시작하였는데, 강박적으로 몰두하면서 연금술보다 더 많은 시간을 쏟게 된다.

알렉상드르 코이레Alexandre Koyre가 보여준 것처럼 뉴턴은 세계의 모든 변화를 물질의 기계적 상호 영향만으로 설명하는 데카르트의 세계관에 깊은 불신을 나타내었다. 뉴턴에게 데카르트의 세계관은 비록 신을 이야기하나 이신론에 불과하며 결국에는 우리를 무신론으로 이끌 것이라고 여겨졌다.

뉴턴은 『프린키피아』를 통하여 세계가 신의 설계에 의한 것임을 보여주려 하였다. 프린키피아의 서문과 'General Scholium'에서 '설계로부터의 논증'이라는 명시적 표현을 사용하였으며, 동시에 프린키피아에 대한 자연 신학적 목적을 애매하지 않은 용어로 분명히 규정짓는 데 기여하였다(Alexander Koyre, p.175). 뉴턴의 신은 명백히 히브리적이었으며 종교개혁자들과 같은 관점을 갖고 있었다(물론 뉴턴은 삼위일체적 신관이 아니기에 종교개혁자와 정확히 일치하지는 않지만 일신론이란 점에서 그리고 역사에 간섭하고 통치하는 신이란 점에서는 유사하다). 뉴턴은 General Scholium뿐 아니라 여러 곳에서 이러한 신관을 표현하고 공간과 시간, 운동 개념 등에서도 신을 이야기한다.

뉴턴은 "신은 그의 영원성과 무소 부재성을 통하여 공간과 시간을 구성한다."고 말하였다. 그는 공간을 Sensorium Dei라고 했고 이 Sensorium이라는 표현을 고트프리트 라이프니츠Gottfried Leibniz는 신의 지각기관으로 오해하였다. 이 Sensorium이라는 개념은 신을 세계 혼으로 해석할 수 있는 소지를 주는 것처럼 보이지만 뉴턴도 이에 대해서는 반대하였다. 이중론자Dualist도 아니고 범신론자Pantheist도 아닌 뉴턴은 절대공간 개념을 이용하여 데카르트의 세계관을 비판하고 데카르트 관점에서 보는 신학과 세계에 대한 결별을 선언한다. 그리고 공간이 신의 감각 중추라면 원격작용이 왜 불가능한가라는 의문을 품게 된다.

뉴턴이 원격작용을 받아들일 수 있게 된 결정적인 계기는 그의 신앙이 아퀴나스Thomas Aquinas의 주지주의 신앙보다는 어거스틴 아우구스티누스Augustinus Hipponensis의 주의주의 신앙에 가깝기 때문이다. 종교개혁의 영향으로 어거스틴이 세상에 소개되기 시작하였는데, 어거스틴의 신앙에 의하면 신은 전능하기 때문에 우리가 보기에 합리적이지 않은 기적을 일으킬 수 있다. 신은 의지로 우리가 이해할 수 없는 경험을 가능하게 할 수 있다. 이런 신학 사상은 뉴턴에게 개별 사실을 하나씩 살피는 실험을 강조할 수 있게 만들었고 또한 '원격작용을 반드시 거부해야 하는가'라는 질문을 할 수 있게 하였다.

이처럼 어거스틴에 힘입어 뉴턴은 아퀴나스 신학 속으로 편입된 아리스토텔레스주의 사상에 대하여 의심할 수 있는 신학적 정당성을 가지게 되었다. 즉, 우리가 보기에 합리적이지 않은 경험도 가능하다는 것이다. 뉴턴은 운동의 원인으로 접촉작용 개념에 대해 의심을 가질 수 있었다. 뉴턴은 결국에 아리스토텔레스 접촉작용의 형이상학을 거부하고 원격작용을 인정한 것이다.

뉴턴은 원격작용을 인정하고 만유인력 개념을 제시하였는데, 만유인력 개념이 출현하자 천상에 일어나는 별 운동의 원인을 알 수 있게 되었다. 타원운동도 주전원 없이 설명할 수 있으며 동시에 지상에서의 자유낙하 등 여러 지상의 운동이 같은 원인인 만유인력을 통하여 이루어진다는 사실을 알게 되었다. 그래서 천상과 지상의 분리를 폐지하게 되었고 똑같은 과학적 법칙이 천상과 지상을 지배하게 되면서 천상과 지상의 통합과 역학과 천문학의 대종합이 이루어졌다. 물론 뉴턴은 왜 만유인력, 곧 중력이 작동하는지 설명할 수 없음도 기꺼이 인정하였다. 하지만 여러 다른 조건에서 중력이 어떻게 작용하는지 상세하게 보여줄 수 있었고 행성 운동의 정밀한 수학적 예측을 할 수 있었다.

위대한 천재들이 많이 있지만 뉴턴 같은 천재는 아주 드물다. 뉴턴의 천재성은 뛰어난 머리에서 비롯된 점도 있으나 끈질긴 노력 역시 중요한 역할을 하였다. 다양한 관심은 그의 끈질긴 노력과 결부하여 나타났다. 뉴턴은 신학, 연금술, 물리학을 다루었다. 비록 당시에 천상과 지상 사이의 구별은 코페르니쿠스, 갈릴레이, 케플러 덕분에 많이 극복되었었으나 여전히 아리스토텔레스의 영향 아래 있었던 이유는 천상에서 성립하는 법칙과 지상에서 성립하는 법칙이 합체할 수 없었기 때문이었다. 케플러는 자신의 개념을 가지고 행성의 원운동, 행성 운동의 원인, 타원운동의 원인 같은 것들을 어느 정도 추측하였다.

그러나 원운동을 무너뜨리려면 운동의 원인을 찾아야 한다. 돌이 자유 낙하하려면 원인이 있어야 한다. 이 당시는 그 원인을 자연스러운 운동으로 보지 않고 접촉작용만이 운동의 원인이라고 보는 시대였다. 뉴턴은 신학적 공부 등을 통하여 시대가 강요하는 사고에서 벗어날 힘을 얻었다. 그래서 만유인력이라는 개념을 가지고 지상과 천상에 성립하는 모든 운동을 하나로 묶는 대종합을 달성한 것이다. 뉴턴의 사례를 통하여 우리는 하나의 학문을 분가시켜서 하나만 하도록 해야 한다는 생각이 얼마나 잘못된 것인지를 알 수 있다. 뉴턴은 융합적인 사고의 참된 전형을 보여주었는데, 여기서 융합적 사고란 단순히 여러가지의 통합이 아니라 하나의 분야에서라도 튼튼한 기초가 이루어질 수 있도록 끈질기게 탐구하였다는 사실을 전제로 한 것이다. 뉴턴의 융합적 사고는 소위 튼튼한 기초 위에서 의심의 자유를 가지고 끈질기게 여러 분야를 공유하는 태도에 바탕을 두었다. 그리고 오늘날 뉴턴 패러다임이라고 불릴 만한 학문을 만들어내는 데 큰 보탬이 되었다. 이런 점을 생각한다면 여러분이 배우거나 가르치게 될 학문과 지식도 여러 차원의 관점으로 분해하여 한 번쯤 끈질기게 파고들어 보아야 비로소 뛰어난 교육적 결과를 얻을 수 있을 것이다. 거기에 더하여 우리 시대가 상식이라는 이름으로 여러분에게 부여하고 있는 사고와 학문의 경계를 극복해 나갈 때야말로 학문에 대해서 비로소 알게 되는 순간일 것이다. 학문이란 내려온 걸 있는 그대로 전수하거나 받는 것이 아니라 오히려 예술에 가깝다는 느낌이 든다.

Q&A

Q 뉴턴은 뛰어난 물리학자지만 신학과 연금술을 많이 공부하였다. 이것이 그의 만유인력 발견에 어떤 영향을 주었을까?

A 물리학 외에 연구했던 분야들은 뉴턴이 만유인력을 발견해내는 데 큰 도움을 주었다. 만유인력은 원격작용인데 당시 아리스토텔레스 사상과 아퀴나스 주지주의 신학은 원격작용을 생각할 수 없게 만들었다. 이를 벗어나기 위하여 뉴턴이 공부한 어거스틴 신학은 주의주의 신학으로 합리성보다 경험의 중요함을 깨닫도록 길을 열어주었다. 그리고 공간 개념을 신의 감각기관으로 보아 원격작용의 가능성을 열어 둘 수 있는 배경을 형성해주었다. 그 덕분에 뉴턴은 만유인력을 발견할 수 있었다.

9

과학혁명과 종교[1)]

과학혁명이 일어나는 과정에서 기독교, 가톨릭 등의 종교가 어떻게 영향을 주었는지를 다루려고 한다. 일반적으로 우리는 과학이 종교와 배치된다고 여긴다. 과학이 발달하면서 종교는 점점 초월적 영역으로 밀려나 내재적으로 혹은 도덕적으로 해석되는 영역으로 바뀐다거나, 과학은 종교와 대치된다는 식으로 해석된다. 특히 갈릴레이에 대한 종교재판은 과학과 종교가 서로 적대적이라는 것을 잘 드러냈다고 믿는 사람들이 많다. 그러나 우리는 종교가 과학혁명에 중요한 역할을 했음을 알게 될 것이다. 갈릴레이 사건은 많은 면에서 과학과 종교가 적대적이어서 발생했다기보다는 상당히 많은 부분이 정치적인

1) 이 부분은 R. 호이카스의 『근대과학의 출현과 종교』(손봉호, 김영식 옮김, 정음사)에서 주로 참고하였다.

요소와 관련이 있다. 그리고 종교개혁과 과학혁명의 관계를 보면 종교개혁이 과학혁명의 진행에 많은 도움을 주었다는 사실을 알 수 있다. 특히 고대의 실험관과 성경에 담긴 손으로 하는 실험에 대한 태도나 자연에 대한 이해 같은 것들은 과학의 발전에 도움이 될 수 있는 요소들이었다. 종교개혁자 중에는 코페르니쿠스주의자도 있으며 반코페르니쿠스주의자도 있다. 이러한 내용을 이 장에서 다룰 예정이다.

› 실험에 대한 고대의 평가
› 근대 초기 과학에서 머리와 손의 협력
› 과학과 종교개혁
  – 종교개혁이 과학에 미친 영향
  – 개혁신학의 핵심 주제는 신의 영광
  – 과학과 성경해석

실험에 대한 고대의 평가

근대과학이 대두하는 데 필수 불가결한 조건 중 하나가 실험적 방법의 끈기 있는 적용이다. 실험은 자연에 대한 지배력을 획득하는 것이 아니라 합리적으로 계획된 장치로 신비를 발견하는 것이다(R. 호이카스, p.85). 문제는 과학적 실험을 어떤 관점으로 보느냐이다. 실험은 손으로 하는 노동과 밀접한 관련이 있다. 고대에서 손으로 하는 작업은 장인이나 기술자가 하는 것이었으므로 그들의 결과를 사회적으로 어떻게 수용하는가가 실험과학의 대두에 중요한 역할을 하였다.

역사적으로 고대에서도 소크라테스 이전 즉, 기원전 4세기 이전 그리스에서는 손을 사용하는 작업을 높이 평가하였다. 기원전 6세기경에 솔론은 아테네 시민들로 하여금 실제 작업을 배우도록 하였다. 그리고 페리클레스는 기원전 5세기에 장인들의 정치 감각이 결여되지 않았다고 선언하였다(R. 호이카스, p.86). 그러나 그 후 상황은 많이 달라졌다. 농업 생활이 기본이 되면서 이상주의적 아테네 철학자들은 시민의 의무를 이행하는 데 필요한 지적, 정신적인 발전을 중요히 여기고 손을 써서 하는 직업을 천시하기 시작하였다. 아리스토텔레스의 이상 국가에서 자유 시민은 덕의 개발과 정치 참여자였지, 토지 경작자가 아니었고 기계적 기술이나 상업 같은 비천한 것의 종사자는 더더욱 아니었다. 명상은 정치나 전쟁보다 더 높은 지성의 활동이었다. 명상은 그 자체 안에 목적을 가지고 있는 원동자의 명상에 가장 가까운 것이라고 보았다. 반면에 실제적 기술은 항상 그 자체의 활동 외부에서 어떤 이익을 추구한다(R. 호이카스, p.88). 따라서 아리스토텔레스의 이상 국가에서 장인의 자리는 거의 주어지지 않았다.

로마의 키케로는 모든 장인은 저속하고 비천한 일을 수행한다고 생각하였다(R. 호이카스, p.88). 다만 건축기술, 전쟁 기계는 꼭 필요했기 때문에 기술자의 가치를 인정하였다. 그러나 키케로는 건축이나 의술, 교육 등의 이용 가치를 인정하였을 뿐, 그것들을 사회적으로 높이 평가하지는 않았다.

기술자들은 철학자들의 평가와 견해를 달리하였다. 기원전 1세기경 헤론은 도시가 잘 무장되었다는 것을 보여줌으로써 적의 공격을 미리 막아 시민들의 마음을 평안하게 하려는 목적으로 전쟁 기계를 만들었다. 그것은 "진정한 지혜는 마음의 평화를 가져온다."는 스토아적 이론을 익살스럽게 이용한 것이었다. 철학자들의 낮은 평가에도 불구하고 헬레니즘 문명에는 상당한 기술적 전통이 있었던 셈이다. 그러나 그것이 시민 생활에 응용되는 경우는 적었다. 아마도 살아있는 도구가 많은 탓에 생명 없는 도구를 사용하는 것을 좋아하지 않았기 때문일 것이다. 이론으로부터 실제로의 전환을 방해한 것은 기술의 부족이 아니라 오히려 육체노동에 대한 천시였다. 과학은 손이 아니라 머리에 속한 것이었다(R. 호이카스, p.91).

근대 초기 과학에서 머리와 손의 협력

이성과 기술의 협력은 르네상스 시기에 더욱 밀접해졌다. 시민-대체로 수공업자-의 해방은 상업 및 산업뿐만 아니라 손을 써야 하는 작업에 높은 가치가 주어지도록 하였다. 기술에 관심이 있고 때로는 손을 사용하는 기술까지 갖고 있던 과학자들은 자신들의 작업에 과학적 기초를 부여하기를 원하였던 기술자들과 어울렸다(R. 호이카스, p.97). 뉘른베르크의 알브레히트 뒤러Albrecht Dürer 같은 지적인 장인은 수학자, 천문학자 및 철학자들과 교류하였다. 1600년경에 네덜란드에서도 학자와 실제 일에 종사하는 사람 간에 밀접한 협력이 있었다. 기술자를 위한 학교가 라이든 대학에 설립되었고, 17세기 초에 이사크 베크만Isaac Beckmann 박사가 로테르담에 기술 칼리지를 세웠다. 구성원은 라틴어 교감이었던 베크만 자신을 비롯하여 비단염색공, 상인, 수차 제조업자, 선박업자, 목수, 내과 의사, 수학자, 외과 의사 등이 있었다(R. 호이카스, p.100). 그는 도르드레흐트에서 교장이 되었을 때, 유럽에서 최초의 측후소를 건립하였고 개혁교회 목사의 도움을 얻어 천문관측을 수행하였다. 제자 중에는 정치가이자 수학자인 요한 비트Johan Witt가 있었다.

기술자와 학자 간의 협력은 실험적 방법의 급속한 발전과 세련성을 가져왔다. 일단 기술자의 노동이 명예로운 것으로 받아들여지게 되자 실험적 작업도 존경받기 시작하였다. 장인계급의 사회적 해방–뉘른베르크, 안트워프, 런던 및 암스테르담과 같은 전형적인 시민사회에서의–은 종교적 해방과 더불어 진전되었다. 이러한 해방은 모든 직업이 '신성한' 것으로 간주되는 노동윤리를 발전시켰고(R. 호이카스, p.100) 여기에는 종교개혁파의 공로도 컸다.

과학과 종교개혁

| 종교개혁이 과학에 미친 영향[2)]

종교개혁이 과학혁명에 미친 영향을 명확한 인과관계를 통해 설명하기란 대단히 어렵다. 과학혁명은 광범위한 사회·정치적 변화와 맞물려 있으므로 단순히 종교개혁의 영향만으로 설명한다면 지나친 단순화의 오류에 빠질 수 있기 때문이다. 초기의 과학혁명을 주도하였던 과학자들은 가톨릭의 수도원 출신이 많았고(브라헤, 케플러, 데카르트 등), 후에 개신교 출신의 과학자들이 많이 참여하였다. 이 또한 종교개혁이 일어난 이후, 북유럽에서 개신교가 주도권을 쥐고 있었던 상황이었기에 가능한 일이었다. 더구나 개신교 출신이라 하더라도 개신교의 스펙트럼이 너무 다양하였기 때문에 과학혁명을 종교개혁의 결과로 단정 짓기에는 무리가 따를 수 있다. 하지만 종교개혁으로 인한 광범위한 사회변화는 이전 사회와 비교하여 볼 때 어떤 차별성을 지녔으리라고 추정할 수 있다. 그런 변화들을 다소 단순화시켜 살펴보자면, 과학혁명에 미친 종교개혁의 영향들을 현세적 금욕주의와 과학 활동, 주의론과 주지론, 예정론과 결정론, 신자의 만인제사장주의로 나누어 살펴볼 수 있을 것이다.[3)]

청교도의 현세적 금욕주의와 과학 활동

현세적 금욕주의와 과학 활동을 설명하기 이전에 청교도 혁명이 근대의 과학 활동에 미친 영향과 관련하여 먼저 막스 베버Max Weber가 제시한 프로테스

2) 이 부분은 부산대학의 팀티칭(김유신, 윤상근) 교양과목 "지식의 지형도와 과학기술사회론"의 강의노트, 김유신, 윤상근, 김명서 외 『지식의 지형도와 과학기술사회론』(한국대학교육협의회 부설 한국교양기초교육원, 2013)에서 윤상근 박사의 저술을 주로 참고하였다.

3) R. 호이카스, 『근대과학의 출현과 종교』, 손봉호 · 김영식 옮김, 정음사, 1987.
데이비드 린드버그, 도널드 넘버스, 『신과 자연-기독교와 과학, 그 만남의 역사』, 이정배 · 박우석 옮김, 이화여자대학교출판부, 2002.

탄트 윤리와 자본주의 정신에 대하여 설명하고자 한다.[4)]『프로테스탄트 윤리와 자본주의 정신』에서 베버는 스위스, 네덜란드, 영국, 미국 등에 많은 영향을 준 칼뱅주의 기독교의 '예정 교리'에 주목하여 자본주의 정신을 설명하였다. 즉, 예정 교리란 절대적 주권자인 신은 제 뜻대로 일부 사람만 구원할 예정을 하였지만, 구원으로 예정된 사람이 누구인지 아무도 알 수 없을 뿐 아니라 인간은 신의 영광을 증대시키는 것을 목표로 살아야 한다는 것이다. 이러한 예정 교리는 사람들의 삶을 아래와 같이 변화시켰다.

첫째, 누구도 구원에 대한 신의 결정을 알 수 없으며 한번 내려진 결정은 신조차도 번복할 수 없다. 따라서 어떤 존재도 자신의 구원에 도움을 줄 수 없다. 사람은 홀로 자신에게 주어진 운명을 책임져야 한다. 이러한 신앙 태도는 근대 개인주의가 형성되는 데 크게 기여하였다.

둘째, 이 교리는 개인들을 신의 영광을 증대시킬 수 있는 능력, 예를 들면 전문 지식과 기술 등을 위주로 하는 합리적 조직 형태로 결합시켰다. 이 조직은 혈연, 지연, 신분 등과 같은 인맥이 아니라 합리적 규칙을 중심으로 운영되었다. 그렇기에 어떤 전통적인 조직보다 탁월한 효율성을 가질 수 있었다.

셋째, 이 교리는 아랫사람이 윗사람에게 존경을 표해야 했던 전통 사회의 위계서열 풍습을 개혁하였다. 칼뱅주의자들은 인간에게 과도한 존경을 표하는 일을 피조물 숭배로 여겨 배척하였다. 이러한 반(反)권위적 자유주의의 태

4) 윤원근, 경향신문, 2012년 3월 2일 기사 〈자본주의 동력은 돈이 아니라 삶의 의미〉.
윤원근, 『유사나치즘의 눈으로 읽는 프로테스탄트 윤리와 자본주의 정신』, 신원문화사, 2010.

도는 민주주의 문화의 기초가 되었다.

넷째, 이 교리는 직업을 소명으로 여기고 정직하고 근면한 직업 생활을 하도록 격려하였다. 어떤 직업에 종사하든 그것을 하나님의 소명으로 여겨야 한다. 정직하고 근면한 직업 활동에서 오는 성공은 자신이 구원받았다는 사실에 대한 증거이다. 예정 교리에 의하면, 직업 활동에서 신의 영광을 아무리 많이 드러낸다고 하더라도 그것이 구원에 영향을 미칠 수는 없다. 그러나 직업 활동에 성공하였다는 것은 구원받았다는 증거가 될 수 있다.

다섯째, 이 교리는 삶 전체를 금욕적으로 통제하는 방식으로 철저하게 자기 관리를 하도록 자극하였다. 구원받은 사람이라는 사실을 증명하기 위해서는 매 순간 선과 악의 싸움에서 악을 억제하고 선을 행하는 방식으로 자신의 삶 전체를 계획적으로 관리해야만 하였다. 1분 1초라도 헛되이 낭비하지 않고 자신의 욕망과 성격을 통제할 수 있는 금욕적인 행동이 필요하였다.

여섯째, 이 교리는 부의 축적을 신의 소명을 수행하는 미덕으로 여기면서 긍정적으로 보도록 동기를 부여하였다. 직업 생활의 성공을 통하여 얻은 물질과 돈은 구원에 대한 확신을 증명하는 표시였다. 위험시되었던 행동은 재산을 가지고 놀면서 흥청망청 쓰다가 게으름과 성적 욕망에 빠져 제대로 종교 생활을 제대로 하지 못하는 짓이었다. 죽으면 영원히 휴식을 취할 수 있으므로 살아 있을 때에는 자신의 구원을 증명하기 위하여 쉼 없이 신의 일을 행해야 한다. 인생은 자신의 선택을 증명하기에는 너무나 짧고 귀중한 시간이다. 사람들과의 교제나 한가한 잡담, 사치 등으로 시간을 보내는 것뿐만 아니라 건강에 필요한 것 이상으로 잠을 자는 행동도 비난받았다.

이러한 프로테스탄트 윤리의 결과로 아래와 같은 자본주의 정신이 정착되었다. 즉, 자본주의의 동력은 자본의 크기보다는 자본주의 '정신'의 발전에 있었다. 자본주의 정신이 존재하면 자본이 생성되고 화폐가 공급되어 그 정신을 수행하는 수단 노릇을 하지만, 자본이 있다고 하여 자본주의 정신이 생겨나는 것은 아니다. 이는 화려한 문명을 자랑하였던 지나간 역사 속에서 많은 실례를 찾아볼 수 있다. 베버가 말하는 자본주의 정신은 '노동의 합리적 조직'인데, 이는 다섯 가지로 설명된다.

- 노동 그 자체를 하나님의 소명으로 여겨 가치 있는 것으로 간주한다.
- 인생의 최고 목표란 정직하고 근면한 노동을 통하여 돈을 버는 것이며 이를 긍정적으로 생각한다.
- 감정의 동요에 따라 시간을 허비하는 짓을 경멸하고, 합리적으로 계획을 세워 실천하는 생활을 찬양한다.
- 휴식과 게으름을 무익한 것으로 치부하여 더 많은 돈을 벌기 위하여 쾌락, 행복, 즐거움 등을 포기한다.
- 돈을 모으기 위하여 근검, 절약을 생활화한다.

이상과 같은 방식으로, 예정 교리는 노동을 합리적으로 조직하는 자본주의 정신을 형성하는 데 커다란 영향을 주었다. 또한 이러한 개신교 윤리의 현세적 금욕주의는 과학에 대한 동기보다는 직업적 과학자로서의 태도 형성에 더 큰 영향을 미쳤을 것이다. 나태하거나 게으르지 않고 부지런하고 열정적으로 자신의 일을 수행함으로써, 자신에게 주어진 소명을 감당하며 조물주의 영광을 위하여 최선을 다하는 자세를 취하게 하였을 것이다. 이러한 태도가 과학혁명을 이루어 냈다고 말하기는 어렵겠지만, 자본주의의 급속한 발전과 마찬가지로 그 시대의 에토스로 작용하면서 과학혁명을 수행하였던 과학자들의 전적인 헌신을 불러일으켰을 뿐만 아니라 그 과정을 열정적으로 수행하도록 동기를 부여하였을 것이다.

로버트 머튼Robert Merton은 이러한 베버의 자본주의 정신에 대한 논제를 근대과학의 발전에도 적용하여, 개신교 윤리가 지배적인 가치들의 직접적인 표현이었던 동시에 새로운 동기의 독립적인 근원이 되었다고 주장하였다.[5] 머튼은 17세기 영국의 과학 변화의 원인을 설명하면서 실험 기술의 발달과 관찰의 축적, 그리고 프로테스탄트 경건주의 사이에 긍정적인 상관관계positive correlation가 있음을 보여주었다. 즉 17세기 영국과 독일에서 개신교 윤리가 사람들을 특정한 활동 방향으로 이끌었을 뿐만 아니라 그 행동에 몰두하도록 지속적인 압력으로 작용한 것이다. 직업에 대한 헌신적인 태도는 과학적 탐구에도 적용되었고, 과학자들은 조물주의 영광을 드러내기 위한 신성한 일로 간주함으로써 과학적 활동의 기반을 확립하게 된다. 또한 청교도 윤리가 시대정신으로 자리를 잡으면서 보편적인 삶의 양식으로 받아들여지게 되었다. 특히 상당수의 청교도인들이 합리적이고 근면하면서도 엄격한 생활 태도를 바탕으로 신흥 부르주아 계층이 되었는데, 그들은 자신들의 직업적 성취를 유지하고 강

5) 로버트 머튼, 「청교도가 과학에 준 자극」, 『과학사회학 1』, 석현호 옮김, 민음사, 1998.

화하기 위하여 과학과 기술 모두에 대한 긍정적인 관심을 지니고 있었다. 이들은 진보에 대한 열정과 자신들의 신분 상승을 방해하는 전통적인 계급구조에 대한 적대감을 가지고 있었다. 더구나 자신의 운명에 대하여 스스로 책임을 져야 한다는 개인주의적 태도는 신 앞에서 양심에 따라 자유롭게 행동하며 과거 전통의 불합리하고 주술적인 권위에 대항하는 근대과학의 경험론적 태도와 같은 새로운 방법론을 추구할 수 있게 해주었다. 이러한 방법은 과학에 그대로 적용되어 자연에 대한 직접적인 탐구 활동으로 이어지게 된다.

하지만 자본주의는 하나의 제도로 작동하자마자 세속화로 인하여 그 정신의 원천이었던 종교적 신앙은 사라지고 단지 생존을 위하여 적응해야 하는 거대한 쇠창살의 감옥으로 변질되고 만다. 오늘날의 과학도 그 본래의 정신을 상실하고 자본주의의 큰 추동력이 되어 인간의 영혼을 속박하고 그 자체의 확대재생산의 논리로 세상을 변화시키고 있으며, 베버가 염려하였던 합리화 과정의 일부로 편입되고 말았다. 이제 과학은 더 나은 세상을 위한 수단이 아니라 더 많이 가진 자들이 더 많은 이익을 뽑아내기 위한 도구로 전락하고 말았으며, 사회적, 경제적 불평등을 재생산하여 확대시키는 리바이어던이 되어가고 있었다.

주의주의voluntarism과 주지주의intellectualism

자연에 대한 어떠한 형이상학을 갖느냐가 과학적 방법론에 큰 영향을 미칠 수 있다. 신이 세계를 창조하였는데 그 신은 합리적이고 지성적인 존재라는 점에 초점을 두면 자연에 신이 부여한 영원한 법칙이나 형상을 탐구하는 방향으로 갈 수가 있다. 곧 자연에 대한 탐구는 신의 지성과 합리성을 발견하는 작업으로 볼 수 있다. 아리스토텔레스의 합리주의에 영향을 받고 아리스토텔레스를 기독교화 하려 한 아퀴나스는 『신학대전』을 저술하고 신앙을 합리적으로 증명할 수 있는 소위 신神증명법을 제시한다. 아퀴나스의 사상은 주지주의적 철학이나 신학에 가깝다. 신은 고도의 지성으로 세계를 합리적으로 통치하므로, 신학적 배경 아래 자연을 탐구한다면 지성적으로 이해하기 힘든 현상은 잘못된 발견으로 무시될 수가 있다. 그리하여 학문에서 경험적인 탐구보다는 합리적이며 이성적인 방향으로 이론을 형성하고 탐구할 가능성이 높다. 이와 반대로 만물을 창조하신 하나님은 세계를 자신의 의지에 따라 다스리는 전능한 분이라는 점에 초점을 두는 신학을 주의주의 신학이라 부른다. 어거스틴의 사상이 이러한 주의주의 신학에 가깝다. 신은 우리가 합리적으로 파악할 수 없는 사건이나 현상을 일으킬 수 있다고 생각하여, 자연현상에서 이해하기 힘든 사건이 발생하여도 그 사건을 쉽게 무시하지 않는다. 따라서 자연에 대한 탐구는 관찰과 실험과 같은 감각적 경험을 중요시하고 이해되지 않는 현상이 나타나도 이를 수용하고 탐구하려 한다.

두 사상은 모두 과학을 자연을 통한 조물주 하나님의 계시를 파악하는 활동으로 보고 있다. 그러나 주지주의는 세계에 부여된 하나님의 합리성이 영원히 재생해내는 형상들의 세계, 그리고 그것을 지배하는 논리적 필연성에 많은 관심을 두고 이성의 지시를 따르는 선험적 과학에 집중한다. 반면에 주의주의는 세계는 신의 의지의 자유로운 활동으로 구성되고 창조되었다는 성경적 관념에서, 인간이 이해되지 않더라도 주어지거나 만들어진 자료나 사실들을 중요시하고 그러한 현상의 규칙성에 관심을 두는 경험과학을 탐구하는 경향을 가진다.

고대 그리스의 합리주의는 중세의 유명론자와 결합하여 근대과학의 가능성을 열었다. 유명론자들은 주의론적 신학을 부활시켰고, 주의론적 신학을 통하여 경험의 중요성을 점점 더 깨닫게 되었다. 그리하여 실체적 형상은 이름뿐이고 개개의 사물에서 완전한 실체를 찾으려 하였던 유명론자들은 개별적 사안에 대한 경험적 접근을 관념으로부터 실체를 연역하는 것보다 더욱 중요시하였다. 유명론자들은 이론적 이성보다는 비판적 이성을 더 신뢰한 것이다. 그들은 절대적 합리성에 기초한 확실성이 없어도 자유로이 과학적 체계를 세울 수 있었다.

이러한 차이는 중세 후기의 과학이 아리스토텔레스의 이론에 입각하여 설명되었기 때문에 이성적 통찰에 의존하였던 반면, 새로운 과학의 주창자들은 관찰과 실험을 통하여 얻은 자연의 사실을 기초로 새로운 해석을 시도했던 것으로 나타났다. 그리고 근대 기계론의 출현도 이러한 관점에서 이해될 수 있다.

주지론은 합리적인 과학의 방법과 관련이 있다. 주지론에 따르면 신이 자연과 동일시되고 나아가 창조가 자연의 논리적 과정이라면, 우주 곳곳에 스며있는 '로고스'의 한 부분이자 그 아들인 인간은 자연에 대하여 직관적인 지식을 가져야 할 것이다. 따라서 중세의 과학은 직관적 지식에 의존하여 자연에 대한 세심한 관찰을 무시하고, 그 직관에 맞추어 세계를 구성함으로써 경험적 사실에 기초한 연구를 경시하였다. 그리스 철학자들의 합리론(플라톤, 아리스토텔레스, 피타고라스학파)과 중세 스콜라 철학의 합리론(아베로에스주의자들)이 이에 속한다.

이와 달리 주의론에 따르면 신이 어떤 모형이나 최종적 목적에 구애받지 않는 창조주라면, 인간은 자연의 자료가 얼마만큼 인간의 이성에 의해 이해될 수 있는지를 단지 후천적으로만 알아낼 수 있다. 성경은 신이 인간과 다르다고 반복적으로 이야기하므로 신은 인간의 기대에 따라 일하지 않는다. 따라서 인간은 매 순간 일어나는 자연 현상에 대하여 경험적인 방법으로 연구할 수 있을 뿐이다. 즉, 기독교인들은 믿음이란게 치밀하게 고안된 체계가 아니라 자신들이 사실이라고 받아들인 것들 위에 세워져 있듯이, 과학 역시 이성이나 법칙에 어긋나 보이더라도 사실들을 받아들여야 한다는 것이다. 실제적 형상은 단지 이름일 뿐이고 개개의 사물에서만 완전한 실재를 보았으며, 이는 과학의 기본으로서 경험적 사실들에 대한 그리고 그에 따라 경험적 접근법에 대한 더 강력한 강조로 이어진 중세의 유명론도 주의론에 토대를 두고 있다.

주의론에 기초한 경험론의 대두가 관찰과 실험을 통하여 자연을 이해하려는 과학자들의 열의를 부추겼고, 케플러, 갈릴레이, 브라헤, 베이컨, 데카르트(합리주의적 경향을 보였으나 그도 신은 절대적인 힘을 지닌 창조주이며, 그 자신 이외의 어떠한 독자적인 본성에도 구애받지 않는다고 생각하였다. 신의 측량할 수도 없고, 이해할 수도 없는 의지에 대하여 강조하였다), 보일, 뉴턴 등의 과학자들에게 이어졌다. 이러한 계시에 의한 조물주의 절대성은 종교개혁에서 더욱 강화되었으며, 인간의 전적 타락이라는 주장은 이러한 신의 절대성을 표현하고 있다.

| 예정론과 결정론

예정론과 결정론의 차이에 대하여 알아보자. 예정론은 신의 자유의지에 주목하여 시간을 초월하는 신은 자신이 의도하는 바에 대한 예지를 지닌다고 보고(R. 호이카스, p.115) 신의 통치를 강조한다. 반면에 결정론은 숙명론의 한 형태로 운명과 필연의 통치를 강조한다. 성경에서는 창조된 세계가 필연적 성질을 띠지 않으며, 그것은 심지어 자연법도 아니며 피조물에 대한 신의 사랑과 보호의 상징(R. 호이카스, p.115)일 뿐이다. 장 칼뱅Jean Calvin은 이를 신의 섭리로 표현하였고 이러한 주장은 주의론적 입장과 가깝다고 말할 수 있다. 따라서 칼뱅의 예정론은 결정론과는 다르다.

따라서 예정론과 결정론을 혼동하여서는 안 된다. 어떤 과학사가들은 칼뱅의 체계는 불변의 법칙에 대한 믿음을 포함한다고 말하면서, 신의 예지의 이론이 자연의 법칙에 대한 믿음을 강화했다고 주장하였다. 이러한 주장은 예정론과 결정론을 어느 정도 동일시하는 심각한 오해에 바탕을 두고 있다. 물론 이 두 이론은 어떤 일도 우연히 일어나지 않는다는 함의를 공유하지만, 전자는 신의 자유의지에 주목하여 시간을 초월하는 신은 자신이 의도하는 바에 대한 예지를 지님을 의미하는 데 반해 후자는 숙명론의 한 형태이다. 전자는 야훼의 통치를 강조하나 후자는 질서에 대한 필연성, 즉 운명과 불변의 통치를 강조한다. 성경에서는 창조된 세계에 질서가 있다고 말한다. 아퀴나스 · 플라톤주의자 콘체스의 윌리엄William of Conches은 이 질서가 합리적 질서임을 강조하나 필연적인 요소를 함축한다고 말하였다. 그러나 성경은 이 질서가 필연적 성격을 띠지 않으며, 심지어 자연법도 아닌 자신의 피조물에 대한 사랑과 보호의 상징으로 여긴다. 칼뱅은 이 질서를 예정이 아니라 섭리라는 제목에서 다루었다(R. 호이카스, p.115). 과학적 결정론에 가까웠던 것은 칼뱅주의가 아니라 토마스주의(성공회 신부인 리차드 후커의 저작에서 나타난바와 같이)인 반면에 이 문제에 관한 칼뱅의 입장은 스코투스주의 및 오렘의 온건한 유명론Nominalism에 보다 더 가까웠다(R. 호이카스, p.115). 사실 결정론은 흔히 가정되어 왔던 것처럼 과학을 위한 그렇게 큰 혜택은 아니었다. 그와 반대로 모든 추론에도 불구하고 실제 역사가 보여주는 바는 결정론이 아니라 주의론이 장기적으로 과학에 새로운 길을 열어주는 데 유력하였다. 이 같은 주의론적 사고방식에서는 자연의 질서 혹은 우리에게는 논리적 질서는 신에 의하여 의도된 질서이다(R. 호이카스, p.116).

신자의 만인제사장주의와 신의 영광

만인제사장주의는 교리적으로 청교도와 카톨릭이 진정으로 구분되는 부분이다. 기독교 교리에 따르면, 예수 그리스도가 십자가의 보혈로 인간의 죄를 사함으로써 더 이상 우리에게는 우리의 죄를 내신하여 속죄할 제사장이 있을 수 없다. 이러한 점에서 이를 충실히 따르는 청교도들은 자신이 지닌 신앙의 양심을 토대로 단독자로서 신 앞에 마주하는 태도를 보인다. 이는 재능 있는 사람은 누구든지 전통이나 성직 계급의 권위에 의존하지 않고 성경을 연구할 수 있는 권리(심지어는 의무)가 있으며(R. 호이카스, p.117), 동시에 신에 의하여 쓰인 자연이란 책을 누구의 권위에 얽매이지 않고 연구할 권리나 의무를 진다는 사실을 의미한다. 그러므로 평신도들도 새로운 장로들뿐만 아니라 구 사제들을 자유롭게 비판하도록 허용된다(R. 호이카스, p.118). 또한 자신의 양심을 바탕으로 자유롭게 자신의 의견을 개진할 수도 있다. 따라서 청교도의 교리는 전통적 권위의 속박으로부터 해방과 세계를 새롭게 해석할 수 있는 틀을 제공하였다.

교회에 충성해야 하고 교회의 전통적 관습에서 벗어나게 되면서 모든 사람이 자기 능력에 따라 자연이란 책을 읽어야 한다는 믿음이 발전한다. 그렇게 되니 삶의 목적은 교회의 제도나 전통적 권위에 복종하기보다는 "하나님의 영광을 위하여"라는 개신교의 슬로건에 더 관심을 두게 된다. 만인제사장주의로 개신교 교인들 개개인이 양심을 조명하는 하나님의 소리에 귀를 더 기울여서 하나님의 영광을 위하여 살아야 한다는 분위기가 형성된다. 당시 개혁신학의 핵심적인 주제 중 하나는 신의 영광이다. 따라서 개신교도의 직장생활, 사업, 가정생활, 과학탐구 등은 모두 '신의 영광을 위함'에 초점이 맞추어진다.

개혁자들에게 신의 두 책은 성경과 자연이었다. 마르틴 루터Martin Luther와 칼뱅은 직업은 소명이라는 이론을 내었고 개신교 과학자들은 자연탐구는 신의 영광을 드러내는 작업으로 보았다. 케플러는 1598년에 천문학자는 자연이라는 책에 대한 사제priest라고 생각하였다. 이러한 사상은『네덜란드 신앙고백서』에 잘 나타난다. "자연은 우리의 눈앞에 있는 아름다운 책이며, 그 속에서 모든 크고 작은 피조물들이 하나님의 불가시적인 것을 보여주는 문자와 같다(R. 호이카스, p.113)." 또한 개혁교회는 신이 행한 모든 일에 대해 신에게 영광 돌리는 임무는 두 눈뿐만 아니라 지성에 의해서도, 즉 인간의 모든 능력에 의해 수행되어야 한다고 가르쳤다. 칼뱅은 자연에 대한 연구를 게을리하는 사람은 신의 작업을 탐구하면서 정작 그의 창조주는 잊어버리는 사람만큼 죄스럽다는 견해를 피력하였다(R. 호이카스, p.113). 위대한 과학자 로버트 보일Robert Boyle 역시 "과학은 종교를 위한 탁월한 학교이다. 실험과학은 종교와 연합군이다."라고 말하였으며, 뉴턴은 그의 제자 리처드 벤틀리Richard Bentley에게 "나는 신의 창조를 드러내기 위해 책을 저술했다."고 말하였다. 뉴턴의 중력 개념이 탄생하는 것이나 시공간 개념은 모두 신과 관련이 있었다. 그렇다고 하여 그들이 신앙을 과학적 탐구의 임무에 대한 강제적인 법칙으로 강요한 것은 아니다. 당시의 과학자들, 특히 케플러 같은 사람은 저술을 통하여 알 수 있었듯 과학적 탐구를 사랑과 감사의 임무로 받아들였다. 그들은 과학적 탐구를 달란트의 비유에 비추어 생각하였고, 이는 그들의 윤리에서 중요한 역할을 하였다(R. 호이카스, p.114). 칼뱅에 의하면 여가와 재능이 있는 사람은 천문학을 무시해서는 안 된다. 베르나르 팔리시Bernard Palissy의 '자기 재능에 따라'란 인용구에 영감을 받은 케플러는 교육받지 못한 사람이 그의 눈으로 본 것을 가지고 신을 찬양하는 것은, 보다 정밀하게 볼 수 있는 이성의 눈까지 부가적으로 부여받은 천문학자가 그렇게 하는 것에 못지않는 영예를 누려야 한다고 주장하였다(R. 호이카스, p.114).

개신교에서는 전통이 계시의 원천으로 인정되지 않았기 때문에 공적인 효력이 없었으며 강력한 중앙기관도 없었다. 따라서 개인의 의견에 귀 기울여질 가능성이 더 컸으며, 종교적 분파가 많고 때로는 영향력이 더 큰 나라들에서 더욱 그러하였다. 이런 나라들에서는 철학적, 과학적 분파주의가 쉽게 발전할 수 있었으며 상당한 정도의 과학적 자유가 나타날 수 있었다. 결론적으로 새로운 철학의 옹호자들은 종교개혁에 의한 교회 및 철학적 전통으로부터의 해방과 새로운 학문에 의한 고대의 권위로부터의 과학의 해방 사이의 유비 관계를 완전히 인식하고 있었다(R. 호이카스, p.121). 이러한 인식은 삶의 의미를 자연스럽게 전통적 관습보다 하나님의 영광이라는 더 큰 의미에 부여하는 데 이바지하였다.

과학과 성경해석

칼뱅은 이교도 사상에 대해 비판적이었으나 이교도로부터 유래한 모든 것을 거부하지는 않았다. 그의 일반 은총 교리는 그리스 문학적이고 학문적인 유산에 대해서는 전적으로 거부하는 것을 막았다(R. 호이카스, p.125). 그는 성경의 권위에 의존하여 자연에 관한 비합리적인 교리까지 받아들이도록 요구하지는 않았다. 성경을 문자적으로 해석하지 않아서 물을 문자 그대로 물로서 믿지 않았으며, 당시의 과학적 우주체계와 성경 구절 간에 차이가 있음을 인정하면서도 그것 때문에 과학적 연구의 결과를 배척하지 않았다. 개혁자인 신앙의 동지 중에 코페르니쿠스 숭배자들이 있었는데, 케플러도 코페르니쿠스의 열렬한 지지자였다.

로마 카톨릭 교회는 갈릴레이를 정죄한 것에 대하여 교황을 희화화하여 교황의 분노를 샀으며 정치적인 음모론도 있었다. 추기경 중에서 코페르니쿠스를 지지한 사람들도 있었다. 이러한 점을 보면 과학과 종교 사이에 긴장과 충돌은 있었으나 반드시 적대적일 필요는 없으며 또한 적대적이지도 않다.

과학혁명을 통하여 근대과학이 출현하게 된다. 이 근대과학의 큰 특징은 수학적인 것, 경험적인 것, 관찰도 중요했으나 실험 역시 중요하였다. 그리고 실험과학이 대두되는 데 있어서 종교는 매우 중요한 역할을 하였다. 실험에 대한 고대의 평가를 보면, 한때 장인이 높이 평가받고 육체적인 노동이 좋은 평가를 받던 시기도 있었지만, 일반적으로 노예를 많이 거느리는 신분제 사회에서 직접 손을 사용하는 실험보다는 오히려 살아있는 도구를 이용하는 편이 더 낫다고 생각할 정도로 실험을 천시하였고 노동 역시 천시하였다. 그러나 종교개혁이 일어나면서 성경이 번역되고 읽혀지면서, 노동의 고귀함이 설파되고 손으로 하는 일들이 중요하게 여겨지기 시작하였다. 이런 배경을 통하여 종교가 실험과학의 부상에 기여한 바를 알 수 있다.

과학을 탐구한다는 의미는 무엇인가? 당시 이것은 삶의 의미를 추구함과도 관련이 있었다. 다시 말해, 과학을 탐구한다는 것은 우리의 삶의 목적이 "신의 영광을 드러내"는 것이라고 말하는 종교개혁자들의 중요한 모토와 "직업은 소명이다"라는 직업관이 어우러진 행위이며 이러한 두 요소는 종교개혁을 통하여 나타났다.

유명한 사회학자 로버트 머튼Robert Merton은 17~18세기의 개신교도, 그리고 칼뱅과 루터의 경건주의나 개신교 윤리가, 독일과 영국에서 과학이 발전되고 뛰어난 과학자들을 배출하게 되는 사건과 매우 중요한 양의 상관관계를 가지고 있다는 사실을 보여주었다. 이것은 과학과 종교가 적대적 관계가 아니라는 사실을 드러내는 하나의 증거이고, 또한 과학이 형이상학에 기초하고 있음을 명백히 보여준다. 또한 현대에 있는 우리에게 과학을 수행하는 행위가 삶의 의미를 추구하는 행위와 결부되어 있다는 관점을 제공하여 준다.

우리는 이러한 사실들을 과학혁명과 종교의 관계에서 다루었다. 과학과 종교 사이의 관계를 새로이 볼 수 있도록 우리는 관련된 책들을 찾아보고 또 깊이 생각하면서 나름의 관점을 구축하여야 한다. 갈릴레이 사건에는 앞에서 언급하였듯 상당한 음모론이나 전체적 음모론이 배제되어 있었고, 성경해석을 문자적으로만 보는 탓에 많은 사람이 과학을 비합리적으로 간주하지 않도록 하는 것이 칼뱅의 주요한 생각이었다. 칼뱅의 종교개혁자 친구 중에는 코페르니쿠스 주의자들이 많았다. 그러므로 종교인이 성경을 잘못 해석한 것은 일시적인 잘못일 뿐이지 과학과 종교가 근본적으로 적대적이라는 뜻은 아니다. 그래서 우리가 지금과 같은 시대에, 종교와 과학을 두 축으로 하는 올바른 관계를 파악하는 데 이 「과학혁명과 종교」가 많은 도움을 주리라고 생각한다.

Q&A

Q 일반적으로 과학과 종교는 서로 적대적으로 보인다. 갈릴레이에 관한 종교 재판을 보면 분명히 종교에 의한 과학의 탄압이 보이는데, 이것이 과학과 종교가 적대적이라는 의미일까? 갈릴레이 재판은 무엇을 의미하는가?

A 과학과 종교가 역할이 다르고 또한 세계에 대한 해석의 방식이 다르다고 하여 필연적으로 적대적일 필요는 없다. 둘 다 인류의 훌륭한 가치이다. 다만 과학적 사실에 대한 해석, 종교계에서 경전에 나와 있는 종교적 진술들에 대한 해석, 그리고 그 해석 배후에 있는 정치적 음모, 이러한 것들이 둘 사이를 어렵게 만들었다고 생각한다. 갈릴레이 사건 당시 지동설을 받아들인 추기경도 있었다. 루터는 성경을 인용하여 지동설을 반대하였다고 하지만, 칼뱅의 많은 종교개혁자 친구 중에는 코페르니쿠스주의자가 많았다. 이를 보면 둘의 충돌은 과학과 종교 자체에 필연적인 충돌 이유가 있는 것이 아니라, 과학과 성경에 대한 잘못된 해석에서 기인하는 것이 많다는 사실을 알 수 있다. 그리고 갈릴레오 종교 재판은 갈릴레오를 둘러싼 정치적 음모도 개재되어 있다.

Q 이론으로부터 실제로의 전환을 방해한 것은 무엇이었을까?

① 기술의 부족　② 육체 노동의 천시　③ 종교적 적대감　④ 정치력 부재

A ② 육체 노동의 천시

자연에 대한 이론으로부터의 전환하는 것을 방해한 것은 육체 노동에 대한 천시이다. 과학은 머리에 속한 것으로, 머리와 손과의 협력을 바람직하게 보지 않았다.

Q 성경은 창조된 세계에 합리적 질서를 강조하지만 이 질서가 필연적 성격을 띠지 않으며, 심지어 자연법도 아니라 자신의 피조물에 대한 사랑과 보호의 상징이라는 데 동의하지 않는 사람은?

① 과학자 로버트 보일 ② 아이작 뉴턴 ③ 칼빈주의

④ 아퀴나스·플라톤주의자 콘체스의 윌리엄

A ④ 아퀴나스·플라톤주의자 콘체스의 윌리엄

성경은 창조된 세계에 질서가 있다고 하지만 아퀴나스·플라톤주의자 윌리엄은 이 질서가 합리적 질서임을 강조하면서 필연적 요소까지 함축한다고 주장하였다.

Q 17~18세기에 영국과 독일에서의 과학혁명 발전과 칼뱅주의 윤리와 독일의 경건주의 사이에 긍정적인 상관관계(positive correlation)를 보여준 사람은 누구인가?

① 콘체스의 윌리엄 ② 막스 베버 ③ 로버트 보일 ④ 로버트 머튼

A ④ 로버트 머튼

윌리엄은 자연의 법칙이 필연성을 띠는 것으로 보았다. 독일의 사회학자 막스 베버(Max Weber)는 개신교 윤리와 자본주의 정신의 상관관계를 보여주었다. 보일은 과학자이다. 위의 주장은 머튼이 밝힌 머튼 논제이다.

베버는 유명한 저서, 『프로테스탄트 윤리와 자본주의 정신』에서 개신교 윤리관 특히 칼뱅주의 윤리관이 자본주의를 일으키는 동력이 되었다고 말한다. 그는 자본주의에 따르는 탐욕, 시장, 자본 등은 인도나 중국에 훨씬 전에 이미 있었음에도 자본주의가 그곳에서 발생하지 않았다고 말한다. 유럽에서는 개신교와 카톨릭이 퍼져 있었는데 그중 개신교 지역에서 자본주의가 일어났다. 자본주의는 독일의 루터교 보다는 칼뱅주의가 발달한 개혁교회 지역에서 생겼는데, 베버에 따르면 칼뱅주의 윤리관이 자본주의라는 독특한 경제체제를 탄생하는 데 기여하였다는 것이다. 미국의 유명한 사회학자 로버트 머튼(Robert Merton)은 베버의 논제와 유사한 논제인 머튼 논제를 발견하였다.

II

4차 산업혁명: 인공지능을 중심으로

1

서론

4차 산업혁명이라는 용어는 2015년에 클라우스 슈밥Klaus Schwab이 최초로 도입한 후, 2016년 스위스의 다보스에서 열린 세계경제포럼을 통해 국제적 이슈로 등장하였다. 이후 우리나라에서 특히 대중적으로 널리 통용되었다. 1차부터 3차까지의 산업혁명과 달리 4차 산업혁명은 그 시작이 언제였는지조차 모르고, 심지어 실제로 혁명이라는 단어를 붙일 만한 일이 현재 진행 중인지에 대한 의문도 많다. 과거의 산업혁명들, 적어도 1차, 2차 산업혁명은 시작된 지 100년 정도 지난 후에야 학자들에 의하여 그 실체가 파악되고 정의되었지만, 4차 산업혁명은 시작되었는지조차 불분명한 상황에서 그 개념이 정의되고 용어가 만들어졌다. 따라서 그것은 무언가 실체를 일컫는다기보다는 미래를 향한 우리의 열망이 투영된 것이라고 보아야 할 것이다.

4차 산업혁명을 설명하는 일은 쉽기도 하고 어렵기도 하다. 쉬운 이유는 실체가 없고 완결된 어떤 것도 아니므로 적당한 희망 사항을 늘어놓고 그럴듯하게 설득만 잘하면 되기 때문이다. 앞선 1차, 2차 산업혁명처럼 역사에서 일일이 증거를 찾아 이론과 개념을 구성해야 하는 노력과 수고를 들일 필요가 없다. 오히려 상상력이 더 중요한 것이다. 그러나 4차 산업혁명을 설명하는 일은 어려운 일이기도 하다. 왜냐하면 4차 산업혁명에 대한 설명은 과거에 대한 묘사가 아니라 미래에 대한 예측이기 때문이다. 인간에게 가장 서툰 분야 중의 하나가 예측이다. 예측은 보통 과거의 데이터들을 기반으로 하기 마련인데, 역사는 과거와 똑같은 방식으로 진행되지 않는다. 그래서 예측은 어렵다. 찰스 울프 주니어Charles Wolf Jr의 격언을 떠올려 보자. "과거를 공부하지 않는 사람들은 똑같은 오류를 되풀이하고, 과거를 공부하는 사람들은 오류에 빠지는 다른 길을 찾아낸다." 역사라는 거대한 산 앞에 인간은 한 마리의 조그만 달팽이일 뿐이다.

그런데도 4차 산업혁명에 대한 설명이 단순한 상상력과 말 잔치로 끝나지 않으려면 과거의 큰 역사, 즉 빅 히스토리를 이해하여야 한다. 어쨌든 미래는 현재에서 출발하고 현재는 과거를 반영하기 때문이다. 인류가 어떻게 비참한 상태를 극복하고 현재와 같은 문명을 구축할 수 있었는지, 앞선 혁명들과 기술 발달이 어떤 식으로 나타나고 완결되었으며 혁명이 나타날 때는 어떤 모습이었는지를 이해할 필요가 있다. 그런 이해가 바탕이 되어야 4차 산업혁명을 이야기할 수 있다. 아마도 그 내용은 예측보다는 설명이 되어야 할 것이다. 그리고 그런 이해가 있다고 해서 지나치게 자신하면 안 된다. 오류에 빠지는 다른 길로 들어설 수 있기 때문이다. 현재로서는 그것이 우리가 할 수 있는 최선이다.

산업혁명은 인류 문명의 발전 과정 전체를 다루는 것으로 이런 빅 히스토리를 짧은 분량에 모두 담아내는 것은 불가능하다. 따라서 간략화가 필요한데, 간략화는 매우 어려운 일이다. 간략화를 잘못하면 내용이 부정확해질 수 있어 간략화에는 오히려 시간이 많이 필요하다. "편지를 짧게 쓸 시간이 없어서 길게 씁니다." 이것은 프랑스의 수학자이자 철학자인 블레즈 파스칼Blaise Pascal이 한 말이다. 짧게 쓰는 데는 더 많은 생각이 필요하며 전체를 완전히 파악하고 있어야 한다. 관심 있는 사람들이 이 책을 바탕으로 지식의 저변을 넓혀 나가는 계기가 된다면 그것만으로 충분하다. 4차 산업혁명이 실제로 현재 진행 중이라면 그 실체가 무엇인지는 지금부터 100년은 지나야 파악될 것이다. 점점 빨라지는 정보의 유통 속도를 생각한다면 어쩌면 그보다 시간이 더 앞당겨질 수도 있다. 그때가 되어야 요즘 홍수처럼 쏟아지는 4차 산업혁명에 대한 책들의 가치가 제대로 평가될 것이다. 이 책의 2부에 담긴 내용도 마찬가지의 운명이다.

18세기에 제임스 와트James Watt의 증기기관이 발명되면서 산업에서 중요한 변화가 일어난다. 이 변화는 과거 수공업 시대보다 혁명적으로 사회의 모습을 바꾸어 놓는데 우리는 이를 1차 산업혁명이라고 부른다. 이는 기술이 세상과 인간 삶의 양식을 뒤바꿔 놓는 사건이었다. 물론 기술이 역사를 바꾸는 경우는 그 이전에도 많았다. 역사를 바꾼 요인은 다양하지만(환경, 기후, 우연, 영웅의 출현, 전쟁, 인구이동 등) 린 화이트Lynn White는 역사의 근본적인 변화의 동인은 기술의 발달에 있었다고 주장한다.

1차 산업혁명은 역사적으로 보면 근대의 시작을 알리는 신호탄이었다. 이후 증기기관은 2차, 3차 산업혁명을 거치면서 개량되다가 다른 에너지원을 사용하는 보다 진보적인 기관으로 대체되었다. 그리고 기술 발전의 속도 역시 가속화되며 그에 따라 인간의 삶도 빠른 속도로 변화하여 왔다.

이제 4차 산업혁명의 문턱에 서 있을지도 모를 인류가 향후 어떤 변화의 물결에 휩싸일 것인지를 다양한 각도에서 살펴보고 그 변화에 대한 이해를 이야기해보고자 한다. 4차 산업혁명을 계기로 기술의 힘이 인류의 삶에서 차지하는 비중이 더욱 강력해질 것으로 예상된다. 과연 이런 변화가 무엇을 의미하며 바람직한 변화의 방향이 무엇인지를 함께 고민해 보는 계기를 마련해 보고자 한다.

2장에서는 인류의 탄생부터 산업혁명이 어떤 식으로 진행되었는지를 살펴본 뒤, 4차 산업혁명이 무엇인지 간략히 알아보고자 한다. 그리고 이어지는 장에서는 4차 산업혁명의 대표라고 할 수 있는 인공지능과 컴퓨터의 탄생 과정을 다루고, 그것이 4차 산업혁명에서 어떠한 역할과 의미를 지니는지 고찰할 예정이다.

2

산업혁명사 개괄

날개 달린 달팽이 되기

여러분이 산을 오르려는데 등산로 초입에서 갑자기 달팽이로 변신하였다고 상상해 보자. 위키피디아에 따르면 달팽이의 최고 속도는 시속 47미터 정도이다. 온종일 쉴 새 없이 전력을 다해 기어다닌다면 최장 1킬로미터 정도를 이동할 수 있는 속도이다. 최고 속도를 늘 유지할 수는 없는 데다가 중간중간 쉬거나 배를 채워야 한다. 그리고 바닥은 울퉁불퉁하고 돌멩이나 웅덩이가 나타나면 우회하여야 해서 아마 직선거리로는 그 절반도 이동하기 힘들 것이다. 그러므로 온종일 등산을 하면 500미터 정도를 이동할 수 있다고 하자. 이제 달팽이가 된 여러분이 등산로 초입에서 시작하여 처음 500미터 동안 보게 될 광경은 평소 느끼던 것과 사뭇 다를 것이다. 돌멩이는 너무 크고 웅덩이는 거대하다. 그래서 산의 풍경을 즐길 겨를도 없이 당장 눈앞의 과제를 해결하는 데 급급할 것이다. 전방의 등산로를 예상하기에는 시야도 너무 좁다. 당장 수십 센티미터 앞을 내다보는 게 고작일 것이다. 온종일 올랐다고 해도 현재 내가 얼마나 가파른 길을 오르고 있는지 자각할 수 없다. 전체 산의 규모에 비하면 내가 이동한 거리는 미미할 뿐이다.

그런데 갑자기 날개가 돋아났다고 생각해보자. 이제 여러분은 날개 달린 달팽이가 되어 날아오른다. 돌멩이와 웅덩이는 시야에서 멀어지며 점점 작아 보인다. 처음에는 눈에 들어오지 않던 풀이나 나무의 윤곽도 서서히 드러나기 시작한다. 산에서 충분히 멀어지자 전체적인 산세를 어느 정도 파악하게 된다. 그리고 내가 이륙했던 곳이 상당한 비탈길이 시작되는 곳이었음을 깨닫게 된다. 돌멩이나 웅덩이는 이제 보이지도 않는다. 땅에 있을 때는 그렇게 중요해 보이던 돌멩이와 웅덩이가 산의 전체를 파악하는 데 매우 미미한 요소임을 알아차린다. 길 위의 조그만 흙더미가 만든 경사도 분명히 산의 표면을 구성하는 요소이지만, 멀리 떨어져서 전체를 파악하다 보면 미미하게 느껴진다. 그러나 땅에 다시 내려앉으면 그 미미했던 것들이 다시 중요해진다. 이런 사실들을 염두에 두고 산의 전체를 파악하기 위해 산 주위를 천천히 돌아보기 시작한다.

역사를 이해한다는 것은 이와 비슷하다. '거시적인 안목으로 문명의 지도를 그려 본다면' 특정한 패턴을 발견할지도 모른다. '그러나 그렇게 거시적인 관점을 취하게 될 때, 우리가 문명의 진행 과정을 완벽하게 파악하는 데 필요한 세부적인 사항들이 모호해지고 만다(A. N. 화이트헤드, p.15)'. 반대로 문명의 진행 과정을 완벽하게 파악하는 데 필요한 세부적인 사항들에 몰입하다 보면 거시적인 문명의 지도 위에서만 드러나는 중요한 패턴이 모호해진다. 역사란 정해진 궤도를 따라 변함없이 나아가는 기관차 같은 것이 아니다. 그것은 예측불허의 무언가이고 일상에서 일어나는 많은 사건이 발효의 시간을 거치며 빚어내는 총체적인 모습이다. 그래서 역사를 이해하려면 땅에 붙어서 샅샅이 살펴보기도 하고 때로는 멀찍이 날아올라 전체적인 모습을 파악하려고 노력하여야 한다.

이 책에서는 땅에서 기어가는 달팽이가 되어 세세한 일을 살피기보다, 날개 달린 달팽이가 되어 전체를 바라보는 데 노력할 것이다. 우리가 공중에서 전체를 조망하는 순간에라도 유념해야 할 것은 땅에 내리는 순간 풍경이 완전히 달라질 수 있다는 사실, 그리고 땅에서 바라본 풍경 역시 역사를 이루는 중요한 부분이라는 사실이다.

역사적 대분기점이 된 산업혁명

산업혁명이 본격적으로 일어나기 시작한 18세기의 유럽은 인류 문명이라는 거대한 산을 향하는 완만한 등산로의 초입에 해당하는 시기이자 공간이었다. 이 시기에 발생한 사상적, 정치적, 경제적, 기술적 변화는 유럽이라는 한정된 공간을 넘어 세계사 전반에 엄청난 변화와 변혁의 물결을 일으키게 된다. 경

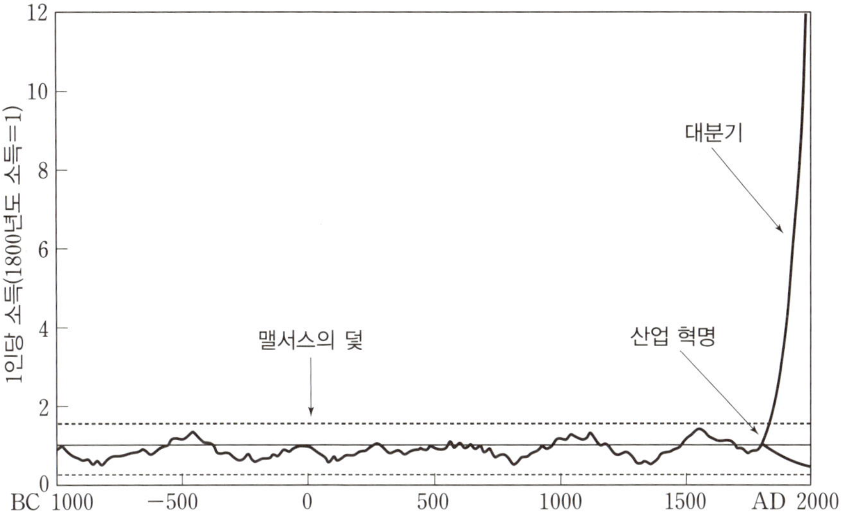

1인당 소득의 장기 변화 추이. G. Clark(2007)의 Figure 1.1을 수정함.

제사학자인 그레고리 클라크Gregory Clark가 2007년에 자신의 책 『맬서스, 산업혁명 그리고 이해할 수 없는 신세계』(이은주 옮김, 한즈미디어, 2009)에서 인류 문명사를 단 두 시기로 나눈다면 산업혁명을 기점이라고 주장하였을 정도로 그 변화의 크기는 엄청났다. 하지만 산업혁명이 시작되던 시기에 살았던 사람들이 자신의 생애에 이런 거대한 변화를 감지하기란 쉽지 않은 일이었을 것이다. 그것을 감지하기에 그들은 작았고 산은 너무 가까이 있었다. 그러나 우리는 21세기를 살고 있으므로 18세기를 좀 더 멀리서 관찰할 수 있다. 그동안 여러 연구자의 노력으로 1인당 소득 데이터를 추정할 수 있는 자료가 축적되었고, 이 자료를 바탕으로 작성된 위 그래프는 클라크가 왜 그런 주장을 하게 되었는지를 선명히 보여준다.

산업혁명 이전 인류는 소수의 특수 계층을 제외하면 대부분의 사람이 간신히 먹고 살 수 있을 정도의 최저 생계 수준을 유지하는 것이 고작이었다. 이것은 산업혁명 이전의 세계 어느 지역, 어느 시기를 관찰하더라도 공통으로 볼 수 있는 현상이었다. 후대의 경제사가들은 이런 현상을 토마스 맬서스Thomas Malthus의 이름을 따서 맬서스의 덫Malthusian Trap이라고 불렀다. 맬서스는 1차 산업혁명이 한참 진행되던 시기인 1798년에 『인구론』이라는 책에서, 적절한 조처를 하지 않는다면 인류는 어쩔 수 없이 과거와 똑같은 비참한 운명을 맞이하게 될 것이라고 예상하였다. 이 '과거와 똑같은 비참한 운명'이 바로 맬서스의 덫으로, 앞의 소득 그래프가 일정한 범위에 갇혀 등락을 거듭하는 모습으로 표현되어 있다.

맬서스의 덫

맬서스의 주장을 상징적으로 나타내는 문장은 "인구는 기하급수적으로 증가하지만 식량은 산술급수적으로 증가한다."이다. 여기에서 기하급수는 1, 2, 4, 8,……과 같은 등비수열식 증가를 뜻하고 산술급수는 1, 2, 3, 4, ……와 같은 등차수열식 증가를 뜻한다. 즉, 식량보다 인구가 훨씬 더 빨리 증가한다고 본 것이다. 인간의 성적 충동은 매우 강하지만 식량 생산은 자연적 조건에 따른 한계가 존재한다. 그러므로 그런 가정이 어느 정도 합리적이라고 볼 수 있다. 어쨌든 이러한 가정 아래 맬서스의 덫이 형성되는 과정을 다음과 같이 설명할 수 있다.

처음에 경작할 땅이 많고 인구수가 적을 때는 1인당 식량이 충분하여 가족들을 배불리 먹이고도 남는다. 이때 남은 식량을 시장에 내다 팔아 식량이 아닌 다른 상품, 예를 들어 과일이나 장신구 혹은 더 나은 농기구 같은 것과 교환할 수 있다. 그렇게 되면 식량이 아닌 다른 상품을 전문적으로 생산하는 사람들이 먹고 살 수 있는 길이 열리면서 직업의 전문화가 일어난다.

물자가 다양해지고 풍부해지면서 사람들의 영양 상태가 좋아지면 아이를 더 많이 낳고, 그 아이들이 자라서 더 많은 노동력을 제공한다. 노동력이 증가하면 어느 순간까지는 증가한 노동력 만큼 땅의 소출이 늘어나고 직업의 전문화도 더 진행되어서 선순환이 일어날 것처럼 보인다. 이러한 착각 아래 출산율은 계속 높아진다. 하지만 사람이 늘어남에 따라 농사지을 만한 땅이 점점 부족해지는데, 소출량이 높은 기름지고 좋은 땅을 소진하고 나면 척박한 땅에도 농사를 지을 수밖에 없다. 따라서 단위 면적당 생산량이 점점 줄어들게 된다. 그러다가 1인당 소비 가능한 식량이 줄어들면서 더는 늘어난 인구를 감당할 수 없는 지경에 이르면, 서로 좋은 땅을 차지하기 위한 갈등이 격화된다. 전문 직업인들이 논이나 밭으로 돌아가 경작을 해야 하는 상황으로 내몰린 지는 이미 오래전이고 이것은 경작지의 부족을 더욱 심화시킨다. 거기에 더하여 늘어난 인구로 인하여 전염병에도 취약한 상태가 된다. 줄어드는 출산율과 높아지는 사망률은 인구 감소를 가속한다. 인구와 경작지 간의 균형이 맞는 상태까지 인구의 감소가 진행되면 다시 처음의 상황으로 돌아가 똑같은 사이클이 반복된다.

| 맬서스의 오판

결국 맬서스의 주장은 이렇게 요약할 수 있다. 인구가 식량보다 훨씬 빨리 증가하기 때문에 한 사람에게 돌아가는 식량은 점점 줄어들고, 적절한 조치가 없다면 인류는 빈곤의 굴레를 벗어날 수 없다. 적절한 조치란 식량 공급이 한계 상황에 도달하여 생활 수준이 낮아지기 전에 미리 인구 규모를 통제하는 것을 뜻한다. 인구 규모를 통제하려면 어떻게 하면 될까? 간단하다. 사망률을 높이고 출생률을 낮추면 된다. 맬서스는 사망률을 높이는 방식을 적극적 통제 방식, 출생률을 낮추는 방식을 예방적 통제 방식이라고 불렀다. 맬서스의 『인구론』에 따르면 적극적 통제 방식에는 다음과 같은 방법들이 있다.

> "가난한 사람들에게 청결을 권장하지 말고 그 반대의 습관을 장려해야 한다. 각 마을에서는 길을 더 좁게 만들고 집 안에 더욱 많은 사람을 밀어 넣어서 전염병이 다시 퍼질 만한 환경을 만들어야 한다. 나라에서는 웅덩이 근처에 촌락을 건설하고, 특히 정착촌을 온갖 축축하고 유해한 환경 속에 조성해야 한다. 그러나 무엇보다도, 파괴적인 질병에 대해 특효가 있는 처방들을 거부하여야 한다."

이것은 지금 기준으로는 상상하지 못할 너무나 끔찍한 방식인데, 당시 기준으로 봐도 도덕적인 비난을 받을 만한 방식이었다. 더구나 맬서스는 성직자였다. 이런 비극적 인구 억제책은 수렵 채집을 하던 원시사회에서도 찾아볼 수 있는데, 식량을 구하기가 어려워질 경우 노동력이 없는 유아를 살해하는 관습이 보편적으로 있었던 것으로 보인다. 비록 18~19세기에도 유럽 전역에 걸쳐 산업화에 적응하지 못한 가난한 도시 근로자들이 갓난아기를 유기하는 사례가 급증한 적이 있었고 현대에도 여전히 그와 유사한 일이 드물지 않게 벌어지고 있지만, 그것은 사회적으로나 관습적으로 용인될 수 있는 일이 결코 아니다. 더구나 정부가 나서서 그런 방법을 장려한다는 것은 있을 수 없는 일이다.

사실 맬서스도 사망률을 높이는 적극적 통제 방식은 인간사의 비극일뿐더러 경제 사이클을 변덕스럽게 만든다고 생각하였다. 그래서 피임, 독신, 결혼 연령 늦추기, 금욕 등을 통해 출산율을 낮추는 예방적 통제 방식을 선호하였다. 예방적 통제 방식이 1인당 소득을 일정 수준 이상으로 유지하는 안정적인 방식이라고 생각하였기 때문이다. 하지만 어쨌든 그의 논리에 따르면 과격한 인구 통제 방식도 허용 가능한 것이었다. 실제로 맬서스의 사상적 영향력이 정치 영역으로 확대되면서, 당시 영국 총리였던 윌리엄 피트는 빈민법을 개정하여 빈민 지원을 없애 버렸다. 맬서스도 『인구론』 초판에 담긴 과격한 내용이 비난의 소지가 있을 것으로 예상하였는지 처음에는 익명으로 책을 출판하였다. 그런데 의외로 책이 인기를 얻게 되자 이어진 여러 차례의 개정판은 본인의 이름으로 출판하면서, 자신의 이론에 가해진 비판들을 보완하고 예방적 통제 방식에 대한 선호를 분명하게 기술하였다.

그러나 맬서스의 예측과 달리 서구 사회는 산업혁명을 거치면서 인구와 1인당 소득이 동시에 그리고 지속적으로 늘어났다. 서구 사회뿐만 아니라 산업혁명에 성공적으로 동참한 나라들에서도 비슷한 일이 일어났다. 반면 산업화에 실패한 나라들은 여전히 낮은 소득 수준에 머물며 맬서스의 덫에서 빠져나오지 못하였다. 즉, 산업화에 성공했느냐 실패했느냐에 따라 국가 간 소득이 뚜렷이 양분되는 현상이 나타나기 시작한 것이다. 산업혁명 이전에는 세계 어디를 보아도 일정 수준의 소득 이상을 달성하는 데 번번이 실패하였다는 증거가 넘치지만, 산업혁명 이후에는 산업화의 성공 여부에 따라 국가의 운명이 갈렸다. 즉, 국가 간 운명의 대분기Great Divergence가 일어난 것이다. 앞에서 설명한 그래프를 다시 살펴보면 산업혁명 이후 소득 수준이 두 갈래로 나뉘면서 대분기가 일어난 사실을 알 수 있다.

맬서스를 위한 변명

맬서스가 실수한 점은 두 가지이다. 하나는 기술진보의 위력을 너무 과소평가하였다는 점이고, 또 다른 하나는 인간의 번식 욕구를 과대평가하였다는 점이다. 즉, 맬서스 이론의 두 가지 가정-자연적 한계 때문에 식량 생산은 제약을 받으나 인간의 번식 욕구는 꺾이지 않는다-에 모두 문제가 있었다. 산업혁명 이후 실제로 벌어진 일을 보면 인류는 화학 비료나 각종 농기계를 생산하면서 식량 생산 능력을 비약적으로 발전시켰다. 그리고 소득이 늘어나면서 출산율이 높아지기는커녕 선진국을 중심으로 출산율이 떨어지는 현상이 발생하였다.

산업화가 인간의 성욕을 감퇴시키기라도 한 것일까? 그건 아닐 것이다. 산업화가 진전됨에 따라 기술과 지식을 요구하는 직업들이 점점 늘어났고 이에 보조를 맞추어 교육 기간 역시 늘어나야만 하였다. 어린 시절을 공장에서 보내는 것보다는 학교에서 보내는 쪽이 더 높은 소득을 보장하는 환경이 조성된 것이다. 어린 시절을 학습으로 보내는 것에 더하여 여성들의 사회 진출이 활발해지면서 남녀 모두 결혼하는 시기가 자연스럽게 늦춰졌다. 결혼 시기가 늦춰지는 것은 인구 감소의 요인이 된다. 결혼 시기가 늦춰질수록 출산 가능 기간이 짧아지기 때문이다. 또한 1인당 소득이 일정 수준보다 높아지게 되면 생존 자체보다는 자신의 행복과 정신적 만족에 더 관심을 기울이게 되고, 이를 위하여 자신의 삶을 더 계획적으로 통제하게 된다. 즉, 산업화가 인간의 성욕을 감퇴시켰다기보다는 인간에게 더 똑똑해질 수 있는 기회를 제공한 것이다.

높아진 소득과 의학 기술의 발달은 인간의 수명을 늘려서 인구를 증가시키는 역할을 하지만 선진국을 중심으로 발생한 고령화 현상-사망률뿐 아니라 출산율도 그에 못지 않게 낮아지는 현상-은 인구 증가를 억제하는 역할을 하였다. 인류는 더 길어진 생애 동안 더 풍족한 생활을 영위하면서 아이는 더 적게 낳는 쪽을 선택한 것이다. 산업혁명이 막 일어나던 시기에 2~3억 명이었던 세계 인구는 현재 80억 명 가까이 증가하였고, 1인당 평균 소득은 1,000달러 미만에서 10,000달러로 늘어났다. 이로써 인류는 맬서스식의 인위적인 인구 통제 방식을 사용하지 않고도 300년 정도 되는 오랜 기간 동안 꾸준히 인간의 생활 수준을 높일 수 있음을 보여주었다.

그렇다면 맬서스가 어리석었던 것일까? 전혀 그렇지 않다. 맬서스는 그저 똑똑한 인간이라면 누구나 저지를 수밖에 없는 실수를 하였을 뿐이다. 맬서스가 자신의 주장을 펼친 시점이 하필이면 인류가 눈부신 기술진보를 통하여 생산력의 한계를 극복하면서 식량 생산의 기하급수적 증가를 예비하던 시기였다. 맬서스는 과거의 역사를 바탕으로 합리적으로 추론하였으나 운이 나쁘게도(?) 과거의 역사가 똑같이 반복되지 않았다. 그것은 완만한 등산로 초입에 선 달팽이의 어쩔 수 없는 운명이었다. 멀리까지 내다 보기에 달팽이의 시야는 너무나 짧고 좁았으며 자신이 경험한 것이라고는 완만한 비탈길이 전부였다. 게다가 그래프에서 확인할 수 있듯이, 인류가 맬서스의 덫에서 본격적으로 빠져나온 것은 산업혁명의 시작이 아니라 어느 정도 시간이 흐르고 나서였다.

맬서스가 『인구론』을 쓸 당시 유럽은 프랑스 시민혁명이 일어난 지 10년이 채 안 되던 혼란기였고, 영국은 산업혁명이 진행되면서 과도기적 부작용으로 몸살을 앓던 시기였다. 도시화가 빠르게 진행되면서 도시 빈민들이 늘어나고 아이들은 노동 착취에 시달렸으며 비위생적인 환경 속에서 인구가 늘어나고 있었다. 비옥한 토지가 점점 줄어들었으므로 미래를 낙관적으로만 볼 수는 없었다. 맬서스가 살았던 시대 이전에는 한 번도 식량이 기하급수적으로 증가한 적이 없었다. 그것이 맬서스가 참고할 수 있는 데이터였다. 맬서스는 인류가 가진 식량 생산 능력의 한계와 조금은 풍요로워지는 듯하다가 이내 곤두박질하는 인간의 생활상을 보면서, 역사에 나타나는 하나의 주기적 패턴을 발견하였다. 그리고 자신이 가진 인지 범위 내에서 하나의 이론을 구축한 것이다. 이런 관점에서 보면 당시 과학 지식과 기술 진보로 무장한 계몽주의 지식인들이 상상하던 장밋빛 미래가 맬서스에게는 오히려 무책임한 주장처럼 보였을 것이다.

게다가 맬서스가 완전히 틀렸다고 말할 수도 없다. 어쨌든 인구와 소득이 무한대로 증가할 수는 없는 법이다. 맬서스의 사고방식은 후대에 더 건전한 방식으로 재현되었다. 그것은 현대에 와서 자원고갈, 환경오염, 기후변화에 대해 지속적인 경고를 보내는 방식으로 부활하였다. 그리고 인류가 지속 가능한 번영을 누리려면 에너지 효율을 높이는 동시에 에너지 사용량 자체를 줄이고 탄소 배출량을 낮추어야 한다는 경제 체질 개선 운동으로 이어졌다.

역사에 경계선 긋기

산업혁명은 정확히 언제 시작되었을까? 이 질문은 아직도 논쟁 중인 문제이다. 그러나 경제사를 연구하는 대부분의 학자는 대체로 산업혁명이 18세기 중후반(1760~1780) 언저리에 시작되었다는 점에 동의한다. 그렇다면 산업혁명이라는 개념은 언제 탄생하였을까? 산업혁명이라는 개념이 산업혁명의 시작과 동시에 탄생하지는 않았다. 이전에 한 번도 보지 못한 복잡하고 거대한 현상이 역사에 새롭게 등장하게 되면, 그 실체를 파악하고 이름을 붙이기까지 오랜 시간이 필요하다.

산업혁명이라는 용어가 본격적인 학술 용어로 공식화된 계기는 경제사학자 아널드 토인비Arnold Toynbee가 1881년에 한 강의에서였다. 1881년 이전에도 산업혁명이라는 용어가 가끔 문헌에 등장하기는 하였지만, 그저 어렴풋한 의미로 사용되었을 뿐 명확히 개념화되지는 않았다. 이 강의 내용은 토인비가 사망한 다음 해인 1884년에 『18세기 영국에서 일어난 산업혁명에 관한 강의

아널드 토인비(왼쪽)와 아널드 J. 토인비(오른쪽).
아널드 토인비(1852~1883)는 산업혁명이라는 용어를 처음 공식화한 사람이다. 유명한 역사학자인 아널드 J. 토인비(1889~1975)는 아널드 토인비의 조카이다. (출처: 위키피디아)

록Lectures on the Industrial Revolution of the Eighteenth Century in England』이라는 제목의 책으로 출판되었다. 아널드 토인비는 1883년에 30세의 나이로 사망하였다. 우리가 익히 알고 있는 역사학자 아놀드 토인비의 정확한 이름은 '아널드 조지프 토인비Arnold Joseph Toynbee'로 상단 왼쪽 사진의 아널드 토인비의 조카이므로 혼동하지 않기를 바란다. 어쨌든 산업혁명이 시작된 지 100년이 넘어서야 산업혁명이라는 개념이 본격적으로 등장한 것이다.

사실 역사는 중단없이 여러 가지 일들이 꼬리에 꼬리를 물고 연속해서 일어나면서 형성된다. 그래서 어떤 시간적 경계를 나누어 시기별로 특별한 이름을 갖다 붙이는 것은 인위적 행위일 수밖에 없다. 역사에 경계선을 그으려고 하면 언제나 망설여지는 것이 사실이다. 커다란 투명 수조에 물을 가득 채워보자. 그리고 거기에 잉크를 몇 방울 떨어뜨리자. 투명 수조 안에서 잉크가 점점 퍼져 나갈 것이다. 이제 적당한 순간에 시간을 정지시켰다고 상상해 보자. 그

물속에 떨어진 잉크 (출처: 셔터스톡)

리고 잉크가 퍼진 곳과 그렇지 않은 곳 사이에 경계선을 그린다고 해보자. 언뜻 수조를 멀리서 보면 쉽게 경계선을 그릴 수 있을 것 같다. 그러나 경계선을 더 정확히 그리려고 돋보기를 들고 자세히 들여다볼수록 잉크와 물 각각의 패턴이 너무나 미묘해져서 명확한 경계선을 그리는 것 자체가 불가능하다는 사실을 깨닫게 된다. 물과 잉크가 서로 침범하며 복잡하게 뒤엉켜 있기 때문이다. 역사에 경계선을 긋는 일도 마찬가지다. 멀리서 언뜻 보면 경계가 있는 듯하지만, 자세히 들여다보려고 할수록 이전 시기의 특징과 다음 시기의 특징이 복잡하게 뒤엉켜서 점점 파악하기 어려운 사건들의 연속체가 있을 뿐이다.

역사를 학문으로 연구하는 사람들이 여러 문헌과 자료를 바탕으로 대략적인 시기적 특성을 정의하고 산업혁명 이전과 이후를 구분하지만, 1759년의 세계와 1760년의 세계가 그렇게 다를 리가 없다. 그리고 산업혁명 이후를 다시 1차, 2차, 3차 산업혁명 등으로 경계를 짓고, 현재는 4차 산업혁명이 진행되는 중이라고 믿는 사람들도 있다. 1차 산업혁명이라는 단어도 2차 산업혁명을 따로 구분하기 시작하면서 생겨났다. 그전까지 1차 산업혁명은 그냥 산업혁명이라고 불렀다.

그렇기 때문에 역사에 경계선을 긋는 일은 모호한 작업이다. 그래서 사람마다 구분 방식에 차이가 생기니 이러한 구분을 맹목적인 공식처럼 받아들이지 않기를 바란다. 그럴 수도 있으려니 하는 마음과 약간의 의심스러운 눈초리로 이런 구분과 정의를 바라보기 바란다. 가장 대중적인 구분 방식을 따르자면, 1차 산업혁명은 1760년과 1830년 사이에, 2차 산업혁명은 1870년과 1920년 사이에 일어났다. 1차 산업혁명의 끝과 2차 산업혁명의 시작 사이에 있는 공백기에는 산업혁명이 영국 외 프랑스, 독일, 미국 등으로 확장되면서 경제가 호황이던 시기였고, 2차 산업혁명이 시작될 때쯤에는 경제 불황이 찾아와 20년 정도 지속되었다. 2차 산업혁명의 끝과 3차 산업혁명의 시작 사이에 있는 공백기에는 세계적인 경제 대공황이 있었다. 이처럼 혁명과 혁명 사이에는 경제 위기가 존재하였다.

1차 산업혁명과 2차 산업혁명은 학문적으로 비교적 잘 정립되어 있으나 3차 산업혁명부터는 그렇지 않다. 3차 산업혁명이 1950년쯤 시작하여 현재도 진행 중이라고 생각하는 사람이 있는 반면, 3차 산업혁명은 이미 완료되었고 현재는 4차 산업혁명이 진행 중이라고 하는 사람도 있다. 3차 산업혁명이니 4차 산업혁명이니 하는 단어를 일상적으로 사용하기는 하지만 아직 그 실체가 정확히 파악된 바는 없다. 이것은 마치 시간이 무엇인지 설명해보라는 요구를 받기 전까지는 시간에 대하여 잘 알고 있다고 생각하는 것과 비슷한 상황이

◎ 산업혁명의 시기 구분

구분	시작된 해	완성된 해	정의된 해	특징
1차 산업혁명	1760	1830	1881	-농장에서 공장으로 -증기기관, 면직 산업
2차 산업혁명	1870	1920	1969	-생산공정의 기계화 -전기, 통신
3차 산업혁명	1950(?)	?	?	-디지털 공간의 탄생 -반도체, 컴퓨터, 인터넷
4차 산업혁명	?	?	?	-실세계와 디지털 공간의 융합 -인공지능, IoT, 빅데이터

다. 우리는 시간의 의미를 정확히 알지 못하지만 그 단어를 일상적으로 사용하는 데 아무런 곤란함을 느끼지 않는다.

앞에서 살펴 보았듯이 1차 산업혁명에 대한 개념 정의가 이루어진 해는 1881년이었다. 그리고 2차 산업혁명에 대한 개념 정의가 이루어진 시기는 1969년이다. 즉, 각각의 산업혁명이 시작되고 100년 정도 시간이 지난 뒤에야 그 시기의 특징들이 비로소 파악된 것이다. 따라서 3차 산업혁명도 2050년쯤이 되면 그 진정한 면모가 드러날지 모른다. 4차 산업혁명에 대해서는 그것이 실제로 시작되었는지조차 현재로서는 알 길이 없으나, 설령 2000년부터 시작되었다고 가정하여도 2100년은 되어야 실체를 알 수 있다는 결론이 나온다. 물론 이것은 잠정적 추론일 뿐이다. 데이터를 얻고 교환하는 속도가 점점 빨라지고 있는 현실을 고려한다면 실제로는 그보다 시간이 앞당겨질 수도 있다.

다음 절부터는 산업혁명 이전의 세계와 이후의 세계를 차례대로 살펴볼 예정이다. 산업혁명 이후의 세계에 대한 설명은 1차, 2차, 3차 산업혁명을 포함할 것이고 거기에 더하여 4차 산업혁명이라는 개념이 어떤 의미를 가지는가에 대해서도 알아보도록 하자. 이 모든 이야기를 하는 중에 여러분은 첫째, 역사를 경계 짓는 일이 언제나 불확실성을 띠고 있다는 사실과 둘째, 역사 앞에서 인간은 어쩔 수 없는 달팽이의 신세라는 사실을 염두에 두는 것이 좋을 것이다. 우리는 가끔 날개를 달고 높이 날아올라 지나온 과거를 생각할 수 있으나 그렇다고 미래를 볼 수 있는 것은 아니다. 미래가 과거와 똑같은 방식으로 반복된다고 생각하다가는 맬서스처럼 실수를 저지르게 될 것이다.

산업혁명 이전의 세계

현재까지 발견된 화석 증거와 최신 유전학 기법에 따르면 해부학적으로 현재의 인류와 비슷한 인간은 지금으로부터 약 30~35만 년 전에 아프리카 대륙에서 최초로 출현하였다. 모든 동물은 살아가려면 무언가를 먹어야 하고 그것은 30~35만 년 전 인간도 마찬가지였다. 먹거리를 구하는 가장 자연스러운 방법은 자연에 널린 각종 열매, 식물, 동물 중에 먹을 만한 것이 있는지를 탐색하는 것이다. 지금도 개미 같은 몇몇 곤충을 제외한 대부분의 동물은 길게는 수억 년째 그렇게 살고 있다. 동물을 사냥하는 행위를 수렵이라고 하고 식물이나 열매를 따 모으는 것을 채집이라고 한다. 그래서 우리는 초기 인류를 수렵 채집인이라고 부른다. 먹을 것을 마련하는 데 이보다 더 쉬운 방법이 있을지 상상하기조차 힘들다.

인구가 적었던 시기에는 수렵 채집인들이 먹을 것을 구하기가 비교적 쉬웠을 것이다. 인류가 진출하지 못한 대륙이나 섬이 아직 많았고 게다가 그런 곳에는 인간을 한 번도 접하지 못한 순진한 대형 동물들이 널려 있었기 때문이다. 인간을 경계하지 않는 대형 동물들은 손쉬운 사냥감이자 풍부한 단백질 공급원이었다. 대형 동물 중에는 키가 3 m이고 무게는 300~500 kg이나 되는 날지 못하는 새도 있었다(재레드 다이아몬드, 2015, p.471~484). 사냥할수록 사냥 기술이 늘었고 사냥 기술이 늘수록 더 많은 동물을 잡을 수 있었으며 그럴수록 더 많은 아기를 낳을 수 있었다. 그리고 인구가 늘어날수록 더 많은 동물과 식물이 필요하였다. 그렇게 시간이 지날수록 인구는 서서히 늘어갔고 야생 먹거리는 줄어갔다. 급기야 지금으로부터 12,000년 전쯤에는 대형 포유류가 대부분 멸종하고 말았다. 맬서스의 악령이 어른거렸고 살아남기 위해서는 새로운 시도가 필요하였다.

| 0차 산업혁명: 농경 생활의 시작

커다란 전환점을 맞게 된 시기는 지금으로부터 대략 12,000년 전쯤이다. 이 당시 빙하기가 끝나면서 날씨가 따뜻해지고 빙하가 녹으면서 강수량이 많아져 물이 풍부해졌다. 해수면이 상승하고 강의 수위가 높아지면서 물을 찾아 멀리까지 가지 않아도 되었다. 이전까지는 지구가 더웠다 추웠다를 반복하며 기후가 변덕스러웠는데, 이 시기 이후로는 평균 기온이 상승한 가운데 기후가 안정적으로 유지되었다. 작물을 재배할 수 있는 여건이 마련된 것이다. 수렵 채집인으로 살아가던 시기에도 야생 식물을 가져와 작물화하려는 초보적인 시도가 간간이 있었지만, 이 시기 이후로 야생 식물의 작물화가 본격적으로 시작되었다. 왜냐하면 야생 먹거리를 구하기가 점점 힘들어졌기 때문이다. 수렵 채집인 시절에 조금씩 시도되었던 작물화 경험과 전승된 지식이 이때 도움이 되었다.

넓은 땅에 소수의 동물 종이나 식물 종들을 모아 한정된 땅에서 키우면 한 사람을 부양하는 데 필요한 땅의 면적이 줄어든다. 계산에 따르면 수렵 채집인 한 사람을 먹여 살리는 데 필요한 땅은 대략 수 km^2라고 한다. 반면 농경민을 한 명 먹여 살리는 데 필요한 땅은 수 m^2이다. 이런 계산은 자연 상태의 땅에 먹거리가 얼마나 풍부하냐에 따라 결과가 달라지기 마련이다. 그러나 높게 잡아도 농경민 한 사람을 위해 필요한 면적은 수렵 채집인 한 사람을 위해 필요한 면적의 10분의 1에서 100분의 1 정도라고 한다. 따라서 수렵 채집 방식보다 농경 방식이 같은 면적에서 10배에서 100배 정도 많은 인구를 부양할 수 있다. 또한 농경지는 인간의 힘으로 확장해 나갈 수 있지만 수렵 채집지는 자연의 결정을 따라야 한다. 그러므로 농경 방식을 선택하는 것이 당연한 일로 보인다.

그러나 수렵 채집 생활에서 농경 생활로의 전환은 생각보다 고통스러운 일이었다. 농경 생활은 더 많은 노동과 더 많은 도구가 필요하다. 그래서 수렵 채집인은 할 수만 있다면 수렵 채집 생활을 계속하고 싶었을 것이다. 오죽했으면 인간이 최대 34만 년 동안이나 수렵 채집 생활을 지속하였겠는가?

수십만 년 전 수렵 채집인의 생활이 어떠하였을지 추측할 방법이 있을까?

비교적 최근까지도 수렵 채집 생활을 이어온 아프리카 칼라하리 사막의 부시맨이나 남태평양의 원주민들을 생활상을 관찰해보면 어느 정도 추측해 볼 수 있다. 이들은 지리적 여건 등으로 인하여 현대 문명과 차단되어 오랫동안 자신들의 전통을 유지할 수 있었다. 화석이나 유적을 분석하는 고고학적 방법보다 이들의 삶을 직접 관찰하는 것이 수렵 채집인의 생활을 이해하는 데 더 도움이 된다.

연구에 따르면, 이들은 일주일에 12~20시간 정도만 일해도 풍족한 삶을 충분히 누릴 수 있었다. 여유 시간에는 놀이를 하거나 스포츠, 음악, 춤 등을 즐겼고, 먹거리 역시 다양하고 영양이 풍부했던 덕에 상당수가 60세가 넘도록 문제없이 살았다. 또한 이들은 주변 동식물의 식생이나 약초에 대해 방대하고 상세한 지식을 가지고 있었다. 이에 반해 인류 최초의 농부였을 것으로 추정되는 10,000년 전 유골들을 살펴보면, 초기 농경민들이 상처와 마모, 만성 기형, 치통에 시달렸음을 알 수 있다. 뼈에 난 상처는 폭력의 흔적이었다. 폭력이 이전보다 잦아진 이유는 인구 밀도가 높아지면서 서로 간의 접촉이 잦아지고 잉여 식량이 생기면서 지켜야 할 것이 많아졌기 때문이다. 그리고 농경지를 계속 확장하는 과정에서도 폭력이 발생하였을 수 있다. 이뿐 아니라 농경민들은 가축과 더불어 사는 불결한 환경, 배설물을 거름으로 이용하면서 생긴 기생충, 축축한 환경에서 번식하는 모기로 인하여 말라리아 등 각종 질병에 시달려야 하였다.

그리고 덩치도 작아졌다. 10,000년 전에 살았던 최초 농부들의 유골을 훨씬 이전에 살았을 구석기 수렵 채집인들의 유골과 비교하여 보면 농경민의 평균 신장이 15 cm 넘게 줄어든 점을 확인할 수 있다. 게다가 자주 이동하는 수렵 채집 생활의 특성상 수렵 채집인의 환경이 더 쾌적하며 질병의 위험도 적었다. 고고학자들의 연구에 따르면 최초의 농경민들은 수렵 채집인보다 영양 상태가 나쁘고 체격이 왜소하며 심한 질병도 더 많이 앓고 평균 수명도 짧았다. 이러한 사실은 많은 지역에서 증거를 찾아볼 수 있다. 지금부터 12,000년 전쯤에 초기 농경민과 섞여 살았을 수렵 채집인의 눈에는 농경 생활이 그다지 매력적이지 않았을 것이다. 물론 수렵 채집 생활도 예전만큼 녹록하지 않았겠지만, 어쩔 수 없는 경우가 아니라면 최대한 원래 생활을 유지하고 싶었을 것이다. 그리고 조상들이 물려준 수렵 채집 기술과 방대한 지식을 무용지물로 만드는 것이 안타까웠을지 모른다. 초기에 뭣 모르고 농경 생활을 선택하였던 사람들조차 자신들의 운명이 가혹하다는 걸 미리 알 수 있었다면, 아마도 수렵 채집 생활을 계속하려고 했을 것이다. 하지만 그들은 변하지 않으면 맬서스의 덫에 걸려 죽을 수도 있는 상황으로 내몰리고 있었다.

최종적으로 농경 생활은 옳은 선택이었다. 최초의 농경민이 좋은 결과를 예상했을리 만무하지만, 어쨌든 그것은 인류 문명의 향방을 바꾸어 놓은 좋은 선택이었다. 확실한 사실은 수렵 채집인에 비하여 왜소해진 체격과 병치레, 짧아진 수명에도 불구하고 농경 생활이 더 많은 인구를 부양할 수 있었다는 점이다. 농경 생활이 더 많은 인구를 부양할 수 있었던 이유는 두 가지가 있다. 우선, 앞에서 이야기했던 대로 수렵 채집 생활보다 단위 면적당 더 많은 식량을 생산할 수 있다. 그리고 농경 생활이 수렵 채집 생활보다 출산율을 높이기에 유리하다. 수렵 채집인은 먹을 것을 찾아 단체로 이동해야 하는 경우가 많아서 아이가 어느 정도 빨리 걸을 수 있을 때까지 다음 아이를 낳을 수 없다. 그래서 금욕, 유아 살해 등을 통하여 출산을 제한하고 보통 4년 간격으로 아이를 낳는다. 반면 밭 주변에 정착해 사는 농경민들은 식량만 풍부하다면 아이를 얼마든지 낳을 수 있다. 농경민의 일반적인 출산 간격은 2년이다. 같은 조건이라면 농경민이 아이를 두 배나 더 낳을 수 있는 셈이다.

한 곳에 많은 인구가 모여 살면 여러 가지 이점이 생긴다. 우선 사람들 간에 교류가 생기면서 아이디어의 교환이 일어나고 밀집해 있는 집단일수록 좋은 아이디어가 빨리 퍼진다. 이런 상황은 기술 발달을 촉진한다. 기술 발달로 식량 생산이 늘어나면 식량이 남아돌게 되고 남는 식량을 다른 물건과 교환할 수 있을 정도가 되면, 농기구나 장식품 등을 전문적으로 생산하는 직업군이 생겨날 여건이 갖춰진다. 즉, 직접 식량을 생산하지 않더라도 먹고 살 수 있는 기술자나 발명가가 나타난다. 기술에만 전념하는 전문가 집단이 생겨나면 기술 발달은 더 빨라진다. 예를 들면 절구와 공이, 바구니, 맷돌, 돌날을 단 낫, 지하저장실 같은 것들이 생겨난다. 그 외에도 중요한 지식이나 상거래를 기록으로 남기는 필경사, 군인, 정치가 같은 직종도 생겨난다. 기술이 발달하고 식량 생산이 늘어나면 그만큼 많은 전문인을 부양할 수 있다. 하지만 이런 과정을 무한히 지속할 수는 없다. 기술 발달 속도가 인구 증가 속도를 따라잡을 수 없을 정도로 느린 시절에는 그 한계가 더 빨리 닥쳤을 것이다. 그것을 극복하려면 더 넓고 더 비옥한 토지를 빨리 차지하여야 한다. 토지를 차지하는 방법에는 두 가지가 있는데 주인 없는 땅을 개척하거나 주인 있는 땅을 빼앗는 것이다. 이런 쪽으로 전문가인 군인들이 있었다면 더 수월하였을 것이다.

수렵 채집인들에게는 선택의 여지가 별로 없었다. 야생에서 손쉽게 발견할 수 있는 동물은 점점 줄어든 반면 작물화에 성공한 야생 식물과 가축화에 성공한 야생 동물들은 점점 늘어났기 때문이다. 그리고 조직적인 농경민들의 영토 확장 때문에 수렵 채집인들이 생활할 수 있는 영토가 점차 줄어갔다. 게다가 농경민들이 옮기는 질병 자체도 수렵 채집인들에게는 위협적이었다. 이제 그들은 선택의 갈림길에 서게 되었다. 농경 생활에 적응하며 대세를 따르거나, 지리적으로 접근하기 힘든 외진 곳에 들어가 숨어 사는 것이다. 어느 쪽을 택하였든, 수렵 채집인들은 점차 찾아보기 힘들게 되었다.

농경 생활은 시간이 지날수록 인간의 삶 전체를 완전히 바꾸어 놓았다. 그러니 이것을 0차 산업혁명이라고 부를 만하다. 한정된 장소에서 식량을 생산하며 살아가는 사회에 식량 잉여분이 많으면 그것을 관리하고 지키기 위한 피라미드형 조직이 생겨난다. 왕이나 추장을 정점으로 하는 피라미드형 관료조직은 사회 질서를 유지하고 주변으로부터 집단의 재산을 지키기 위하여 필요하다. 또한 군대를 양성하고 주변 땅을 탐사해서 정보를 모으며 정복 전쟁을 준비하는 데도 관료조직은 필수적이다. 사람들이 한곳에 모여 살면서 아이디어를 교환할 기회가 많아지고 전문 직업이 생겨났으며, 각종 사회 제도가 출현하고 도시가 발달하기 시작하였다. 인구가 많은 도시를 통제하기 위하여 피라미드형 관료조직이 점점 커지면서 중앙집권적 국가가 생겨났다. 바야흐로 문명이 출현하기 시작한 것이다.

농경민이 겪어야 했던 질병은 인류에게 역설적으로 작용하였다. 유전적 선택으로 질병에 강한 사람들이 점점 많아진 것이다. 식량 생산보다 인구 증가가 빨라서 생활 수준이 저하되고 전염병이 돌아 맬서스식 고통을 겪는 경우도 있었지만, 고통을 겪은 후 전체 인구수는 언제나 수렵 채집 시기보다 많은 수준에서 안정되었다. 농경 생활의 여러 단점에도 불구하고, 수십 만년을 이어온 수렵 채집 생활은 결국 농경 생활에 밀려 대부분 자취를 감췄는데 그 변화의 과정은 수 천 년에 불과하였다.

0차 산업혁명은 어느 날 갑자기 나타난 선견자가 시작한 것이 아니라 변화하는 환경에 적응하려는 인간의 자연스럽고 지속적인 노력의 결과였다. 과도기적 고통이 따랐지만, 고통을 감내한 보상은 컸다. 최종 결과가 어떠하리라는 것을 최초의 농경민들이 예상하였을까? 그렇지는 않았을 것이다. 지금의 인간도 역사라는 거대한 산 앞에서는 별 볼 일 없는 달팽이 신세에 불과한데 그때의 인간이라고 달랐을까? 그저 주어진 상황에서 살아남으려고 노력한 결과, 특정 선택을 한 사람들이 세를 불리고 살아남은 것이다. 인류가 지금까지 수렵 채집 생활을 유지하였다면 78억 명의 인구가 동시대에 태어나 생명을 누리는 행운을 맛보기란 불가능하였을 것이다. 그리고 우주를 탐험하고 그 비밀을 캐내며 존재의 근원을 추적하는 기쁨 또한 맛보지 못하였을 것이다. 자연상태의 식량을 찾아다니기를 거부하고 식량을 직접 생산하기로 한 결심은 개인에게는 시시해 보이는 선택이었을지 모르지만 인류 전체에게는 큰 변화의 시작이었다.

| 중세 유럽: 산업혁명의 씨앗을 뿌리다

인류가 농경 생활을 시작한 지 8,000년에서 9,000년 정도가 지난, 기원후 5세기부터 15세기까지의 유럽을 보통 중세 유럽이라고 부른다. 이 중세 유럽에는 암흑기라는 별명이 늘 따라 다닌다. 즉, 일종의 흑역사인 셈이다. 그러나 통념과 달리 중세 유럽이 늘 암흑기였던 것은 아니다. 역사의 특정 기간에 붙인 이름은 그 기간의 전반적인 특징을 나타낼 뿐, 자세히 들여다보면 그 이름에 걸맞지 않거나 심지어 정반대되는 특징까지도 언제든 관찰할 수 있는 법이다. 특히 커다란 성당이 올라가고 큰 규모의 수도원이 번성하며 수많은 방앗간, 교량, 항구가 들어섰던 1,200년대, 즉 13세기는 중세 유럽의 최전성기라고 할 수 있다.

13세기는 지금으로부터 그리 먼 과거가 아니다. 아무런 정보 없이 타임머신을 타고 선사 시대로 간다면 아마 돌도끼를 못 알아보고 지나칠 현대인들이 많을 것이다. 하지만 13세기 중세 유럽에는 현대인들에게도 친숙한 것들이 많았다. 예를 들어 영국에는 케임브리지 대학이 있고 영어도 형태를 갖추기 시작하였다. 이 당시 우리나라는 고려 왕조가 위기를 맞아 쇠퇴기로 접어들고 있기도 하였다.

왜 중세 유럽이 13세기에 전성기를 맞이하게 되었는지 답하기는 몹시 어렵다. 이런 종류의 질문에 답을 하려면 언제나 과도한 단순화와 부정확성이 따를 수밖에 없다. 그러나 여러분이 그런 위험성을 염두에 두고 있다는 가정 아래, 두 가지 이유를 들겠다. 첫째는 9세기경부터 농업 부문에서 기술 혁신이 일어났다는 사실이고 둘째는 자유도시가 등장하였다는 점이다.

어느 시대든 전성기를 맞으려면 일단 식량 문제를 해결하여야 한다. 먹고 사는 데서 어느 정도 자유로워져야 그다음 발전도 있는 법이다. 식량 문제를 해결하려면 농업 부문에서 혁신이 일어나야 한다. 13세기보다 몇백 년 앞서 유럽 지역에서는 두 가지 농업 기술 혁신이 있었는데, 바로 날이 두 개가 달린 신형 쟁기와 삼포식 농업이었다. 바퀴까지 달린 이 두 날 신형 쟁기는 수직 날과 수평 날을 지닌 매우 무거운 쟁기여서 풀이나 나무뿌리가 엉킨 땅들도 갈아엎을 수 있을 만큼 강력하였다. 당시 유럽은 가도 가도 끝없는 숲이 빽빽하였기 때문에, 벌목한 후 여러 마리의 가축을 이용해 이런 쟁기를 끌면 경작지를 늘리기가 용이하였다. 이 쟁기는 9세기경 유럽 대륙 곳곳으로 퍼졌다. 또한 전통적인 이포식 농업에서 삼포식 농업으로 전환하면서 식량 생산이 늘어났다. 특히 쟁기를 끌던 가축을 소에서 말로 바꾸면서 작업 속도가 빨라졌다. 이에 따라 곡식 생산량을 더 늘릴 수 있었고 많은 사람이 더 넓고 많은 땅을 개간하는 일에 뛰어들었다. 일종의 개발 붐이 일어난 것이다. 결과적으로 농작물의 잉여분이 생겼고 덕분에 9세기부터 인구는 꾸준히 증가하였다. 14세기에 흑사병이 돌아서 유럽 인구의 절반 정도가 사망하기 전까지 이런 경향(벌목과 인구 증가)은 계속되었다.

11세기에 잉여 농산물을 사고파는 장소로 도시가 형성되기 시작하였다. 인구가 계속 성장하였으나 아직까지는 농지로 만들 수 있는 숲이나 토지가 많았다. 맬서스의 망령은 흔적조차 보이지 않았다. 사람들은 농촌에서 도시로 이동하였다. 딱히 시골이 살기 어려워서라기보다는 도시에 다양한 기회가 더 많았기 때문이다. 현상 유지보다는 지위 상승의 욕구가 컸다. 도시 인구는 타지역 인구보다 많이 늘어났으며 독일에서는 '도시의 공기가 사람을 자유롭게 한다'는 말이 돌았다. 이런 도시들은 서유럽의 발전을 이끄는 가장 역동적인 요소였다. 도시에는 낙관과 성공에 대한 열망이 넘쳐 흘렀고, 수공업자나 상인들의 연합체인 길드가 성장하였다. 그리고 길드가 모여 더 큰 연합체가 형성되었는데, 이것이 바로 자유도시이다. 자유도시는 주변의 봉건적 세계 속에서 오아시스 같은 곳이었다. 때로는 폭력적인 방법까지 동원하여 자유도시는 기존의 왕국이나 봉건 영주로부터 독립적인 지위를 얻어내고 자치권을 획득하는 데 성공하였다. 자유민들의 연합체인 자유도시의 형성은 유럽 역사에서 중요한 변곡점이었다. 특히 서유럽에서 도시 인구가 차지하는 비중이 커지면서 상인과 수공업자의 비중 역시 함께 늘어났다.

한 사람이 필요 이상으로 많은 식량을 생산하고 자유도시처럼 자유로운 분위기에 많은 사람이 모이게 되면 물품, 도구, 아이디어 등이 교환되고 전파된다. 그러면 기술이 진보할 수 있는 여건이 갖춰진다. 11세기부터 시작된 유럽의 기술진보가 급속하거나 뛰어났던 것은 아니지만 거의 모든 분야에서 일정 수준의 진보가 일어났다. 농업, 항해, 조선, 금속 제련, 건축, 회계, 금융 등의 분야가 발달하였고 특히, 당시 수공업자들은 다양한 바퀴와 장치, 나사를 가지고 실험을 하였다.

중세 시기에 중동 이슬람에서도 기계 장치 연구에 흥미가 있었고 정교함에 있어서 유럽보다 상당한 경지에 도달하였던 것은 사실이다. 하지만 그것은 어디까지나 예술적 흥밋거리였지 호기심 충족 이상은 아니었다. 고대 그리스에도 헤론과 같이 증기를 이용한 자동 기계 장치에 흥미를 느낀 사람이 있었지만, 실질적인 일을 대신하여 줄 노예들이 많았으므로 기계 장치는 오락거리 이상이 아니었다. 그들이 주로 관심을 가진 것은 회전목마, 자동 곡 연주 기계, 공기 압축 분수, 자동 피리 등이었다. 반면 자유도시를 비롯한 유럽 전역에 흩어져 있던 수공업자들의 관심사는 방앗간, 시계, 대포 같은 것들이었다. 이들은 조잡하지만 기본적인 응용역학적 방법을 자연스레 체득하였고 실용적 관심과 더불어 실력이 향상되어 갔다. 방앗간을 위해 수력이나 풍력을 이용한 맷돌, 드릴 같은 일련의 기발한 장치들이 발명되었고 결국 커다란 기계식 시계에 들어가는 '폴리옷foliot이 달린 굴대 탈진기' 같은 천재적인 장치도 나오게 된다. 자유도시를 중심으로 중세 유럽에 실용성과 실리주의적 정서가 점점 강해졌다.

13세기에 정점을 찍던 중세 유럽은 14세기에 흑사병이라는 커다란 장벽에 부딪히면서 어려움을 겪었다. 흑사병이 휩쓴 지역은 인구의 절반을 잃었고 14세기 이후로도 흑사병은 주기적으로 반복하여 나타났다. 인구 규모가 맬서스식으로 억제된 것이다.

죽음이 모든 사람에게 공평하다고 하지만 흑사병으로 인한 죽음은 그렇지 않았다. 하위 계층일수록 질병에 취약하였고 그래서 더 많은 비율이 죽어나갔다(Sam K. Cohn, p.188~222). 그런데 이러한 사태가 살아남은 이들에게 기회로 작용하였다. 흑사병 이후 영주와 귀족들이 가진 토지는 건재하였으나 그것을 경작할 소작농은 절대적으로 부족하였다. 따라서 그동안 노예와 다름없는 삶을 살았던 소작농의 몸값이 올라가기 시작하였다. 수공업자도 비슷한 상황이었다. 실질 임금이 올라갔고 경제적 지위가 상승하였으며 그들의 정치적 목소리도 커졌다. 정부가 이런 상황을 저지하기 위하여 임금을 일정 수준으로 제한하는 법을 만들기도 했지만, 농민을 중심으로 격렬한 반란(예를 들어 1381년 영국에서 발생한 와트 타일러의 난)이 일어났고 정부는 몸을 사릴 수밖에 없었다. 노동력이 점점 비싸졌기 때문에 보다 적은 노동력으로 더 많은 일을 할 수 있는 장치에 대한 열망이 커져갔다. 돈을 벌고 싶은 유럽인들은 점점 기계를 지향하게 되었다.

중세 유럽 이후: 산업혁명의 여명기

1450년경 즉, 15세기 중반까지만 해도 중국은 유럽은 물론 유럽보다 앞섰던 이슬람보다 앞선 나라였다. 중국의 발명품 중에는 운하 갑문, 무쇠, 깊은 구멍을 뚫는 기술, 효과적인 마구, 화약, 연, 자석 나침반, 활자, 종이, 도자기, 인쇄술, 배꼬리의 키, 외바퀴 손수레 등이 있었다(재레드 다이아몬드, 2013, p.368). 13세기 말에 중국을 방문한 마르코 폴로Marco Polo는 '선진적인 사람들 틈에서 자신을 야만인처럼' 느꼈다. 그러나 16세기로 접어들면서 이런 상황이 역전되기 시작하였다. 중국은 이슬람과 더불어 혁신의 빛을 잃어갔으나 유럽은 반대로 혁신적인 길을 걸었다. 유럽의 수공업자, 상인, 노동자들은 봉건적 규제에서 점점 자유로워졌고 중국의 기술자와 노동자들은 계속해서 강력한 왕조의 통제 아래에 있었다. 그리고 이슬람 문명권은 종교적으로 극단적인 경향이 강해지면서 점점 폐쇄적으로 변해갔다.

우리나라의 사정도 중국과 비슷하였다. 1400년대 세종대왕처럼 실질적인 삶의 조건 향상이나 과학기술에 관심을 가진 군주가 나타날 때는 형편이 좋아졌다. 그러나 왕이 바뀌면 다시 원 상태로 돌아가거나 오히려 악화되기를 반복하였다. 게다가 성리학 중심의 세계관에서 인간에게 가장 중요한 것은 잘사는 것이 아니라 군자가 되는 것이었다. 그래서 철학과 사상을 연마하는 선비가 되는 것을 제일 중요하게 여겼고, 시험을 쳐서 고위 공무원이 되는 것이 훌륭한 선비임을 입증하는 길이었다. 인간이 살아가는 데 가장 기본이 되는 일을 하는 농민이 선비 다음의 위치였고, 제일 아래가 공업과 상업이었다. 공업과 상업은 인간 삶에 덧붙여진 사치나 잉여 같은 것이고, 그런 활동들은 근본적으로 군자가 되는 것을 방해한다고 여겨졌다. 그중에서도 상인을 가장 천대하였는데 이들은 중간에서 부당하게 이득을 취하는 사기꾼과 비슷한 존재로 여겨졌다. 땀 흘려 일하지 않고 여기저기서 물건을 사들여 되파는 사람 정도로 취급되었을 뿐, 원활한 상품 유통과 가격 안정에 중요한 역할을 하는 존재로 인정받지 못하였다. 그나마 있던 큰 규모의 공업이나 상업 활동은 언제나 국가의 철저한 통제 속에 이루어졌다. 한 마디로 자유민이 없었다. 게다가 주변에 다양한 나라가 있어서 도피성 이동이 비교적 가능하였던 유럽과 달리, 조선에서는 다른 생각을 하는 사람이 피신해서 자기 뜻을 펼칠 만한 공간이 없었다. 고작해야 외진 곳으로 도망가 숨는 것이 전부였다. 땅덩어리가 넓은 중국의 국가들도 상황은 비슷하였다. 세계적으로도 인정받는 중국의 정교한 관료조직은 광활한 영토와 더불어 넘기 힘든 울타리 역할을 하였다. 왕조의 강력한 영향 아래 있는 국가는 왕 한 사람이 어떤 관심사를 가지고 있느냐에 따라 나라의 운명이 요동칠 수밖에 없다. 조선에서는 산업혁명의 어떠한 기미도 찾을 수 없었고 그런 것을 지향하지도 않았다.

16세기부터 유럽과 중국 사이에 역전이 일어났다고 해서 그 이후로 유럽이 늘 성공적이었던 것은 아니다. 유럽 내에서도 한때는 혁신적이었으나 점점 폐쇄적으로 변하면서 주도권을 내준 나라가 있었다. 바로 르네상스의 중심지였던 이탈리아이다. 이탈리아는 인문주의의 요람이었고 당시 기술 혁신을 주도하던 몇몇 선진국(프랑스, 독일 등) 중 하나였다. 16세기 전반기에 영국은 직물 산업을 중심으로 발전하면서 다른 나라보다 잘 살기는 했지만 어디까지나 유럽 주변부와 비교하였을 때 그러했을 뿐, 이탈리아, 프랑스, 독일 지역에 비하면 꽤 뒤처진 나라였다. 영국은 광업이나 금속 제련을 비롯한 여러 분야에서 유럽 본토로부터 수입한 인력과 기술에 의존하고 있었다. 대륙의 제품을 꼼꼼하게 복제할 능력이 있었지만 독창성은 없었다. 그러나 16세기를 지나 17세기를 거치면서 이탈리아는 쇠퇴하고 영국은 떠오르게 된다. 여러 가지 이유가 있겠지만, 경험 많은 숙련 인력들이 어느 나라로 향했느냐가 꽤 중요한 요인으로 작용한 걸로 보인다. 유럽의 숙련된 수공업자나 노련한 상인들은 전쟁이나 정치적 위기, 전염병, 종교적 광신, 경제 위기 등을 피해 종종 대규모로 여러 나라 사이를 이동하였다.

이탈리아에서 인재들을 내쫓아버린 중요한 계기는 1494년에서 1559년 사이 여러 차례에 걸쳐 벌어진 이탈리아 대(大)전쟁이었다. 그 이전에는 여러 세기에 걸쳐 기술 인재들을 끌어들였던 이탈리아였지만, 계속된 전쟁으로 인하여 경제 불황과 기아가 찾아왔고 많은 숙련 기술자들은 살길을 찾아 이탈리아를 떠나야 하였다. 역동적이었던 이탈리아는 16세기와 17세기를 거치면서 인재들을 잃고 보수적인 사회로 변모하였으며, 전쟁의 여파로 17세기에 경제적으로 몰락하게 된다. 여기에 흑사병까지 더해져 한 번 더 인재들을 밖으로 내몰았다. 17세기 초에 쓰인 파인스 모리슨이라는 사람의 글을 요약하자면 "이탈리아인들은 스스로를 아는 것이 많다고 여기고 자국 문화에 대한 자부심이 대단하여 외국을 나가보려고 하지도 배우려고 하지도 않았다"고 한다. 이탈리아인들은 필요한 것은 모두 국내에서 구할 수 있다는 자만심에 가득 차 있었고, 이탈리아가 몰락의 길을 걷는 와중에도 그렇게 생각하고 있었다. 이런 이탈리아 사람들이 바보처럼 보이겠지만, 커다란 변화는 실시간으로 눈치채기 어려운 법이고 과거에 누렸던 영광은 분명한 사실이었으므로 그간의 경험만을 기준으로 본다면 이탈리아인들의 판단이 완전히 틀린 것은 아니었다. 외국의 변화를 평가절하하고 무시할 수 있을 만큼 과거에 대한 자부심이 컸을 것이다. 200년에 걸쳐 진행된 몰락을 달팽이 같은 인간이 감지하기란 쉽지 않은 일이다.

이탈리아뿐만 아니라 프랑스, 독일 지역도 전반적으로 귀중한 인적 자본을 잃었다. 인적 자본이 유출된 이유는 주로 종교 갈등과 관련이 있었다. 종교적 자유가 허용된 시기에는 많은 상인, 수공업자, 군인 등의 인재를 끌어들이며 국가가 포용적 발전을 하지만, 종교적 엄격함이 강조되는 시기에는 탄압의 주 대상이었던 개신교도들이 쫓겨나면서 인재 유출도 함께 일어났다. 당시 숙련 기술자, 상인 중에는 개신교도가 많았다. 개신교도들은 종교에 기반한 근면한 직업윤리를 바탕으로 성실하게 부를 일구어가던 계층이었고, 성서를 중요하게 여겼으므로 문자 해독 능력이 높아 질적으로도 우수한 편이었다.

유럽 본토에서는 30년 전쟁(1618~1648), 낭트칙령 폐지(1685) 등으로 종교 간 갈등이 점화하면서 '대체로' 인재가 유출되었지만, 영국은 피 한 방울 흘리지 않고 명예혁명(1688)에 성공하면서 세계 최초로 시민 사회가 등장하기 시작하였다. 또한 영국은 개인의 경제적 자유를 보장하고 여러 차례 개혁으로 정치가 안정되면서 유럽 본토로부터 인재를 끌어들이는 국가가 되었다. 이는 영국이 이탈리아 등을 제치고 차세대 강국으로 발돋움하는 계기가 되었다.

마지막으로 산업혁명의 비료 역할을 하였다고 생각되는 요소를 언급하겠다. 바로 과학자들과 숙련된 전문 기술자들 간의 자유롭고 평등한 소통과 협업이다. 자유도시가 탄생한 이후에 유럽은 실용성을 점점 더 중시하면서 톱니바퀴, 렌즈, 굴대 등으로 여러 가지 장치를 고안하기 위해 머리를 싸매는 것이 자연스러운 사회 분위기가 형성되었다. 그런 분위기 속에서 청소년 시절을 보내며 자란 과학자들 역시 자연스레 실용성을 몸에 익히게 되었다. 이로써 몸을 직접 써서 수행하는 실험과학이 떠오르게 된다. 또한 노련하고 지식이 풍부한 수공업자들이 새로운 기계 제작에 관심을 기울이면서 시계공, 렌즈 제작자, 정밀 관측기구 제작자 등의 전문 기술인들이 생겨났다. 이들은 과학자들과 소통하였었는데, 만약 이들이 시행착오에서 얻은 자신만의 기법에 전적으로 의존하였다면 기술이 진보하는 속도가 매우 느렸을 것이다. 기술이 빠른 속도로 진보하려면 노련한 장인의 솜씨와 과학자들의 체계적인 접근 방식이 결합하여야 한다. 17세기 유럽은 이미 이런 것이 가능한 사회였고, 특히 과학이 아닌 다른 직업을 지닌 아마추어 과학자들도 많아서 잠재적 인재들이 대기하고 있었다. 조지프 니덤Joseph Needham의 의견에 따르면, 당시 유럽은 중국이나 조선과 달리 '신사와 기술자가 교류하는 것이 부끄러운 일이 아니'었다.

잠깐 옆길로 빠져서 조선에 대한 이야기를 하자면, 조선은 기본적으로 양반이 기술자 계층인 중인을 천시하는 나라였다. 18세기 정조 시대에 들어서야 양반인 홍대용 등이 중인과 평등하게 기술에 관해 토론하는 모습을 보이기도 하였으나, 그런 분위기가 사회 전반으로 확대되지는 못하였다. 수학(산학)에 관심을 가진 양반이 있기도 하였지만 어디까지나 성리학 정신을 실천하기 위한 도구로 여기는 경우가 많았다. 즉, 수학 문제를 푸는 것도 얼마나 효율적으로 빨리 푸느냐가 아니라 얼마나 성리학의 원리에 맞게 푸느냐가 더 관심사였다. 양반에게 수학은 현실 문제를 다루는 도구라기보다는 군자가 되기 위한

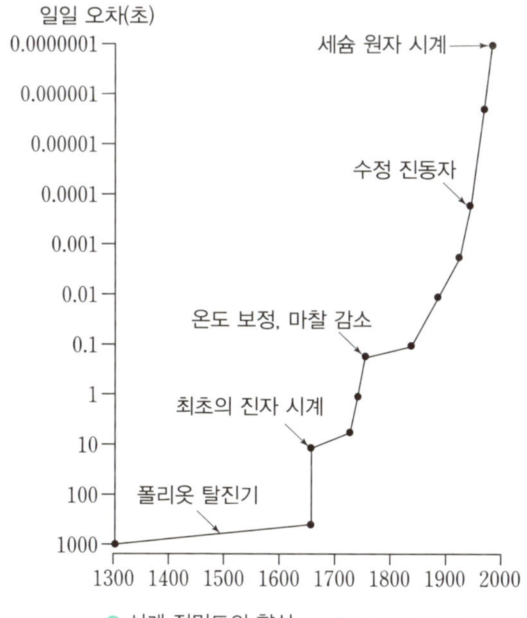

시계 정밀도의 향상 (카를로 M. 치폴라, p.89)

수련의 과정이었다.

다시 본론으로 돌아가서 과학자와 전문 기술 인력이 결합하면 훌륭한 결과를 낳을 수 있음을 단적으로 보여주는 증거가 이미 산업혁명 이전 시기에도 있었다. 바로 시계의 정밀도가 향상된 정도이다. 앞의 그래프는 1300년대 기계식 시계가 출현한 이래 시계의 오차가 얼마나 줄어들었는지를 보여주고 있다. 그래프에서 세로축은 하루 동안 시계의 오차가 몇 초나 발생하는지를 나타낸다. 세로축을 따라 한 칸씩 위로 올라갈 때마다 오차가 10배씩 줄어든다. 그래프를 보면 이미 17세기에 들어서면서 오차가 급격하게 줄어들기 시작하였음을 알 수 있다. 이것은 산업혁명이 시작되기 100여 년 전 일이다. 당시 시계는 최첨단 산업으로 여러 분야의 다양한 기술이 집약된 응용역학의 최고봉이라 할만하였다. 교환 가능한 부품으로 구성되고 숙련 기술자의 손을 거친 시계는 산업혁명으로 나아가는 길을 주도하고 있었다. 또한 항해와 천문 관측을 위하여 망원경, 현미경, 온도계, 기압계 같은 각종 도구와 기계들도 개발되었다. 카를로 치폴라Carlo Cipolla의 표현을 빌리자면 "수십 년 후에 산업혁명이 일어났다는 사실이 별로 놀랍지 않"다. 산업혁명은 그 이전 시기부터 이어진 관성의 결과였다.

산업혁명 이후의 세계

산업혁명 이후의 세계에서 국가의 운명은 산업화의 성공 여부에 따라 극명하게 갈리게 된다. 산업화란 간단히 말하여 기계의 발명과 기술의 혁신으로 생산력이 급증하게 되는 현상을 의미한다. 이전까지는 주로 사람의 힘에 의존하여 제품을 생산하였다면, 산업화 이후에는 기계가 제품 생산 과정의 많은 부분을 담당함으로써 더 많은 양의 제품을 더 빨리 생산할 수 있게 된다. 농경시대의 가내 수공업은 소품종의 제품을 소량 생산하였다면, 산업화 시대에 접어들면서 대형 공장에서 소품종 대량 생산이 이루어졌으며 현재는 개인 맞춤형 다품종 소량 생산의 시대로 변모하고 있다. 산업화에 성공한 나라는 번영의 길에 들어섰고, 그렇지 못한 나라는 궁핍한 삶을 이어가며 맬서스의 덫에서 빠져나오지 못했다. 국가 간 소득 격차가 점점 벌어지기 시작하면서 이른바 대분기의 시대가 도래한 것이다.

산업화에 성공하였던 나라들은 대개 정치가 안정되고 개인의 자유와 재산권을 차별 없이 보장해 주는 포용적 경제 제도를 가지고 있었다. 하지만 산업화가 미진하더라도 부유한 국가가 되는 방법이 있다. 바로 석유, 천연가스, 광물 등 천연자원이 많은 경우다. 천연자원을 다른 선진 산업국으로 수출하면 큰 부를 쌓을 수 있다. 그러나 이런 국가는 천연자원에 대한 의존도가 심해서 다른 보조 수단이 없다면 천연자원 가격의 등락에 따라 나라의 부가 심하게 요동친다. 또한 자원이 많으면 거기에서 나오는 이권을 둘러싸고 세력 간 암투가 벌어지는 경우가 다반사여서 오히려 국가 발전에 장애가 되는 경우도 있다. 실제로도 많은 나라가 그랬고 이것을 '자원의 저주'라고 한다. 소수에게 부가 집중되거나 정치적으로 불안하고 부패한 국가는 자원이 아무리 많더라도 필연적으로 가난의 굴레에서 벗어나지 못한다. 자원이 많더라도 그 사회가 정치적으로 불안하거나 자유롭고 포용적인 경제 제도가 없으면 소용이 없다.

유럽은 중세 시기인 5세기에서 15세기를 거치면서 산업혁명에 필요한 기본 토양을 이미 마련하였고 이후 2세기 동안은 산업혁명의 조짐이 곳곳에서 용트림하던 시기였다. 그중 영국에게 있어 가장 결정적인 변화의 계기는 1688년에 일어난 '명예혁명'이라고 할 수 있다. 명예혁명은 전제정치를 추구하던 제임스 2세를 의회가 몰아내고 승리를 거둔 사건이다. 이로 인하여 왕실의 권한이 상당히 약화되었고 의회가 정치적 주도권을 쥐게 된다. 왕이 자의적으로 부과하던 세금이 중단되었고 왕실이 가지고 있던 경제적 독점 권한도 철폐되었다. 특히 사유재산권을 안정화함으로써 투자나 혁신을 유도할 만한 환경이 조성되었다. 이때는 이미 왕이 자신을 추종하거나 뇌물을 주는 이들에게 마음대로 무역독점권이나 특허권을 부여하던 악습이 철폐된 뒤였다. 사유재산권을 제도적으로 보장함으로써 아이디어에 대한 특허권도 적절한 심사를 통하여 부여되었다. 또한 상업 활동을 적극적으로 장려하고 국내 산업 육성에 힘썼다.

의회가 이런 정책을 펼칠 수 있었던 이유는 그것이 자신들의 이익에 부합하였기 때문이다. 의회 귀족 중에는 무역과 산업에 막대한 투자를 하는 이들이 많았다. 또한 이들 간에도 서로 이익이 맞물려 돌아갔기 때문에 적절한 견제와 균형의 원리가 작용할 수 있었다. 이전보다 훨씬 폭넓은 집단이 정부의 운영방식에 영향을 줄 수 있게 되었다. 이 세력들은 부유하고 거대한 연합체들이었기 때문에 왕실이 자신들이 과거에 향유했던 전제적 권력을 되찾기가 이제는 거의 불가능하였다. 다른 나라에도 절대 왕정에 반발하는 세력들이 있었으나 영국만큼 조직적이지도 부유하지도 거대하지도 않았다. 유럽의 여타 다른 지역에도 충분한 과학적 기술적 기반이 있음에도 영국에서 산업혁명이 가장 먼저 시작된 이유 중 하나가 여기에 있다고 말할 수 있다.

| 1차 산업혁명

영국에서 1차 산업혁명이 시작된 이후 모습이 그 이전과 어떻게 다른지를 이해하기 위하여 그보다 훨씬 전인 1580년대에 있었던 사건을 먼저 언급하는 것이 좋을 것 같다. 영국의 케임브리지 대학을 갓 졸업한 만 20세 청년 윌리엄 리William Lee는 1583년에 사제가 되기 위하여 자신의 고향인 캘버턴으로 돌아왔다. 캘버턴은 영국 노팅엄 근처에 있는 한 마을이다. 사제가 된 리는 각고의 노력 끝에 1589년 양말 짜는 기계를 제작하는 데 성공한다. 이 기계는 손으로 뜨개질하느라 고생하는 사람들의 노고를 덜어줄 참이었다. 리는 이 기계를 만드느라 '교회와 가족에 대한 의무'까지 등한시하였을 정도였다. 리가 이 기계를 만든 동기는 분명치 않다. 그가 좋아했던 여인이 리 자신보다는 뜨개질에 더 정신이 팔려있는 것을 보고 만들었다는 이야기가 있고, 어머니와 누이들이 어두침침한 불빛 아래서 고생하며 뜨개질하는 모습을 보고 만들었다는 이야기도 있다. 동기야 어찌 되었든, 그가 만든 기계는 산업혁명기에 섬유산업을 기계화하는 데 중요한 밑거름이 될 터였다. 리는 부푼 마음을 품고 런던으로 향하였는데, 당시 여왕이었던 엘리자베스 1세에게 이 기계가 얼마나 생산적인지를 보여주고 특허권을 얻기 위해서였다.

리는 한 인물의 도움을 받아 엘리자베스 1세를 알현하게 된다. 리의 기계가 작동하는 모습을 본 여왕은 다음과 같은 취지의 대답을 했다.

> "경이시여, 나의 가난한 백성들은 뜨개질해서 빵을 얻는데, 그 기계는 내 백성들에게서 일자리를 빼앗아 비렁뱅이로 만들고 그들을 파멸로 몰아넣을지도 모르오. 그 기계를 지원하는 것은 백성을 사랑하는 나로서는 도저히 할 수 없는 일이오."(Gravenor Henson, p.45)

결국 리는 특허를 확보할 수 없었다. 여왕은 혁신보다 안정을 택한 것이다. 이 사건을 180년 후인 1769년에 일어난 사건과 비교해 보자. 1769년은 1차 산업혁명기로서 와트가 '연소기관에서 증기와 연료의 소모를 줄이는 새롭게 고안한 방법'에 관한 특허를 취득한 해이다.

한때 유럽에는 나무가 풍부해서 나무를 땔감으로 쓰거나 집, 물레바퀴, 욕조, 신발 그 외에 각종 다양한 도구를 만드는 데 사용하였다. 그러나 인구가 조금씩 늘면서 필요한 목재의 양도 덩달아 늘어났고, 농경지를 확장하기 위한 벌목도 계속되자 숲이 점점 사라졌다. 1630년대에는 목재 가격이 15세기 말의 2.5배로 상승한다. 목재의 대안은 석탄이었다. 특히 영국에는 석탄이 풍부했기 때문에 1700년경부터 나무를 석탄으로 대체하기 시작하였다. 석탄에 대한 수요가 커지자 석탄을 찾아 땅을 점점 더 깊이 파야 했다. 땅을 깊이 파다가 지하수를 만나게 되었는데 이 지하수 때문에 탄광에 물이 고이는 문제가 생겼다. 이 문제를 해결하기 위하여 물을 퍼 올리는 증기 펌프가 고안되었다.

와트가 증기를 동력원으로 활용하는 문제에 관심을 가질 무렵 탄광에서 활용되던 최신 증기기관은 뉴커먼 증기기관이었다. 증기기관이란 증기를 이용하여 동력(무언가를 움직이는 힘)을 생산하는 기계이다. 이 동력을 이용해서 물을 퍼 올리면 증기 펌프가 되고 기차를 끌면 증기 기관차가 된다. 와트가 뉴커먼 증기기관을 처음 접하였을 때는 뉴커먼 증기기관이 탄생한 지 50년이 넘은 시점이었다. 와트는 뉴커먼 증기기관이 매우 비효율적이라는 점을 알아채고 그것을 개선하기 위해 노력하였다. 그 노력의 결과로 탄생한 증기기관의 설계도를 이용하여 그는 1769년에 특허를 얻을 수 있었다.

리는 특허를 얻는 데 실패하였지만 와트는 특허를 얻는 데 성공한 이유는 무엇일까? 그 이유는 180년간에 걸친 영국 사회상의 변화에 있다. 가장 큰 계기는 1688년의 명예혁명이었다. 1688년 이후 경제 제도를 결정하는 주체가 왕에서 의회로 영구히 옮겨갔고 의회는 보통 사람의 요구에도 귀를 기울이며 반응하였다. 경제 제도를 개혁하는 정책이 연이어 시행되었으며 혁신을 유도하는 사유재산권도 강화되었다. 더는 왕 한 사람의 이익이나 기분에 따라 특허가 부여되는 일은 없었다. 명예혁명 이후에 금융 혁신도 일어났는데, 1694년에 잉글랜드 은행이 설립되고 18세기 초가 되면 귀족이나 엘리트층이 아니더라도 누구나 담보만 있으면 대출을 받을 수 있게 되었다. 이처럼 사유재산권이 확실히 보장되고 혁신을 장려하는 경제 제도가 장기간에 걸쳐 안정적으로 정착하자 1760년쯤에는 특허 발명품의 수가 급증하였다. 다방면에서 혁신이 일어나며 산업혁명의 불씨를 잡아당긴 것이다. 와트의 증기기관은 그중에서도 특히 파급력이 큰 기계 장치였다.

그러나 와트가 혼자만의 탁월한 능력으로 특허를 얻은 것은 아니다. 그가 고립형 외톨이 공학자였거나 영국 사회가 신분과 기득권만을 따지는 폐쇄적인 곳이어서 인적 교류가 제한적이었다면 특허를 얻지 못했을 가능성이 높다. 다행히 그가 특허를 얻기까지 여러 사람의 뒷받침과 도움이 있었는데, 이는 당시 사회가 상당한 수준의 역동성을 가지고 있었음을 보여준다. 와트는 관련 연구를 시작한 처음 4년 동안 사비를 털어 1,200파운드의 거금을 투여하였는데, 이로 인해 빚이 쌓이자 연구를 중단해야 할 위기에 처한다. 이때 도움을 준 사람은 제철소를 경영하던 기업가 존 로벅John Roebuck이었다. 자신의 사업을 위해 강력한 증기기관을 찾고 있었던 로벅은 와트의 빚 대부분을 떠안고 연구에 필요한 비용을 대주기로 하였다. 대신 특허에서 발생할 수익 중 삼 분의 이를 가져가기로 하였다. 수익이 발생하리라 장담할 수는 없었으나 로벅은 그 위험을 감수하고 투자를 한 것이다. 또한 로벅은 특허권을 취득하는 데 필요한 막대한 행정절차 비용도 감당하였다.

이런 로벅과 와트를 연결해 준 사람은 글래스고 대학의 인기 있는 교수이자 물리학자인 조지프 블랙Joseph Black이었다. 글래스고 대학에서 실험장비를 제작하거나 수리하는 기술자였던 와트는 블랙과 친구 사이였다. 블랙은 와트의 연구에 이론적 지식뿐만 아니라 재정적 도움을 주기도 하였다. 이뿐 아니라 특허 명세서를 작성하는 과정에서 윌리엄 스몰William Small의 전문적 도움을 받았다. 스몰은 자연철학 교수로서 미국 건국의 아버지 중 한 사람인 토마스 제퍼슨Thomas Jefferson에게 큰 영향력을 끼친 사람이다. 특허 명세서는 특허에 관한 구체적이고 자세한 내용을 담은 문서인데, 자신의 발명을 명확하게 서술하면서도 이후에 등장할지 모를 경쟁자가 교묘한 방식으로 특허를 침해할 수 없도록 작성해야 하였다. 지금은 이런 업무를 담당하는 변리사가 따로 있지만 당시에는 직접 처리해야 하는 일이었다.

조지프 블랙, 존 로벅, 윌리엄 스몰의 공통점은 무엇이었을까? 이들은 모두 버밍엄에 지역적 기반을 둔 '루나 소사이어티Lunar Society'라는 학술적 사교 모임의 회원이었다. 와트도 1767년에 루나 소사이어티의 회원이 되었다. 이곳에 회원들은 보름달이 뜨는 저녁에 정기 모임을 가졌는데 사적으로는 그보다 훨씬 자주 연락하였다. 버밍엄에 거주하는 회원들끼리는 거의 매일 만났고 다른 지방에 있는 회원들도 적어도 일주일에 한 번은 서신을 주고받았다. 이들은 다양한 직업과 배경을 가진 사람들로, 서로가 가진 최신 정보와 지식을 주고받으며 토론하고 교류하였다. 회원 중에는 진화론으로 유명한 찰스 다윈Charles Darwin의 할아버지인 이래즈머스 다윈Erasmus Darwin, 웨지우드라는 유명한 도자기 회사를 설립한 조사이어 웨지우드Josiah Wedgwood, 최신식 설비를 갖춘 대형 공장을 운영하던 기업가 매슈 볼턴Matthew Boulton 외에 무기 제작자, 철강업자, 화학자, 수학자, 물리학자 등이 있었다. 루나 소사이어티 같은 활발한 인적 교류의 장이 없었다면 와트 같은 유능한 사람들도 기회를 얻기 힘들었을 것이다.

와트가 새로운 증기기관의 설계도로 특허권을 얻기는 하였지만 그 증기기관을 제작하는 일에도 여러 어려움이 따랐다. 우선 와트의 증기기관을 뒷받침할 만한 철강기술을 찾을 수 없었다. 와트의 증기기관은 피스톤과 원통 실린더 사이에 틈을 줄여줄 정밀한 철강 제조 기술이 필요하였는데, 당시 와트가 있는 지역의 제철 기술로는 증기기관 제작에 필요한 규격을 만족시킬 수 없었다. 설상가상으로 와트에게 연구 자금을 지원하던 로벅이 1773년에 파산하고 만다. 이 위기에서 와트를 구해준 두 사람은 볼턴과 존 윌킨슨John Wilkinson이었다. 볼턴은 로벅, 와트, 윌킨슨을 모두 알고 있었고 이들은 모두 루나 소사이어티 회원이었다. 볼턴은 로벅의 파산 소식을 듣고 그의 빚을 떠안는 대신에 특허 지분을 인수하였다. 자금조달력이 뛰어났던 볼턴의 지원 아래 와트는 연구를 계속할 수 있었다. 뿐만 아니라 볼턴의 공장이 있는 버밍엄에는 뛰어난 제철 기술자들이 많아서 증기기관 제작에 큰 도움이 되었다. 그중 핵심적인 역할을 한 사람이 윌킨슨이다. 윌킨슨은 1774년에 원통 안을 깎아 정밀한 구멍을 파는 기계인 보링 머신을 개발하였다. 보링 머신을 사용하면 완전한 원통형 실린더를 제작할 수 있었다. 1776년 드디어 와트의 상업용 증기기관이

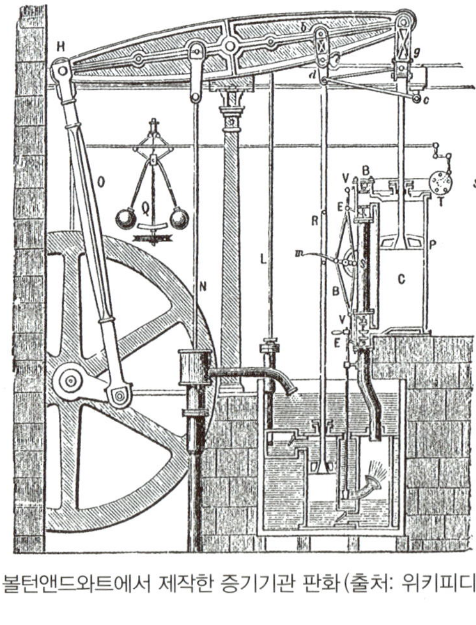

볼턴앤드와트에서 제작한 증기기관 판화(출처: 위키피디아)

브롬필드 탄광에서 작동을 시작하였다. 와트의 증기기관은 뉴커먼의 기관에 비해 석탄 소모량이 사 분의 일에 불과하였고 효율이 좋았기 때문에 더 깊은 곳에 있는 물을 길어 올릴 수 있었다. 13년간에 걸친 여러 노력이 합쳐져 결실을 본 것이다.

이후에도 와트는 증기기관의 효율을 더 높이고 소형화하는 노력을 하였고, 증기기관의 사용처를 넓히기 위하여 피스톤의 왕복 운동을 회전 운동으로 바꾸는 방법을 고안하기도 하였다. 이로써 산업 전반에 증기기관을 응용할 수 있는 길이 열렸다. 제분소, 방적 공장, 탄광, 기차, 증기선 등 여러 분야에서 증기기관이 쓰였는데 그중 가장 두드러진 분야는 직물 산업이었다. 직물 산업에는 실을 뽑는 작업과 그 실을 이용해 천을 만드는 작업이 필요하다. 실을 뽑는 작업을 방적이라 하고 천을 만드는 작업을 직조라고 한다. 그리고 방적과 직조를 합쳐서 방직이라고 한다. 방직 작업의 기계화 역시 18세기에 들어서면서 큰 진전을 보였는데, 그 발전 양상은 이미 살펴본 증기기관의 발전과 크게 다르지 않다. 그것 역시 누적적인 협업의 과정이었다. 어딘가 허술하기 마련인 최초의 발명이 있었고, 그런 발명을 바탕으로 기계를 개량한 발명가들이 계속 등장하였으며 특허로 그들의 재산을 보호하여 주었고 공장을 설립하여 발명품을 도입한 자본가가 있었다. 그리고 공장에서 나온 생산품을 소비할 시장도 형성되어 있었다. 1789년에는 그동안 혁신을 이룬 방적 기계들과 증기기관이 결합한 공장이 세워졌고, 이후 영국의 직물 산업은 산업혁명의 원동력이 된다. 공장을 기계화한 덕분에 노동자 1인당 생산할 수 있는 면직물의 양이 늘면서 면직물의 가격이 떨어졌고 더 많은 면직물이 팔려나갔다. 그 결과 평균적

그레이트 브리튼호. 강철 선체와 스크루 프로펠러를 모두 갖춘 최초의 증기선으로 1843년 진수될 당시 세계에서 가장 큰 배였다. 이점바드 브루넬이 설계하였다. (출처: 위키피디아)

인 노동자의 임금이 꾸준히 상승하면서, 누구나 면직물로 된 옷 하나쯤은 가질 수 있게 되었다. 사람들이 농촌에서 버밍엄, 맨체스터 등의 신흥 공업지대로 몰려들었다. 노동자들이 한 곳에 모이게 되자 조직적으로 움직이기가 쉬웠고 자신들의 정치적 권한을 확대하기 위한 투쟁을 벌이기도 하였다.

1차 산업혁명기에 영국인들은 노동을 절약하고 힘을 증폭시킬 수 있는 다양한 발명을 하였다. 자동 뮬 방적기, 실을 뽑는 자동 기계인 역직기, 철의 품질을 높일 수 있는 재료인 코크스, 증기로 움직이는 기관차와 배, 철로, 철을 깎는 각종 공구, 공장, 천연두 백신, 광부용 램프, 수압 프레스 같은 것들이었다. 또한 큰 운하, 템스 강 밑을 뚫는 터널 건설, 세계에서 가장 긴 다리, 강철 선체를 가지고 대서양을 횡단할 수 있는 세계 최대의 증기선 같은 대담한 프로젝트들도 완수되었다. 이런 대형 프로젝트들을 이끈 인물 가운데 단연 두드러진

기계를 부수는 러다이트들 (출처: 위키피디아)

사람은 이점바드 브루넬Isambard Brunel이다. 브루넬은 우리에게는 낯선 이름이지만 영국에서는 제임스 와트와 더불어 영국의 산업혁명기를 이끈 위대한 공학자로 추앙받고 있다. 이민자의 아들인 브루넬은 대담하고 모험적인 공학자로서 현대로 치자면 일론 머스크Elon Musk에 비견할 만한 인물이다.

이런 변화 속에서 새로운 혁신에 대한 저항이 없었던 것은 아니다. 시대를 막론하고 커다란 혁신은 창조적 파괴를 불러오고 그로 인해 위협을 느끼는 집단이 생기기 마련이다. 플라잉 셔틀(직조 기계에 사용하는 자동 장치)을 개발한 존 케이John Kay, 제니 방적기를 발명한 제임스 하그리브스James Hargreaves는 기계로 인하여 일자리를 위협받는다고 생각한 사람들의 공격을 받기도 했다.

가장 대표적인 저항은 19세기 초에 있었던 '러다이트 운동'이었다. 러다이트 운동은 직물 산업에 종사하던 노동자들이 주도하였다. 공장이 기계화되면서 수공업자들이 몰락하고 저임금의 비숙련공들만으로도 제품의 품질이 보장되었으므로 공장주 입장에서는 임금이 비싼 숙련공들을 고용할 이유가 없었다. 또한 당시 일꾼들을 구하기 쉬울 만큼 인구가 충분하였으므로 비숙련 노동자들은 손쉽게 다른 사람으로 대체될 수 있었다. 특히 낮은 임금을 받고서라도 일을 해야 하는 취약 계층인 여성과 아동들의 고용이 대폭 증가하였다. 공장주 입장에서는 이것이 취약 계층에게 일자리를 제공한 것일 수 있겠지만, 다른 한편으로는 열악한 노동 조건을 개선할 의지를 약화하는 일이었다. 이와 같은 상황에서 소수의 공장주 혹은 자본가와 대다수의 저임금 노동자 사이에서 빈부격차는 심화되었다. 그러면서 낮은 수준의 생계를 강요받아야 하는 숙련공들의 상황에 문제의식을 느낀 사람들이 저항의 상징으로 기계를 파괴하는 운동을 벌였는데, 이것이 러다이트 운동이다. 정부는 군대를 동원하여 이를 진압하고 이들을 체포하여 재판을 통해 중형을 가하였다. 결국 러다이트 운동은 종식되었다. 그러나 이후 노동자들은 투쟁 방식을 정치적 노선으로 바꿔서 자신들의 권리를 지키기 위하여 노력하였고, 그 결과 노조 설립이나 자본가와의 단체교섭권 등을 얻어낼 수 있었다.

지금까지 살펴본 모습은 산업혁명기에 영국 사회가 얼마나 역동적이었는지를 보여준다. 영국 사회에 다양한 이해관계를 가진 집단들이 출현하였고 이들의 활동을 뒷받침하여 줄 정도로 포용적인 경제 제도가 있었으며 연합세력인 의회가 권력을 장악하면서 정치가 안정되었다. 이외에도 산업혁명기 이전부터 모직물 산업 등을 통해 축적하여온 거대 자본, 해외 식민지 무역을 통해 조달된 원자재, 풍부한 석탄, 인클로저 운동 이후 도시로 공급된 풍부한 노동력, 대중 과학강연이 열릴 정도로 신지식에 대한 관심이 높은 사회 분위기 등이 영국의 산업혁명을 지속시킨 원동력들이라 할 수 있다.

우리는 또한 혁명의 전환기에 고통받는 사람들이 있음을 알 수 있었다. 0차 산업혁명기에 고통받은 초창기 농경민들처럼, 1차 산업혁명기에는 저임금을 받으며 불결한 환경에서 노동을 감내해야 했던 도시의 근로자들이 있었다. 그러나 이들 근로자는 도시에 모여 있던 덕택에 조직적으로 움직일 수 있었고 정치적 목소리를 키우며 저항할 수 있었다. 비록 러다이트 운동은 실패로 끝났지만, 그 후 공장주나 정부는 세력이 강해진 노동자들의 목소리를 마냥 무시할 수는 없게 되었다.

마지막으로 18세기 조선과 청나라의 상황을 언급하고 싶다. 당시 조선은 영조와 정조가 지배하던 시기로 마지막 전성기를 구가하고 있었다. 세계적으로 보았을 때도 절대 낮지 않은 수준의 농업 생산력과 인구 밀도를 자랑하고 있었으며 제한적이지만 상공업과 기술의 발달도 있었다. 청나라의 상황도 비슷하였다. 당시 조선과 청나라는 농업을 기반으로 하는 사회가 도달할 수 있는 한에서 상당히 높은 수준의 경제력을 가지고 있었다. 그러나 성리학을 중심으로 하는 폐쇄적 사회 구조, 공업과 상업을 천시하고 농업을 국가의 근본으로 여기는 뿌리 깊은 세계관 등으로 인하여 그 이상으로 발돋움하지 못하였다. 정조 때 금난전권의 폐지와 같은 상업적 혁신이 있었고 그 후 부를 축적한 거상들이 탄생하기도 하였지만, 농업을 근본으로 하는 국가 체제의 한계 때문에 이들을 제대로 흡수·발전시키지 못하였다. 또한 정부나 양반 귀족과 결탁한 상인들이 있었을 뿐 상공인들이 정치적 힘을 지니지는 못하였다. 그래서 자유로운 개인들로 구성된 대규모 연합체가 탄생하기 어려웠다. 이런 이유로 정조 같은 영민한 군주 아래에서 왕실 주도의 과학기술이 어느 정도 꽃피웠을 뿐, 사회 전체에 파급력을 낳은 혁신은 없었다.

영국에서 자유로운 시민들이 생겨나는 동안 조선은 양반, 중인, 상민, 천민 순으로 수직적 위계 속에서 살았다. 영국에서 증기 기관차, 커다란 철제 증기선, 하저 터널, 천연두 백신 등이 만들어진 시기에 조선은 일부를 제외하면 혁신적인 기계 장치는 고사하고 기존의 우수한 유산들을 발전적으로 계승시키지도 못하였다.

청나라도 상황은 비슷하였다. 기록들을 보면 청나라는 농업에 활용될 만한 기술을 제외하고는 서양에서 들여온 과학기술을 여흥거리 정도로 취급하였음을 알 수 있다. 또한 르네상스 말기의 이탈리아처럼 상당히 자만심에 차 있었다. 1793년에 청나라를 방문하여 통상을 요청한 영국 사절단에게 당시 청나라 황제였던 건륭제는 이렇게 말하였다. “우리는 물산이 풍부하여 없는 것이 없으니 우리가 구태여 오랑캐 것을 구해서 찾아갈 필요가 뭐가 있겠느냐.” 18세기에 청나라가 적어도 외형상으로 상당한 번영을 구가하고 있었던 것은 사실이지만, 이들은 외부의 변화에 둔감했으며 혁신보다는 안정을 택하였다.

이것은 조선도 마찬가지였다. 18세기 동아시아 지형에서 청나라는 상당히 앞선 문물을 가진 나라였지만 정통성과 명분에만 집착한 조선 양반들은 청나라를 멸시하는 경우가 많았다. 또한 유럽 왕실에 도자기를 수출하며 자신만의 독특한 문화를 꽃피워 나가던 일본 역시 이미 조선을 추월하고 있었지만 조선은 일본의 변화를 경시하였다. 중국은 원나라 시기(13세기~14세기)에 이미 수력방적기가 있었고 15세기에는 세계 일주 항해를 할 수 있는 기술을 보유한 나라였지만, 청나라 때 번영을 끝으로 오랫동안 쇠락하였고 조선도 영·정조 이후 쇠락의 길을 걸었다.

2차 산업혁명

1차 산업혁명기 동안에 영국이 세계 최강국으로 발돋움하며 번영과 안정을 누렸지만 시간이 지나면서 영국 사회는 신기술을 수용하는 유연성이 조금씩 떨어지기 시작하였다. 단적인 예로, 미국과 독일의 도시들이 거리의 조명을 전기로 바꾼 지 한참 뒤에도 영국의 도시들은 가스등을 고집하고 있었다. 1920년대까지도 가스 조명을 사용하였는데, 그 이유는 이미 가스등에 막대한 자금을 투자한 뒤여서 각 도시가 전기 조명 회사를 규제하였기 때문이다. 영국이 최초로 산업화를 하였지만, 기존에 투자한 산업과 이해관계들이 공고해지면서 새로 진입하는 산업이 제약을 받았다. 비록 영국은 여전히 번영하고 있었으나 2차 산업혁명의 주도권은 미국과 독일로 넘어가고 있었다.

2차 산업혁명의 발생 시기는 대략 1870년에서 1920년 사이로 추측하는 의견이 대체적이다. 1969년 하버드대학의 경제사학자 데이비드 랜디스David Landes가 쓴 『언바운드 프로메테우스(The Unbound Prometheus, '자유의 몸이 된 프로메테우스'라는 뜻)』라는 책에서 2차 산업혁명이 공식적인 학술 용어로 처음 사용되었다.

사실 우리가 중요하게 생각하는 많은 발명이 2차 산업혁명기에 이루어졌다. 전기, 전화, 백열등, 무선통신, 강철의 대량생산, 석유, 내연기관, 발전기, 컨베이어 벨트, 전동식 엘리베이터, 비행기, 합성섬유, 인공염료, 질소비료, 상하수도, 다국적 기업, 중앙난방 시스템, 패스트푸드, 가공식품, 포장육, 축음기, 세탁기, 에어컨, 냉장고, TV, 전기다리미, 라디오, 무선통신, 영화, 백화점, 의약품, 보험 등 우리의 생활 패턴, 근로 조건, 여가 시간, 건강 등을 향상한 중요한 발명품들이 이 시기에 탄생하였다. 이런 관점에서 보자면 1차 산업혁명기는 2차 산업혁명기를 위한 예고편에 지나지 않았다. 맬서스의 덫에서 본격적으로 탈출하기 시작한 것도 2차 산업혁명기였다. 1차 산업혁명기에도 소득과 인구의 성장이 있었지만 영국의 국내총생산GDP 성장률은 그렇게 높지 않았고 오히려 완만한 편이었다. 1차 산업혁명은 양적인 변화보다는 산업의 질적인 변화가 일어났던 시기로 보아야 한다.

발명의 성격도 바뀌었다. 1차 산업혁명기를 '증기의 시대'라고 부른다면 2차 산업혁명기는 '전기의 시대'라고 부를 수 있다. 증기는 눈에 보이지만 전기는 그렇지 않다. 증기를 이용하는 것은 경험과 직관으로 가능하지만 전기를 다루는 데는 이론이 필요하다. 1차 산업혁명의 발명품들은 과학이론에 기반하여 발명된 경우가 거의 없었다. 와트의 증기기관에 잠열 이론이 등장하나 그것은 사후에 증기기관을 정당화하려는 목적으로 활용되었을 뿐이다. 1차 산업혁명의 발명품들이 주로 공학자 개인의 시행착오와 기술자들 간의 교류에 의존하였다면, 2차 산업혁명기에는 과학과 기술의 밀접한 융합이 일어났다. 미국의 경제사학자 로버트 고든Robert Gordon은 2017년 자신의 저서 『미국의 성장은 끝났는가』(이경남 옮김, 생각의 힘, 2017)에서 "1870년부터 1970년까지 일어난 경제 혁명은 인류 역사에서 특이한 것으로, 대부분의 업적이 두 번 다시 되풀이될 수 없는 현상이었다."고 말한다.

몇 가지의 중요한 발명들, 즉 파급효과가 컸던 발명들을 잠시 살펴보자. 우선 강철 제조 기술에 혁신이 있었다. 강철은 철을 주성분으로 하는 금속 합금으로 인공적인 방법을 사용하여 철의 성능을 높인 소재이다. 헨리 베세머Henry Bessemer의 전로법, 찰스 지멘스Charles Siemens와 피에르 마르탱Pierre Martin의 평로법, 시드니 토머스Sidney Thomas와 퍼시 길크리스트Percy Gilchrist의 염기성 전

에펠탑의 엘리베이터 (출처: 위키피디아)

로법 등이 등장하며 철을 이른 시간 안에 싸게 대량으로 강철로 바꿀 수 있게 되었다. 그러면서 품질도 개선되었다. 강철의 대량생산 시대가 열린 것이다. 강철은 산업의 뼈대이자 외골격으로 튼튼함을 요구하는 모든 곳에 쓰일 수 있다. 1889년 파리 만국박람회에서 회의장의 입구로 사용된 에펠탑은 마르탱의 평로강을 재료로 세운 것이다. 당시 에펠탑에는 엘리베이터까지 설치되어 있었다. 총 다섯 대였던 엘리베이터의 재료도 물론 철강이었다. 철강의 대량생산은 철도 발달을 가속화하였고 마천루를 세우는 데도 중요한 역할을 하였다.

다시 말하지만, 1차 산업혁명의 핵심 동력원이 증기였다면 2차 산업혁명의 핵심 동력원은 전기였다. 비록 고대 이집트 인들이 전기 물고기의 존재를 알았던 것으로 보이고 고대 그리스 시기에 탈레스가 정전기에 관한 자세한 관찰을 남긴 적이 있지만, 17세기 전까지 전기는 단순히 지식인들의 호기심의 대상에 불과하였다. 그러나 유럽에서 과학혁명이 진행되는 동안 다양한 자연 현상을 관측하고 실험하며 그것을 수학으로 설명하는 방법론이 자리 잡으면서 전기에 대한 본격적인 관찰과 연구가 시작되었다. 전기에 대한 이해에 크게 공헌한 두 사람을 꼽자면 실험 물리학자인 마이클 패러데이Michael Faraday와 이론 물리학자인 제임스 맥스웰James Maxwell을 들 수 있다. 패러데이는 전자기유도 법칙을 발견하였다. 즉, 자기장이 변화하면 그 상호작용으로 주변에 있는 전선에 전류가 흐르게 된다는 사실을 알아낸 것이다. 이를 토대로 하여 모터나 발전기가 만들어질 수 있었다. 증기처럼 전기를 동력으로 활용할 길이 열린 것이다. 맥스웰은 전자기 현상을 수학적으로 통일된 이론으로 완성하였다. 맥스웰의 이론은 훗날 아인슈타인의 상대성 이론의 발견으로 이어졌고,

아인슈타인의 특수 상대성 이론과 일반 상대성 이론은 오늘날 GPS에 활용되고 있다.

초창기 전기는 주로 통신에 활용되었다. 1837년에 발명되어 1844년부터 본격적으로 전신에 이용된 모스 전신기와 모스 부호, 1854년에 안토니오 메우치Antonio Meucci가 발명한 전화기가 그런 예였다. 1866년에는 대서양을 가로지르는 해저 전신 케이블이 설치되었다. 굴리엘모 마르코니Guglielmo Marconi는 1898년에 영국과 프랑스 간 무선 전신이 가능하도록 하였고, 1900년에는 영국 군함에 무선 전신 시스템을 설치하여 100 km가 넘는 거리를 뛰어넘어 의사소통이 가능하도록 하였다. 1912년에 타이태닉호가 침몰했을 때 이 무선 전신 덕분에 승객의 30퍼센트 정도가 그나마 목숨을 건질 수 있었다. 교통의 발달과 더불어 통신기술의 발달은 세계를 하나로 묶는 출발점이 되었고 지식과 정보의 교류를 더 용이하게 만들었다. 뿐만 아니라 여론의 형성과 발달 그리고 전국적인 선거를 무사히 치를 수 있는 수단을 제공했으므로 민주주의에 기여한 바가 크다고 할 수 있다. 교통과 통신의 발달 덕분에 땅덩어리가 넓은 나라에서도 선거 결과를 취합하기가 훨씬 용이해졌다.

전기의 활용처는 무궁무진하였다. 1879년에 토머스 에디슨Thomas Edison은 기존의 백열등을 개량하여 상업적으로 이용할 수 있도록 만들었다. 특히 에디슨은 전구를 다양하게 실험하는 과정에서 에디슨 효과를 발견하였는데, 이것이 실마리가 되어 1904년에 존 플레밍John Fleming이 이극진공관을, 1906년에는 리 디포리스트Lee De Forest가 삼극진공관을 만들게 되었다. 전기 자체보다 중요한 것은 어쩌면 한 곳에서 대량으로 전기를 만들어 전송하는 송전 기술일 것이다. 백열등과 같은 전기기기를 일반 가정에서 사용할 수 있으려면 저렴한 송전 기술이 필요하다. 패러데이의 전자기유도 현상을 기반으로 발전기가 만들어졌고, 발전기에서 생산한 전류를 송전하는 적합한 방식이 니콜라 테슬라 Nikola Tesla에 의해 개발되었다.

송전 방식을 개발하는 과정에서 에디슨은 직류 전기를 이용하는 방식을, 테슬라는 교류 전기를 이용하는 방식을 주장하였다. 에디슨은 각 가정에서도 백열등을 쓸 수 있도록 직류 방식의 송전 시스템을 만드는 데 대규모 투자를 한 상태였다. 그래서인지 교류가 송전 시 전력 손실이 적고 값이 싸다는 사실을 알면서도 직류 방식을 고집하였다. 또한 교류에서 동작하는 데 쓸만한 모터가 없기도 하였다. 반면 젊은 테슬라는 교류 발전 시스템을 계속 연구하였고 교류에서 높은 효율로 작동하는 모터를 발명하기도 하였다. 급기야 직류 전기를 고집하던 에디슨은 1,500명의 관객 앞에서 교류 전기를 이용하여 코끼리를 죽이는 퍼포먼스를 벌이기도 하였다. 그러면서 사형집행에 이용되는 전기의자에 교류를 사용하자는 제안을 하면서 여론전을 펼쳤다. 교류가 위험하다는 인식을 대중에게 심어주기 위해서였다. 그러나 테슬라와 그가 몸담은 회사 웨스팅하우스가 노력한 결과 교류 발전 시스템이 승리를 거두었다. 이런 일련의 갈등을 '전류 전쟁'이라고 부르는데, 〈커런트 워〉(알폰소 고메즈-레존, 2017)라는 영화로 제작되어 우리나라에서 2019년에 개봉되기도 하였다. 기존 방식에 이미 막대한 투자를 한 것이 때로는 새로운 기술의 등장을 지연시키는 원인이 되기도 한다.

송전 기술의 발달은 공장의 위치를 선정하는 데 따르는 제약을 줄였다. 과

최초의 전기 자동차(1881) (출처: 위키피디아)

거에 수력이나 풍력에 의존하던 시기에는 공장이 강이나 바람이 많이 부는 지역에 있어야 하였다. 그리고 증기력에 의존하던 시기에는 무거운 석탄을 전달하기에 편리한 기차역 근처나 광산 근처에 공장을 지어야 하였다. 그러나 전기의 성질을 이해하고 그것을 송전하는 기술이 개발되면서 공장의 위치 선정에 자유가 생겼고 더불어 다른 중요한 요소들, 예를 들면 저렴한 물류 운송 비용, 인력 수급의 용이성 등을 더 고려하여 공장의 위치를 선정할 수 있게 되었다. 간단히 말하여 전기는 증기보다 더 자유로운 에너지였다. 또한 전기는 증기보다 더 싸고 강력하였다. 이러한 장점들이 모여 더 많은 제품을 더 저렴하게 생산할 수 있게 되었다. 이뿐 아니라 공장에 전등을 밝힐 수 있게 되면서 공장 내 근로 환경이 개선되었다. 이전에 사용하던 가스램프는 어두침침한 데다가 그을음이 생기고 화재의 위험이 있었다. 전등을 사용하게 되자 화재가 덜 발생하게 되었고 화재보험료도 낮아지게 되었다. 밤에도 낮과 같이 활동할 수 있게 됨에 따라 더 오래 공부하거나 일할 수 있게 되었고 쇼핑 시간도 늘어나게 되었다. 송전 기술 덕분에 일반 가정에 세탁기, 전기 토스터, 전기 재봉틀 같은 가사 부담을 덜어주는 기기들이 공급되면서 여성들이 책이나 신문을 읽을 수 있는 시간도 늘어났다. 또한 라디오, TV, 냉장고, 전동식 엘리베이터 같은 물건들이 도입되면서 사회 구조에 많은 변화를 가져오게 되었다.

예를 들면 엘리베이터는 도시 풍경을 많이 바꾸어 놓았다. 엘리베이터 덕분에 초고층 빌딩이 들어설 수 있게 되었고, 초고층 빌딩으로 인하여 도시의 인구 밀도가 높아지고 한정된 공간에서 더 많은 사람이 교류할 수 있게 되면서 혁신의 또 다른 밑거름이 되었다. 또한 엘리베이터는 진열해 놓고 팔 수 있는 상품이 아니어서 유통 방식에도 변화를 가져왔다. 제조 기업이 제품의 생산, 유통, 설치 전 과정을 장악하게 된 것이다.

한편 냉동고의 발명은 미국 도축업자와의 갈등을 불러오기도 하였다. 그동안 미국 동부 지역의 소비자들이 소고기를 먹으려면 미국 중서부의 넓은 지역에서 키운 소를 기차로 운송한 다음, 동부 지역의 도축업자들이 도살해서 소고기를 유통해야 하였다. 그러나 기차에 냉동고를 설치할 수 있게 되자 소를 중서부 지역에서 도살하는 것이 유리해졌다. 그렇게 하면 운송 과정에서 소가 스트레스로 살이 빠지거나 다치거나 죽을 일이 없었다. 그리고 사람들이 실제로 먹는 부분만 포장육 형태로 운송하면 부피와 무게를 줄일 수 있으므로 운송 비용도 훨씬 적게 들었다. 한 사업가가 나타나 이와 같은 일을 사업화하기 시작하자 동부지역 도축업자들이 반발하기 시작하였다. 그들은 냉동 상태로 이송되는 포장육의 위생을 문제 삼았으나 소비자들이 질 좋은 고기를 더 싼 가격에 먹을 수 있게 되면서 소고기 수요는 증가하였다. 그에 따라 거대한 도축 공장에서 많은 일자리가 생겨났으므로 도축업자들의 목소리는 약해졌다. 중서부 지역에 세워진 거대한 포장육 생산 공장에서는 수많은 가축을 한 곳에 모아 효율적으로 도살하기 위해서 일종의 조립라인이 설치되었다. 이것은 전례 없는 규모로 행해지는 공장식 도살이어서, 작가 업턴 싱클레어Upton Sinclair는 『정글』이라는 소설에서 이런 장면이 가져다주는 사회적 충격을 묘사하기도 하였다. 수많은 도살자가 제자리에 가만히 선 채로 활차에 실려 이동하는 소를 조직적으로 해체하는 모습을 본 헨리 포드Henry Ford는 자동차를 만드는 컨베이어 벨트식 조립라인을 떠올렸다고 한다.

포드의 컨베이어 벨트식 조립라인은 2차 산업혁명의 중요한 혁신 중 하나다. 사실 당시에 컨베이어 벨트는 주물소나 제분소에서 원료를 나르는 용도로 이미 사용되고 있었다. 그러나 자동차같이 복잡한 물건을 컨베이어 벨트 위에서 조립하는 아이디어를 떠올리고 그것을 실현한 인물은 포드가 처음이었다.

증기기관 발명 이후 자동차는 여러 형태로 발전하여 왔지만 그중에 특별한 것은 1881년에 구스타브 트루베Gustave Trouvé가 발명한 전기차이다. 이 전기차는 충전 가능한 배터리를 달고 있는 삼륜 자동차였다. 이것이 세계 최초의 전기 자동차이다. 1885년에는 카르 벤츠Carl Benz가 현대적 자동차의 모태가 된 가솔린 내연 기관식 자동차를 최초로 제작하였다. 이때부터 1910년대 초까지 자동차는 장인들이 한 땀 한 땀 세심한 공을 들여 만들던 고가의 사치품이었다. 수많은 가내 수공업자들은 자신들만의 브랜드를 알리기 위해 엠블럼을 만들어 자동차에 부착하기도 하였다. 자동차는 부유한 상류층만 이용할 수 있는 제품이었다.

포드는 일반 가정이 소유할 수 있을 정도로 자동차의 가격을 낮춰야 한다고 생각하였다. 수많은 시행착오를 거쳐 부품을 단순화·규격화하였고 각 노동자가 컨베이어 벨트 앞에 서서 자신에게 맡겨진 부품들을 차례로 조립하는 라인을 안정화하는 데 성공하였다. 노동자들이 작업을 효율적으로 수행하기 위한 기구들이 도입되었고, 작업자의 불필요한 움직임을 최소화하기 위해 모든 것을 작업자의 행동 범위 안에 순서에 맞춰 적절하게 배열하였다. 그 결과 1913년 드디어 컨베이어 벨트를 이용한 대량 생산체제를 갖추게 되었다. 차 한 대를 제작하는 데 걸리는 시간이 십이 분의 일로 줄어들면서, 5천 개의 부품으로 이루어진 커다란 제품을 연간 수십만 대씩 생산할 수 있는 능력을 갖추게 되었다. 이렇게 생산된 포드사의 '모델 T'는 1910년 780달러에서 1916년 360달러로 가격이 낮아졌고, 1924년에는 2백만 대의 '모델 T'를 생산하면서 대당 290달러까지 가격이 낮아졌다. 당시 다른 고급 차의 한 대당 가격이 2,000달러가 넘던 때였다. 1인당 자동차 생산성이 높아지고 더 많은 자동차가 팔렸고 자동차 노동자의 노동 시간이 줄고 임금은 상승하였다. 같은 공장, 같은 노동자들만으로 훨씬 많은 자동차를 생산할 수 있게 되자 일어난 기적 같은 일이었다.

이와 달리 영국에서는 1865년에 '적기 조례Red Flag Act'라는 법을 만들었다. 이 법은 자동차의 크기와 운행 속도를 제한하고, 자동차를 세 사람이 운용하도록 규정하였다. 이 법에 따라 자동차를 운전하려면 운전사, 기관원, 붉은 기를 든 안내원이 필요하였다. 붉은 기를 든 안내원은 자동차보다 약 55 m 앞에서 걸으면서 주변의 마차나 말에게 자동차의 접근을 알려야 하였다. 적기 조례에 따라 시가지에서 자동차의 최고 시속을 3 km로 제한해야 하였으므로 자동차는 사람의 걷는 속도보다 느렸다. 그래서 안내원이 자동차와 보조를 맞출 수 있었다. 이런 조례를 둔 이유는 말이 놀라면 기수나 주변 사람 역시 위험해지기 때문에 도로의 안전을 유지하기 위해서였다. 그러나 적기 조례가 제정된 원인은 자동차로 인하여 손해를 입을 것으로 예상한 마차 업자들과 철도업계가 로비를 펼친 결과라는 주장도 있다. 1896년에야 폐지된 이 조례 때문에 영국 자동차 산업의 성장은 늦추어졌다고 평가받는다.

컨베이어 조립라인이 다른 국가, 다른 산업으로도 퍼져 나가면서 규격화된 제품을 대량생산하고 대량소비하는 현대 문명의 특징적인 생활 방식이 출현하게 되었다. 1인당 생산성이 획기적으로 높아지면서 제품 가격이 떨어지고 사람들의 전반적인 생활 수준이 높아졌다. 이에 따라 중산층이 많아졌는데, 이들은 대량생산된 비슷한 규격의 제품들을 소비하였다. 유행이 생기고 대중문화가 발달하며 매스 미디어가 등장하였다. 이러한 모든 현상은 대중 민주주의가 정착되는 역할을 하기도 하였다. 그러나 모두가 컨베이어 벨트의 등장을 반긴 것은 아니었다. 이것이 몰개성화와 인간 소외를 낳는다는 비판도 있었다. 미국에 이민을 온 가정에서는 가급적 옷을 만들어 입어야 한다는 부모와 사서 입어야 한다는 자녀 사이에 심각한 갈등이 벌어지기도 하였다. 말과 마차가 사라지면서 마부들은 일자리를 잃었다.

1차 산업혁명이 제품 생산에 강력한 기계를 도입한 과정이었다면 2차 산업혁명은 여기에 더하여 인간의 행동 자체를 기계화한 과정이었다. 컨베이어 벨트를 따라 흐르는 작업 공정에서 인간은 하나의 부품으로 전락하였다. 또한 생산성을 높이기 위하여 인간의 작업 행동 하나하나를 초 단위로 분석하여 불필요한 행동을 통제하고 작업 시간을 최대한 줄이는 방식이 유행하였는데, 이를 테일러리즘Taylorism이라 한다. 테일러리즘은 특히 미국 사회에서 선풍적인 인기를 끌어서 가정이나 학교에까지 침투하였다. 시간을 낭비하지 않는 효율적인 살림살이, 빨래하는 데 불필요한 동작 줄이기, 주방 구조의 변경 같은 주제들이 떠올랐고 교육 시스템도 효율성에 따라 완전히 개조되었다. 사람들은 일상생활에도 어떻게 하면 테일러리즘을 적용할 수 있을지를 고민하였다. 이것은 미국적인 독특한 현상이었다. 당시 사회를 지배한 가장 중요한 가치는 효율성, 즉 투여한 시간이나 에너지 대비 얼마나 많은 것을 만들어 낼 수 있느냐였다. 모든 사람이 엔지니어처럼 행동하였다.

인간은 제품 제작의 전 과정을 지배하는 것이 아니라 컨베이어 벨트 앞에서서 스패너를 들고 쉴 새 없이 할당된 나사만 조이는 존재로 전락하였다. 마치 거대한 조립 공정 속에서 하나의 부품처럼 행동하여야 하는 인간의 이미지가 떠오르며, 컨베이어 벨트 공장이 인간을 기계화하고 소외시킬 것이라는 사회적 경고가 울려퍼졌다. 찰리 채플린은 1936년 제작된 〈모던 타임즈〉(찰리 채플린, 1936)라는 영화를 통해 이런 시대 상황을 풍자하기도 하였다.

지금까지 살펴본 기술 혁신 외에 2차 산업혁명에 중요한 발명으로 석유, 질소비료, 비행기 같은 것들을 들 수 있다. 석유는 내연기관을 가능하도록 하였는데 내연기관이란 연소가 실린더 내부에서 일어나는 기관이다. 이와 반대로 외연기관은 연소가 실린더 바깥에서 일어난다. 증기기관은 물을 외부에서 데

영화 〈모던 타임즈〉의 포스터 (출처: 위키피디아)

워 실린더 안으로 주입하는 외연기관이다. 내연기관은 실린더 내부에서 폭발이 일어나 피스톤을 움직인다. 이런 일을 하려면 좋은 품질의 강철도 있어야 한다. 질소비료의 발명은 식량 생산 증가에 엄청난 기폭제가 되었다. 토양에 있는 질소는 식물의 뿌리를 통하여 흡수되어 식물 성장에 필수적인 역할을 한다. 작물 재배를 하는 과정에서 이 질소가 고갈되면 더는 수확이 힘들어지기 때문에 한동안 땅을 놀려야 하였다. 그러나 프리츠 하버Fritz Haber가 공기 중에 있는 질소를 인공적으로 농축하여 비료로 만드는 방법을 개발하면서 인류가 맬서스 덫을 탈출하는 데 결정적인 역할을 하였다. 이처럼 2차 산업혁명은 각종 기술이 밀접하게 엮이며 폭발적인 성장을 한 과정이었다. 인구와 GDP가

기존의 한계를 뚫고 급격하게 증가한 시기도 이 무렵이다.

3차 산업혁명 그리고 4차?

3차 산업혁명은 반도체, 컴퓨터, 인터넷을 핵심기술로 한다. 그리고 4차 산업혁명은 아직까지 그 실체가 불분명하다. 1차 산업혁명과 2차 산업혁명이 상품의 대량생산과 인간 행동의 기계화를 가져왔다고 본다면, 3차 산업혁명과 4차 산업혁명(만약 그런 것이 있다면)은 정보의 대량생산과 인간 사고의 기계화를 가져왔다고 할 수 있을 것이다. 그러나 3차 산업혁명과 4차 산업혁명은 아직 분명히 정의된 개념이 아니다. 3차 산업혁명은 컴퓨터와 인터넷의 등장으로 특징지어질 수 있지만, 그것이 과연 산업혁명이라고 이름 붙일 만큼 혁명적이었는지에 대해서는 이견이 있다.

이런 이견의 배후에는 이른바 '생산성의 역설'이 있다. 생산성 역설의 의미는 노벨상 수상자인 로버트 솔로Robert Solow가 1987년에 주장한 다음 내용을 통해 이해할 수 있다. "어디에서나 컴퓨터 시대가 도래했음을 보지만 생산성 통계에서만은 이를 확인할 수 없다." 앞에서 봤듯이 이전의 산업혁명들은 노동자 한 사람이 생산할 수 있는 질 좋은 제품의 양을 크게 늘려놓았지만, 3차 산업혁명 이후로는 그런 증거들이 발견되지 않는다. 이것이 생산성의 역설이다. 경제사학자인 로버트 고든Robert Gordon은 자신이 직접 구축한 자료들을 토대로 하여 1970년 이후로는 생산성 향상이 보이지 않는다는 점을 지적하였다. 그에 따르면 1970년까지의 생산성 향상은 2차 산업혁명이 낳은 결과이고,

1994년부터 10년간 소폭의 생산성 향상이 나타난 것은 인터넷의 등장 때문이지만 이마저도 2004년 이후로는 그 효과가 소멸하였다고 한다(김석관, p.123).

그렇다면 3차 산업혁명은 양적인 변화가 아니라 질적인 변화라고 주장할 수도 있을 것이다. 하지만 고든은 이마저 부정한다. 모든 위대한 발명들은 2차 산업혁명 기간에 나왔고 이후에 나온 것 중에 혁명이라고 부를 만한 것들은 없다는 것이다. 예를 들면 가솔린 자동차, 전기 자동차, TV, 라디오, 세탁기, 비행기 등은 2차 산업혁명기에 이미 등장하였고, 그 뒤로는 이것들의 개선만 있었을 뿐 큰 혁신이라고 부를 만한 것이 없었다. OLED TV가 등장한 사건이 흑백 TV가 처음 등장한 사건보다 더 혁신적일 리가 없으며, 완전한 자율주행차가 나타나는 것이 내연기관 자동차가 최초로 등장한 사건보다 더 혁신적일 리가 없다. 무선 전화기와 노트북을 합친 스마트폰이 우리의 일상을 많이 바꾸어 놓았다고 하지만, 무선통신이 처음 등장했을 때만큼은 아니다. 또한 통신 시스템이나 운송 시스템, 전력 시스템 등 현대 문명의 근간을 이루는 대부분이 2차 산업혁명기에 탄생한 기술로 이루어져 있다.

고든은 3차 산업혁명의 영향은 정보통신 산업과 엔터테인먼트 산업에 국한되었을 뿐 우리 삶 대부분은 여전히 2차 산업혁명의 영향 아래 있다고 주장한다. 그리고 "3차 디지털 혁명은……2차 산업혁명만큼 인간 생활의 전 영역으로 확대되지는 않았다"고 말한다. 확실히 1차 산업혁명이나 2차 산업혁명은 거의 모든 사람에게 영향을 주었지만, 3차 산업혁명은 주로 젊은 층의 삶에 영향을 주었다고 할 수 있겠다.

3차 산업혁명이 이런데 4차 산업혁명의 상황은 말할 것도 없을 것이다. 게다가 3차 산업혁명은 컴퓨터나 인터넷 등의 기술을 핵심으로 꼽을 수 있지만, 4차 산업혁명은 아직 핵심기술이 무엇인지조차 불분명하다. 그냥 앞으로 실현 가능할 것처럼 보이는 많은 최신 기술들이 거론될 뿐이다. 인공지능, 빅데이터, IoT, 로봇, 자율 주행 자동차, 드론, 블록체인, 양자 컴퓨터, 3D 프린팅, 친환경 재생 가능 에너지, 스마트 시티, 나노 기술, 그래핀 등의 2차원 신소재, 유전자 시퀀싱, 유전자 재조합 기술, 유전자 합성, 뇌-컴퓨터 간 인터페이스 등 나열하자면 끝이 없다. 아직 이 기술들 대부분은 제한적 응용에 그칠 뿐 완전히 상용화되거나 일상에 파고들 정도로 발전한 것은 없고, 있다 하여도 일부 사람들에게 국한되었을 뿐이다. 단지 기술에 대한 장밋빛 전망만 존재할 뿐이다. 그마저도 IoT, 양자 컴퓨터, 3D 프린팅, 그래핀 같은 기술은 사람들의 입에 많이 오르내린 것에 비하면 거의 제자리걸음을 하고 있다. 4차 산업혁명과 관련하여 현재 거론되고 있는 기술 중에서 많은 것들이 반짝 떴다 사그라들 운명일지도 모른다.

사실 3차 산업혁명과 4차 산업혁명을 규정하는 것은 전문 경제사학자들이 맡아야 할 어려운 문제다. 그러나 한 가지 말할 수 있는 것은 3차 산업혁명과 4차 산업혁명을 통하여 정보의 생산과 유통 방식이 양적인 측면과 질적인 측면 모두에서 큰 변화를 겪었고 겪을 것이라는 사실이다.

2차 산업혁명기까지 정보의 생산은 주로 권력자, 사제, 교수, 학자 등 엘리트층이 담당하여 왔다. 전달 방식은 피라미드 형태의 경로를 따라 위에서 아래로 흐르는 한 방향의 수직적 방식이었다. 그러나 3차 산업혁명에서 정보 생산의 주체는 거의 모든 사람으로 확장되었고, 4차 산업혁명에서는 이것이 모든 사물로까지 확장된다. 3차 산업혁명에서 정보 전달 방식은 사람들을 접점으로 하는 네트워크를 따라 양방향의 수평적 방식으로 이루어졌다. 그러나 4차 산업혁명에서는 사람과 사물 모두를 접점으로 하는 네트워크를 따라 사람과 사람, 기계와 기계, 사람과 기계 사이에 집합적이고 다면적인 정보의 흐름이 생성될 것이다. 2차 산업혁명기까지 라디오와 TV에서는 앵커가 주목을 받으며 정보를 전달하는 사제였다면, 3차 산업혁명기부터는 블로그와 유튜브를 통하여 누구나 구독자를 늘리며 정보를 생산하고 전달하는 클러스터cluster를 형성할 수 있게 되었다. 4차 산업혁명에서는 인공지능을 탑재한 기계가 정보를 생산하고 소통하는 공간의 멤버로 추가되고, 정보 소통 방식도 '다수 대 다수' 형태가 될 것이다.

2차 산업혁명기까지 개발된 기술들이 인간의 뼈와 근육을 보조하는 것이었다면, 3차 산업혁명기 이후에 개발된 기술들은 인간의 신경과 뇌를 보조하는 것이라고 할 수 있다. 2차 산업혁명기까지는 더 많은 원자atom를 생산하였다면, 3차 산업혁명 이후로는 더 많은 비트bit를 생산할 수 있게 되었다. 따라서 혁명의 성격이 바뀌었다고 볼 수 있다. 경제학에서 사용하는 GDP나 생산성은 원자의 양을 기준으로 하므로 3차 산업혁명 이후에 발생한 변화들을 잡아내기에 부적절할지 모른다. 생산성은 1차 산업혁명과 2차 산업혁명에만 유리한 지표가 아닐까? 생산성을 지표로 삼는 것은 어쩌면 원자로 이루어진 경제학자의 편견이 아닐까?

원자로 이루어진 물리적 실체로서의 컴퓨터와 인터넷 그리고 그것들을 통하여 생산해낸 재화나 서비스만 본다면 변화의 핵심을 놓칠 수도 있다. 그런 관점에서만 보면 컴퓨터와 인터넷의 등장이 가져온 변화는 상당히 제한적일 수밖에 없고 생산성의 향상도 거의 보이지 않을 것이다. 그러나 우리는 개인 노트북과 스마트폰, 인터넷에 온갖 리포트, 논문, 소설, 일기, 노트, 아이디어, 사진, 영상들을 생산하여 저장하며 무형의 가치를 만들어 내고 있다. 이러한 비트의 창출은 기존의 생산성 개념으로 잡아낼 수 없다. 원자가 물리 세계의 재화라면 비트는 디지털 세계의 재화이다. 만약 비트의 양을 기준으로 생산성을 평가한다면, 아마도 3차 산업혁명 이후부터 급격한 향상이 이루어져 왔음을 깨닫게 될 것이다. 개인당 비트 생산성을 측정하는 정량적 기준을 마련한다면 산업혁명을 바라보는 새로운 시각이 열릴지 모른다.

3차 산업혁명의 발명품인 컴퓨터와 4차 산업혁명의 핵심기술 중 하나로 주목받고 있는 인공지능은 이 책의 주제 중 하나이므로 별도의 장을 구성하여 좀 더 자세히 살펴보고자 한다. 이어지는 장에서 컴퓨터와 인공지능의 탄생 배경과 그 과정을 살펴볼 예정이다. 3차 산업혁명과 4차 산업혁명을 직접 설명하는 것보다는 각각의 핵심기술을 살펴보는 일이 현재로서는 해당 산업혁명들을 이해하는 지름길일 것이다. 다시 한번 말하지만, 3차 산업혁명은 아직 분명히 정의된 용어가 아니다. 3차 산업혁명의 성격을 정확히 파악하는 일은 오히려 여러분의 몫이 될 가능성이 높다. 4차 산업혁명은 존재하는지조차도 불분명하다. 그것을 정확하게 파악하는 일 역시 여러분의 몫이다. 이 책에서는 컴퓨터와 인공지능이라는 비교적 실체가 분명한 주제에 초점을 맞춰 설명을 이어 나가려 한다. 이것으로 3차 산업혁명과 4차 산업혁명에 대한 어렴풋한 인상만이라도 느끼게 되었다면 나로서는 성공이다.

3

컴퓨터와 인공지능의 발달

컴퓨터와 인공지능의 관계는 뇌와 자연지능의 관계와 같다. 자연지능이란 자연 상태의 생물들이 가진 지능을 뜻하고, 인공지능이란 인공적인 방식으로 자연지능의 흉내를 낸 것으로 기계에 지능을 부여하는 것이 목적이다. 뇌가 자연지능을 실행하는 플랫폼이듯, 컴퓨터는 인공지능을 실행하는 플랫폼이다. 뇌가 진화하면서 지능이 발달하였듯이 인공지능의 발달도 컴퓨터의 발달과 궤를 같이한다. 기계에 지능을 부여하려는 이유는 인간의 개입을 최소화하여 자율적으로 판단하고 움직이는 인공물을 만들기 위해서이다.

컴퓨터 특히, 개인용 컴퓨터가 처음 등장하였을 당시 그것은 이전에 존재하던 어떤 발명품과도 성격을 달리하였다. 세탁기, 라디오, TV, 전화기, 전자계산기 등은 물건의 용도가 분명하였지만, 컴퓨터는 용도를 특정하기가 어려웠다. 컴퓨터와 대화하는 방법을 모르는 사람들은 그것을 깡통이라고 여겼지만, 컴퓨터와 대화하는 법을 배운 풍부한 상상력을 가진 사람들에게 컴퓨터는 무궁무진한 가능성을 열어줄 기계였다. 그렇게 상상력을 펼치고자 희망하는 사람들이 컴퓨터를 사용하여 디지털 공간을 창조해나가며 개척하기 시작하였다. 그들은 처음에는 각자의 컴퓨터 속에 간단한 게임, 사무용 프로그램, 데이터 등으로 이루어진 디지털 세상을 만들었다. 그러다가 각 컴퓨터 속에 격리된 채 홀로 존재하던 디지털 세상들을 연결할 궁리를 하였다. 세상의 수많은 컴퓨터를 케이블로 연결하여 거대한 네트워크의 바다를 만들고, 그 바다를 항해하는 배가 되어 줄 웹브라우저를 만들었다. 인터넷이 탄생한 것이다. 이로써 디지털 영토는 한층 더 확장되었다.

사람들은 연결된 디지털 세상에서 서로 교류하기 시작하였다. 텍스트로 빽빽하게 채워진 단말기를 통해 이메일과 PC 통신을 하였다. 주로 사용된 소통 수단은 문자였었고, 사람들은 문자를 이용하여 서로 안부를 묻고 정보를 교환하였다. 그러다 컴퓨터와 소통하는 방법이 더 간단하고 직관적인 방식으로 변하여 갔다. 그림을 이용하여 소통하는 방식이 개발된 것이다. 더는 사용자가 복잡한 명령어를 외우지 않아도 스크린에 나열된 아이콘을 마우스로 클릭하면 컴퓨터에게 명령을 내릴 수 있게 되었다. 컴퓨터와 대화하는 방법은 훨씬 쉬워졌으며, 더 많은 사람이 디지털 공간에 참여할 기회를 얻을 수 있게 되었다. 그렇게 디지털 공간을 가로지르는 도로를 따라 더 많고 다양한 정보가 이동하였다.

그러나 많은 사람이 디지털 공간에 유입되자 도로 사정에 문제가 생기고 교통 체증이 빈번해지기 시작하였다. 이에 도로를 넓히고 정보를 압축하는 기술이 발달하였고, 문자만 겨우 보낼 수 있었던 도로 사정은 이제는 사진과 동영상을 실시간으로 보낼 수 있을 만큼 좋아졌다. 정보는 빛의 속도로 이동하며 세상의 끝과 끝을 순간적으로 연결하였고, 지구라는 물리적 공간은 디지털 공간 속에서 점점 압축되어 갔다. 국경은 의미를 잃어갔으며 지구상의 모든 장소가 서로 가까워져 갔다. 디지털 공간에는 '구글'이라는 길잡이와 '이베이'라는 디지털 쇼핑몰이 들어섰으며 '위키피디아' 같은 도서관도 지어졌다. 또한 '아마존' 같은 서점, '넷플릭스' 같은 영화관, '유튜브' 같은 방송국도 생겨났으며 '페이팔'과 같은 상거래 중개인도 나타났다.

이때까지도 사람들은 디지털 세계로 들어가려면 실세계의 특정한 장소를 방문해야 하였다. 실세계에서 디지털 세계로 들어가게 해주는 단말기가 특정 장소에 고정되어 있었기 때문이다. 이것은 마치 다른 나라로 여행하기 위하여 반드시 국제공항이나 여객 터미널로 이동해야 하는 상황과 비슷하다. 이러한 제약으로부터 해방될 수 있었던 이유는 두 가지 요소 덕분이었다. 바로 컴퓨터가 점점 작아지고 강력해졌다는 점과 무선 통신이 발달하면서 휴대용 무선 전화기가 등장하였다는 점이다. 두 기술은 각자 발달하였으나 종국에는 합쳐지게 되었다. 컴퓨터가 너무나 강력해진 탓에 무선 전화기에 탑재할 정도로 소형화를 할 수 있었고, 무선 전화기들만 연결하던 통신망이 기존의 인터넷망에 연결되었다. 무선 전화기에 탑재된 컴퓨터를 이용하여 어디서나 디지털 세계에 접근할 수 있게 된 것이다. 이것을 우리는 스마트폰이라 부른다. 스마트폰 덕분에 우리는 인터넷 세계의 공항에 갈 필요없이 나라 안 어디서나 이륙하여 디지털 세계로 갈 수 있게 되었다.

기존에 존재하던 서버와 컴퓨터의 연결망에 스마트폰이 추가되면서 엄청난 데이터들이 축적되기 시작하였는데, 바로 스마트폰이 실세계 구석구석을 누비며 다양한 정보를 디지털 세계로 업로드한 덕분이었다. 스마트폰이 등장하면서 채집된 데이터들은 그 이전과 성격을 달리한다. 이전의 데이터들이 공공적인 성격을 띠었다면 스마트폰을 통하여 수집된 데이터들은 좀 더 개인적이고 내밀한 성격을 띠고 있다. 이 데이터들을 분석하면 누가 어디를 가고 무엇을 먹고 어떤 제품을 선호하는지를 알 수 있으며 심지어 성격, 대인관계, 재정상태 등도 파악할 수 있게 된다. 디지털 공간에 인간에 관한 상세한 정보들이 모이기 시작한 것이다. 사람들은 어디를 가든 손쉽게 사진이나 동영상을 찍고, 간단한 설명을 달아 디지털 공간에 업로드하고, 140자의 글로 제 생각을 표현하여 재빠르게 전 세계 사람들과 공유하며, 자신의 소식이나 상황을 지인들과 공유하는 동시에 새로운 친구들을 사귀고, 실시간으로 문자 채팅을 하면서 그림과 영상을 주고 받으며, 맛집이 어디에 있는지 어느 숙소가 좋은지 지도상에서 현재 나의 위치가 어디인지 무엇을 검색하였는지 등을 공유하기 시작하였다. 이런 정보들은 장소와 시간에 구애받지 않고 즉흥적으로 기록되어 영구히 남게 되었다. 이제 사람들은 집 주소보다는 인터넷 계정과 이메일 주소를 자신의 정체성에 더 가까운 요소로 여기고, 어디에 사느냐보다는 어디에 접속할 수 있느냐를 더 중요하게 여기기 시작하였다.

이런 변화를 기반으로 새로운 시장이 형성되었다. 위치 정보를 기반으로 '우버'와 같은 차량 공유 서비스가 등장하였으며, 여기저기 흩어져 있는 방들을 모아 하나의 거대한 가상 콘도를 제공하는 '에어비앤비' 같은 서비스도 생겨났다. 수많은 사람의 쌈짓돈을 모아 특정한 아이템이나 사업에 투자하는 크라우드 펀딩도 가능해졌다. 집이나 사무실을 구하거나 믿을 만한 전문가를 찾아다니는 등 여기저기 발품을 팔아야 하였던 일들이 온라인상에 축적된 정보들로 인해 굉장히 빠르고 단순해졌다. 또한 연약한 개인들이 연대하여 강력한 목소리를 내기가 쉬워졌다. 특정한 관심사를 중심으로 빠르게 뭉쳤다가 목표한 바를 달성하면 다시 일상으로 돌아가는 그런 일들이 가능해진 것이다. 예를 들면 같은 희귀병으로 고통받는 사람들이 전 지구적으로 연결되어 최신 치료법을 공유하고 정신적 도움을 얻는 일도 가능해졌다. 2010년, 튀니지에서는 경찰 부패에 대한 반발로 정부에 저항하는 혁명 운동이 시작하였는데, 혁명의 물결은 알제리, 요르단, 이집트 등 인근 아랍 국가들로 퍼져나갔다. 이를 아랍의 봄이라고 일컫는다. 이때 저항하던 시민들이 정보를 나누고 사람들을 순식간에 특정 장소로 모일 수 있게 하여 저항 운동을 도왔던 소셜 네트워크 기술도 3차 산업혁명 이후에 이루어진 정보기술의 발달 덕분에 가능하였다. 또한 디지털 공간에는 '비트코인'과 같은 새로운 가상 화폐도 등장하였다. 중앙은행과 거대한 금융 기업이 지배하던 신용 거래에 균열을 내고, 멀리 떨어져 있는 개인들이 디지털 공간에서 일대일로 만나서 빠르고 인진하게 거래할 수 있는 수단들이 등장하기 시작하였다.

디지털 공간에 사진, 음악, 책, 게임, 상점, 도서관, 개인 공간, 화폐 등 많은 건물과 재화들이 생겨났고, 지도와 사진 등 물리적 세계에 대한 정보와 소설, 영화, 지식, 에세이, 신문 기사 등 인간 사회에 대한 정보가 축적되어 갔지만,

이 커다란 그림에는 실세계와 비교하여 중요한 무언가가 빠져있었다. 바로 지능을 가진 디지털 생명체이다. 아직 디지털 공간은 정보만 돌아다니는 기계적이고 삭막한 무생물의 공간이었고, 실세계가 전달해주는 정보만 받아들이는 수동적 공간이었다. 지능을 가진 디지털 생명체 특히, 사람과 같은 역할을 할 존재가 없었다. 물론 생명체의 특징을 보이는 존재가 있기는 하였다. 컴퓨터 바이러스는 스스로 복제와 번식을 할 수 있었고 디지털 인공 생명체는 단순한 규칙을 따르면서도 창발적 패턴을 보이기도 하였다. 그러나 이것들은 다분히 기계적인 것으로 지능이나 자율성을 지녔다고 볼 수는 없었다.

컴퓨터가 생겨난 초창기부터 컴퓨터에 지능을 부여하려는 야심가들이 있었다. 지능을 가지고 스스로 움직이는 인형은 고대 신화에 등장할 정도로 인간의 오래된 꿈이자 본능이었다. 야심가들에게 컴퓨터는 그 꿈을 실현시켜 줄 매개체였다. 이들은 인간 사고의 전부 혹은 일부가 컴퓨터처럼 작동한다고 믿었다. 이미 컴퓨터는 계산을 하고 논리식과 방정식을 풀 줄 안다. 이런 지적 능력은 한때 엘리트 인간의 전유물로 여겨졌던 것들이지만, 인간이 논리적이고 이성적 존재라면 컴퓨터가 인간이 되지 말라는 법이 없었다. 그런데 과연 인간은 논리적이고 이성적인 존재일까? 오히려 불합리하고 감정적인 존재가 아니었던가? 이러한 고민들이 중첩되면서 인공지능에 대한 연구는 여러 갈래로 나뉘게 된다. 그 결과 디지털 공간에 지능을 가진 것처럼 보이는 조그만 생명체가 등장하였는데, 그것은 데이터를 닥치는 대로 먹어치우며 성장해갔다. 이 생명체가 성장하여 어떤 모습이 될지 성장을 할 수는 있을지는 아직 예상할 수 없다.

1차 산업혁명과 2차 산업혁명이 실세계의 물질 혁명이라면 3차 산업혁명과

4차 산업혁명은 디지털 세계의 정보 혁명이라고 말할 수 있다. 앞의 두 혁명이 인간의 근육을 혁신적으로 보조하였다면, 뒤이은 두 차례 혁명이 순조롭게 진행될 시에는 인간의 두뇌를 혁신적으로 보완하게 될 것이다. 2차 산업혁명이 1차 산업혁명의 완성이듯이, 4차 산업혁명이 3차 산업혁명의 완성이 될 수 있다. 1차 산업혁명은 경제와 사회 구조를 질적으로 변화시켰으나 성장률은 비교적 완만한 편이었다. 성장률이 가파르게 상승한 시기는 2차 산업혁명이었다. 1차 산업혁명 기간에 이룩한 질적인 변화는 2차 산업혁명이 크게 성공할 수 있었던 바탕이었다. 마찬가지로 3차 산업혁명이 생산성의 큰 향상을 이끌어내지는 못했지만, 4차 산업혁명에서 본격적으로 그 효과가 나타날 수 있다. 3차 산업혁명이 디지털 공간을 창출하면서 질적인 변화를 일으켰다면, 4차 산업혁명은 이를 바탕으로 또 한 번의 급격한 생산성 증대를 이룰 가능성이 있다. 1차 산업혁명기에 태동한 기계 근육이 2차 산업혁명의 원동력이 되었다면 3차 산업혁명기에 태동한 기계 두뇌는 4차 산업혁명을 이끌 원동력이 될 것이다. 이제 컴퓨터와 인공지능이 어떤 경로를 거쳐 지금의 모습을 갖추게 되었는지 살펴보기로 하자.

인간의 오랜 꿈: 인간을 닮은 기계

르네 데카르트René Descartes는 1596년에 프랑스 서북부의 투렌이라는 지방에서 태어났다. 1600년대 초에 학생이었던 데카르트는 파리에 있는 생제르맹

르네 데카르트
(출처: 위키피디아)

왕실 정원을 방문하게 된다. 당시 유럽은 첨단 산업이었던 시계를 핵심으로 복잡하고 다양한 기계장치를 만드는 일에 흥미를 지니고 있었다. 수공업자들은 영구 운동 기관, 기계 펌프, 자동 분수대 같은 장치들을 만들려고 노력하였다. 특히 종교적인 이유로 천문학에 대한 관심이 높았는데, 시계는 하늘의 움직임을 포착하는 중요한 도구였다. 비록 당시 기계식 시계가 정시성이라는 측면에서 꽤 부정확했던 것으로 보이지만(그래서 시간을 자주 맞춰줘야 하였다), 시계 제작 기술은 성당에서 움직이는 인형들이 나타나 시간을 알리거나 하늘의 움직임을 재현하는 장치를 만드는 데 활용되었다. 즉, 시계로서 정확성보다는 복잡성이 더 돋보였는데 이는 왕실이나 교회의 권위를 과시하거나 볼거리, 그리고 도시에 대한 자부심을 제공하는 것이 목적이었기 때문이다. 생제르맹 왕실 정원에도 그러한 자동 장치들이 있었다.

생제르맹 정원에는 물의 힘으로 작동하는 인형들이 설치되어 있었다. 다이애나, 넵튠, 바다 괴물 같은 그리스 로마신화에 등장하는 캐릭터들을 본뜬 이 인형들은 화려한 장식의 분수대 안에 설치되어 있었다. 관람객들이 분수대를 구경하려면 인공 동굴 안으로 들어가야 했는데, 동굴 입구에는 관람객들이 어쩔 수 없이 밟고 지나가야 하는 타일들이 깔려 있었다. 이 타일들은 일종의 스위치로서, 누군가가 발로 밟으면 분수대에 있는 인형들이 갑자기 살아 움직이기 시작하였다. 데카르트는 이 자동 인형들을 보고 강렬한 인상을 받았다.

그는 당시 목격했던 광경을 자신의 저서『인간에 관한 논고』에서 다음과 같이 기록하고 있다.

> "방문객들이 동굴에 들어가려면 특정 타일을 밟을 수밖에 없는데, 방문객이 목욕하는 다이애나에게 가까이 다가가면 그녀는 갈대 뒤로 숨어버리고 그런 그녀를 더 쫓아 들어갈 경우 넵튠이 전진해 나와 삼지창으로 위협하도록 타일이 배치되어 있다. 방문객이 다른 방향으로 이동할 경우에는 바다괴물이 솟아 올라와 그의 얼굴에다 물을 내뿜는다. 그게 아니라면 분수를 제작한 기술자의 재량에 따라 다른 일이 일어난다."

인간을 고찰한 글에서 데카르트가 자동 인형 장치를 끌어들인 점이 눈에 띈다. 데카르트는 인간의 신체가 자동 기계의 일종일 수 있다고 생각하였다. 생제르맹 정원의 자동 장치에 깊은 인상을 받은 데카르트에게 분수의 물이 지나가는 파이프는 마치 인체의 신경처럼 보였다. 또한 각종 장치와 스프링은 근육과 힘줄, 물탱크는 뇌 안의 빈 공간, 물을 뿜어내는 수원水原은 심장에 대응하는 것이었다. 물은 무엇에 해당할까? 데카르트는 물이 일종의 활기spirits에 해당한다고 여겼다. 이런 자동 기계장치를 보면서 데카르트는 본능에 따라 움직이는 동물이 정교한 기계와 다르지 않다고 생각하였다. 동물들이 지르는 비명은 의식을 가진 존재의 고통에 찬 소리가 아니라 외부 자극에 자동적으로 반응하는 기계적인 어떤 것이었다. 데카르트는 더 나아가 심장박동이나 위장운동과 같은 불수의운동, 그리고 반사운동을 하는 인간의 신체도 자동기계와 마찬가지라고 여겼다. 하지만 인간은 때로 본능을 억제하고 자유롭게 의지에 따라 움직이기도 한다. 데카르트는 이것을 동물과는 달리 인간이 영혼soul을 지녔다는 증거로 여겼다. 그에게 인간은 자동 기계 같은 신체 속에 사유하는 정신을 가진 존재였다.

데카르트 이후로 세상과 인간을 기계로 보는 세계관이 본격적으로 등장하기 시작하였다. 17세기 동안 케플러, 갈릴레이, 뉴턴, 라이프니츠 같은 인물들이 연이어 등장하면서 우주를 정밀한 법칙에 따라 움직이는 거대하고 정교한 시계처럼 여기는 개념이 공고해졌다. 1664년 헨리 파워Henry Power라는 인물은 "세계라는 이 위대한 기계를 운영하려면 실험론적이고 기계론적인 철학자들만으로 구성된 관청이 필요하다(Richard Jones, p.195)."고 주장하였다. 18세기 인물인 라 메트리La Mettrie는 아예 인간도 동물과 마찬가지로 영혼없는 기계라고 보았다. 무생물과 생물의 경계가 그다지 명확하지 않다는 것이다.

인간은 자신을 닮은 무언가에 본능적으로 애착을 지니는 듯하다. 그리스, 페르시아, 인도, 중국의 고대 신화의 상상력 속에는 인간을 위하여 경비를 서거나 일하거나 싸우는 로봇이 등장하고 심지어 사랑의 대상이 되기도 한다. 고고학적 증거를 보면 꽤나 오래전부터 인간 형상을 한 인형이 존재했음을 알 수 있는데, 팔다리를 움직일 수 있거나 옷을 입힐 수 있는 인형은 기원전 200년 전에도 있었다. 인형은 오래전부터 종교제의의 도구로서 인간 혹은 신을 대신하였고 아이들의 친구 역할을 맡기도 하였다. 오래전부터 신 혹은 친구 혹은 노예로 상상되었던 인간을 닮은 기계에 대한 꿈은 유구한 것인데, 데카르트 이후에는 기계를 닮은 인간이라는 개념이 등장하게 된다. 인간을 닮은 기계라는 개념에서 기계를 닮은 인간이라는 개념으로 인식이 전이된 셈이다. 인간의 머릿속에서 기계와 인간 사이의 개념적 경계는 모호해지기 시작하였다.

인간이 기계와 다름없다면 인간을 닮은 기계를 만들지 못할 이유가 없다. 이를 증명이라도 하고 싶었는지 여러 수공업자들이 인간이나 동물을 닮은 자동 인형을 만들기 시작하였다. 데카르트 이후 유럽은 자연의 모든 과정을 기계적으로 설명하려는 시도가 하나의 신조이자 유행인 시절을 지나고 있었다. 이러한 시도를 기술적으로 뒷받침한 인물들은 시계공들이었다. 정교한 시계 제작 기술을 바탕으로 자동인형, 일명 오토마타가 제작되었다. 유명한 오토마타 제작자 중 한 사람으로는 18세기 인물인 자크 보캉송Jacques Vaucanson을 꼽을 수 있다.

보캉송은 생애 대부분을 정교한 기계장치, 특히 동물이나 인간을 흉내 내는 오토마타와 자동 베틀 등을 만드는 데 바친 발명가이자 예술가였다. 그의 생애 첫 작품은 시계였다. 보캉송은 어린 시절 어머니의 손을 잡고 성당에 갈 때마다 그곳에 있는 시계를 주의 깊게 보아두었고, 집으로 돌아와 그 시계의 완벽한 복제품을 만들었다고 한다. 어린 보캉송은 늘 시계공이 되기를 열망하였다. 그러다 청년기에 한 외과의로부터 해부학적 지식을 얻으면서 이를 적용한 기계 장치를 만드는 작업에 빠져든다.

1차 산업혁명의 여명기인 1738년에 보캉송은 오토마타인 '플루트연주자'를 선보인다. 추, 풀무, 톱니바퀴, 태엽장치, 파이프, 오르골에 사용되는 악보용 드럼통 등으로 구성된 플루트연주자는 호흡을 하고 입술과 혀, 손가락을 이용하여 플루트를 연주하는 놀라운 기계였다. 그것은 데카르트의 세례를 받은 당

보캉송의 오토마타 '플루트연주자'(왼쪽) (출처: 위키피디아)

시의 시대정신을 완벽히 표상하는 기계였다. 168 cm 정도의 키에 인간의 외형을 한 이 기계장치는 여러 장인과 시계공의 기술이 집약된 작품이었다. 플루트는 음을 내려면 손가락과 호흡뿐만 아니라 플루트로 흘러 들어가는 공기의 양을 조절해야 하고 다양한 입술 모양이 필요하여, 숙련자가 아니라면 연주는커녕 소리를 내기도 어려운 악기이다. 보캉송의 플루트연주자는 태엽을 동력으로 하고, 인형 아랫단의 풀무에서 가슴을 지나 기도로 연결되는 여러 관이 숨의 강약을 조절하며, 혀와 입술과 손가락을 움직여 12개의 곡을 연주할 수 있었다. 플루트 구멍을 손가락으로 잘 막을 수 있도록 양손에는 동물 가죽으로 만든 장갑이 씌워져 있었는데 멀리서 보면 언뜻 사람처럼 보였다. 보캉송 이전에도 연주하는 인형을 포함한 수많은 오토마타가 제작되었고, 이것은 시계, 천체 모형, 왕실과 대중의 오락거리로 활용되었다. 심지어 1세기 인물인 헤론에게서도 오토마타의 흔적을 발견할 수 있으나 플루트연주자처럼 생명체의 구조와 원리를 적용한 기계는 없었다.

보캉송의 명성이 왕궁에까지 전해지자, 루이 15세는 무너져 가는 프랑스 비단 산업을 되살리기 위해 그를 왕립 비단 공장의 총감독관으로 임명한다. 보캉송은 당시 직기의 문제점을 파악하여 더 나은 무인 직기 시스템을 만들었다. 이 직기는 나귀의 동력으로 움직이고 숙련공의 솜씨에 버금가는 비단을 생산할 수 있었다. 또한 그는 천공 카드를 이용하여 프랑스의 섬유산업을 자동화시킬 야심 찬 계획을 세웠다. 그러나 비단 길드의 격렬한 반대와 위협에 부딪혀 계획은 수포가 되고 만다. 산업혁명을 일으킨 영국보다 24년 일찍 직기를 제작했지만, 프랑스의 비단 길드가 그것을 불태워버렸다. 그렇다고 모든 일이 허사가 된 것은 아니었다. 50년 이상이 지난 뒤, 조제프 자카르Joseph Jacquard라는 인물이 보캉송의 직기에 기반하여 이른바 '자카르 직기'를 발명하게 된다. 자카르 직기는 천공 카드를 이용하여 다양한 패턴과 디자인을 직물에 새겨 넣을 수 있는, 일종의 프로그램 가능한 장치였다. 나중에 이 자카르 직기를 본 찰스 배비지Charles Babbage는 천공 카드를 이용한 계산 기계를 구상하게 되는데, 해석기관이라 불리는 이 기계는 프로그래밍이 가능한 것으로 오늘날 컴퓨터의 원조가 된다.

찰스 배비지의 꿈: 계산하는 기계

찰스 배비지는 1차 산업혁명이 한참 진행 중이던 1791년에 태어났다. 배비지는 어린 시절 어머니의 손을 잡고 전시관이나 박물관을 자주 방문하였는데, 어느 날인가 런던의 하노버 스퀘어에 있는 기계 박물관을 방문하게 되었다. 그 박물관은 시계공인 존 멀린John Merlin이 소유한 것으로 그가 직접 제작한 각종 태엽장치, 오르골, 오토마타 등이 전시되어 있었다. 그중 가장 인기를 끈 것은 금속 물고기를 잡아먹는 백조 형상의 오토마타였으나 배비지의 관심을 끈 것은 따로 있었다. 멀린이 직접 배비지를 데리고 간 다락방 작업실에는 은으로 만든 인간형 오토마타가 있었는데, 배비지는 이 자동 무희 인형에 완전히 매료되게 된다. 키가 30센티미터 정도 되는 무희는 은빛으로 빛나며 우아하게 두 팔을 움직였고, 오른손 검지 위에는 꼬리를 흔들며 양 날개를 퍼덕이고 부리를 벌리는 작은 새가 앉아 있었다. 배비지는 당시의 느낌을 이렇게 묘사하였다. "이 여인은 실로 환상적인 자태를 뽐내는 듯한 모습이었다. 그녀의 눈은 상상력으로 가득하였고 거부할 수 없을 정도였다." 40대 무렵에 배비지는 파산 경매에 나온 이 인형을 발견하고 35파운드에 사들인다. 그리고 집으로 가져가 별도로 제작한 멋진 옷을 입혀서 자신이 고안한 차분기관의 시제품 근처에 진열해 둔다.

배비지는 프로그램이 가능한 기계 장치를 꿈꾸었다. 그 꿈은 차분기관에서 시작하여 해석기관으로 이어졌다. 1차 산업혁명 기간 동안 산업과 상업이 번창하면서 계산 수요가 늘어나기 시작하였다. 각종 부기와 이자 계산뿐만 아니

해석기관 일부를 구현한 시제품(런던 과학박물관) (출처: 위키피디아)

라 탄도 계산, 천체물리학, 항해술 등의 전문 분야에서도 계산하는 사람, 즉 컴퓨터가 필요하였다. 컴퓨터란 원래 단순 계산을 위해 고용된 인간 계산원을 일컫는 용어였다. 그러나 사람은 계산에 서툴고 부정확하였으며 또 느렸다. 배비지는 상업과 산업 그리고 과학 분야에 계산 수요가 늘어나리라고 예측하였고 로그, 사인, 코사인, 탄젠트 등을 숫자표로 만드는 기계적 방법을 구축하려고 시도하였다. 어느 날 배비지는 고차원의 수학 문제를 '차분'을 계산하는 단순한 단계들로 분해할 수 있음을 깨닫게 된다. 차분이란 숫자를 늘어놓은 열에서 이웃한 숫자끼리의 차이값을 뜻한다. 1822년에 배비지는 이 과정을 기계적으로 수행하는 기구를 설계하고 이를 차분기관이라 명명하였다. 차분기관은 '이성적인' 기계가 될 것이고, 사유하는 기계의 모태가 될 예정이었다. 오토마타가 인간의 근육과 뼈를 흉내 낸 것이라면, 차분기관은 두뇌와 신경을 대신한 것이었다.

하지만 차분기관의 제작 과정은 순탄치 않았다. 처음에는 배비지의 구상이 많은 사람의 이목을 끌었고, 영국 정부도 이에 감명을 받아 1823년에 1,700파운드를 지원하였다. 그 후에도 정부는 10년 동안 전함 건조 비용의 두 배가 되는 돈을 퍼부으며 배비지를 지원하였으나 결과는 신통치 않았다. 1832년에 내놓은 시제품은 0.6미터 높이에 여섯 개의 수직축과 열두어 개의 바퀴를 가진 기계로, 여섯 자리까지 계산할 수 있었다. 이 기계는 정밀공학의 이정표가 될 만했으나 특이한 물건 이상은 아니었다. 차라리 전함 2대를 건조할 돈으로 더 많은 계산원을 고용하는 편이 경제적이었을 것이다. 결국 프로젝트는 폐기되고 만다. 그러나 이 시제품은 오토마타와 함께 배비지의 살롱에 전시되어 다양하고 유력한 인사를 끌어들였고 배비지를 사교계의 유명인으로 만들었다. 배비지의 살롱을 찾은 인물 가운데는 낭만파 시인 조지 바이런George Byron의 딸인 에이다 러브레이스Ada Lovelace도 있었다.

정부가 지원을 끊으면서 막대한 자금을 조달할 길이 막힌 데다가 함께 일하기 까다로운 배비지의 성격 등의 문제가 더해져서 차분기관의 제작은 지지부진하였지만, 그 사이 배비지는 차분기관과 비슷하면서도 질적으로는 완전히 다른 계산 기계를 만들 수 있음을 깨닫게 된다. 단지 차분을 더하는 것만으로는 수행할 수 있는 연산의 종류에 한계가 있었다. 보다 일반적인 계산을 하려면 변수 개념과 기억장치가 필요하였다.

1834년, 배비지는 다양한 연산을 수행할 수 있는 일종의 기계식 범용 컴퓨터의 아이디어에 매달린다. 그리고 1837년에 이 아이디어를 완성하고 해석기관이라는 이름을 붙인 뒤 그것을 논문으로 발표하였다. 앨런 튜링Alan Turing이 튜링 머신에 관한 논문을 발표하기 딱 100년 전 일이다. 해석기관에 관한 아이디어를 떠올릴 당시, 배비지는 프로그램 입력을 위하여 오르골의 금속 원통 같은 것을 이용할 생각이었으나 자카르 직기를 접하고 나서 천공 카드를 도입하게 되었다. 해석기관은 천공 카드에 입력된 프로그램을 따라 연산을 수행하였고, 연산에 필요한 숫자도 천공 카드를 통하여 전달받았다. 해석기관에는 입력과 출력 장치, 현대 컴퓨터의 메모리에 해당하는 저장소, 산술논리장치에 해당하는 연산 수행 장치가 있었으며, 조건 분기와 루프 형태의 제어 흐름을 조절할 수 있었다. 이러한 구조는 현대 컴퓨터의 근간인 폰 노이만 구조를 거의 그대로 닮은 것이다. 그러나 해석기관은 어마어마한 제작 비용과 당시의 기술적 한계 때문에 실물로 제작되지 못하였다.

해석기관은 현대적 용어로 '튜링 완전'이었다. 즉, 튜링 머신으로 풀 수 있는 문제를 모두 풀 수 있었다. 튜링 머신은 알고리즘으로 표현되는 모든 종류의 계산을 수행할 수 있는 장치이다. 알고리즘이란 수학적으로 명확한 계산 절차를 뜻한다. 현대의 컴퓨터도 튜링 머신이다. 훗날 튜링은 배비지를 일컬어 "본질적인 아이디어를 모두 갖고 있었던 배비지"라고 하였다.

비록 배비지가 해석기관을 고안하였지만, 그것의 잠재력을 꿰뚫어 본 사람은 러브레이스였다. 배비지의 살롱을 방문한 일을 계기로 배비지를 돕게 된 러브레이스는 이 기계의 의미를 완벽히 이해하고 있었다. 그녀는 이 기계가 숫자뿐만 아니라 언어나 음악, 그림을 포함하여 모든 상징 기호를 처리할 수 있다고 생각하였다. 이를테면 그녀는 "음조들의 근본적인 관계들을 이러한 표현식과 변환으로 나타낼 수 있다면, 해석기관은 어떠한 복잡도와 규모를 가진 음악이라도 정교하게 과학적으로 작곡할 수 있"다고 썼다. 여기서 '표현식과 변환'은 프로그래밍 과정을 뜻한다. 그녀는 천공 카드의 중요성을 배비지보다 훨씬 깊게 이해한 것이다. "카드를 적용한다는 아이디어가 떠오른 순간 연산의 경계가 확장되었다. 한정 없이 다양한 방식과 한정 없는 범위로 연속해서 일반적 기호를 결합하는 메커니즘이 가능하기 때문에, 물질의 작용과 추상적인 정신적 과정을 결합하는 고리가 생긴다(월터 아이작슨, p.51)." 러브레이스에게 중요한 것은 기계 그 자체가 아니라 천공 카드에 담긴 정보였다. 그녀에게 해석기관은 기계와 추상적 정신 과정이 교차하는 인공장치였다.

1843년 9월에 그녀는 배비지의 해석기관을 소개하고 설명한 어느 프랑스인의 논문을 영어로 번역하였다. 그리고 그 논문에 곁들였던 자신의 주석을(주석이 논문보다 분량이 많았다) 〈과학 논문집〉에 출간한다. A에서 G까지 일곱 개의 파트로 나뉘어 있는 그 주석 중에서 G 파트에는 해석기관을 이용하여 '베르누이 수'를 구하는 알고리즘이 실려 있었다. 놀랍게도 러브레이스는 이 알고리즘을 작성하면서 루프문, 조건문, 서브루틴과 같은 현대적 프로그래밍 개념을 생각해내었다. 그녀는 역사상 최초의 컴퓨터 프로그래머, 그것도 실물로 존재하지 않는 공상적인 장치의 프로그래머였다. 오직 사고의 힘이 낳은 결과였다. 그런데 러브레이스는 이렇게 지적하였다. "이것은 우리가 명령을 내리는 것만 수행할 뿐이다. 이때 우리는 명령을 내리는 방법을 알고 있어야 한다. 기계는 분석을 따를 수는 있지만, 어떤 분석적 관계나 진실을 예상하는 힘은 없다(월터 아이작슨, p.55)." 러브레이스는 조건문, 루프문 등의 조합으로 기계장치가 수많은 일을 할 수 있으리라고 예상하였지만, 정작 인간처럼 사고하기는 힘들 것이라고 보았다. 튜링은 이를 '레이디 러브레이스의 반박'이라고 불렀다.

앨런 튜링의 꿈: 생각하는 기계

2차 산업혁명이 진행되면서 놀라운 발명품과 혁신이 일어나기는 했지만, 그에 따른 사회적 문제점들도 드러나기 시작하였다. 특히 저렴한 공장 노동자가 대량 생산 체계의 부품처럼 취급되면서 비인간화되고 있다는 문제의식이 생겨나기 시작하였다. 1920년대에 상영된 연극 R.U.R.('로섬의 보편 로봇'의 약자)은 이런 사회적 단면에 대한 일종의 풍자로 등장하였다. 줄거리를 간단히 설명하자면, 해양생물학자 로섬이 탐사를 하다가 세포의 원형질과 비슷하게 행동하는 화학물질을 발견하게 된다. 그는 이 물질을 이용해서 개나 인간을 만들려고 하였으나 실패한다. 그런데 조카가 찾아와 이 물질을 이용하여 돈을 벌어야 한다고 주장하였으나 로섬은 제안을 거절한다. 그는 단지 이 물질을 이용하여 신이 없다는 사실을 증명하고 싶었을 뿐이었다. 결국 둘은 다툼을 벌이다가 조카가 삼촌을 가두어 버린다. 조카는 공장을 세워서 인간의 각종 장기, 신경, 뼈, 근육 등을 공정 별로 제작한 다음 인간 형태로 조립하였다. 이것은 당대의 혁신기법이었던 포드식 조립라인을 따른 것이다. 그리고 이렇게 대량 생산된 제품에 '노예 노동자'라는 의미를 가진 로봇이라는 이름을 붙인다. 이 로봇은 금속이 아닌 세포를 닮은 화학 물질로 이루어져 있어서 겉보기에 인간과 구분하기 어려웠으며 생각할 줄도 알았다. 그후 200년쯤 시간이 흐른 뒤 로봇은 값이 매우 저렴해져서 세계 곳곳에 퍼져있었다. 인간 노동자 대신 로봇을 이용하면 기존 가격의 오분의 일로 제품을 생산할 수 있었기 때문에 로봇은 산업에 필수 불가결한 존재가 되었다. 그러나 인간은 그런 로봇을 감정이 없는 존재로 간주하고 있었다. 결국 어떤 계기로 인하여 로봇들이 반란을 일으키고 인간은 제거당하고 만다.

지금 보아도 흥미진진한 이 스토리는 세계적인 흥행을 기록하며 30개 언어로 번역된다. 1923년 일제강점기에 있던 우리나라에도 이광수가 '인조인'이라는 글을 통하여 이 연극을 자세히 소개하기도 하였다. 또한 이 연극은 1923년 런던에서 상영되었고, 1938년에는 영국 BBC에서 TV 제작물로 만들어 방영하였다. 1938년은 튜링머신에 관한 논문이 나온 바로 다음 해였다.

런던에서 태어난 튜링도 11살쯤에 런던에서 상영된 이 연극에 대하여 적어도 한 번쯤 들어보기는 하였을 것이다. 튜링은 그런 사회 분위기 속에서 성장기를 보내면서 어릴 적부터 인간의 정체성, 자유 의지 등에 대해 고민을 하였다. 그는 '인간에게는 과연 자유 의지가 있는 것인가? 로봇과 차이는 무엇인가? 로봇도 인간처럼 될 수 있을까? 생각하는 기계를 만들 수 있을까?'와 같은 질문들에 대한 답을 고민하면서 젊은 시절을 보냈다. 대학에 입학한 이후에도 인간의 정신이 기계와 근본적으로 다른 점이 무엇인지를 꾸준히 고민하였고, 점점 그 구분이 처음 생각했던 것만큼 명료하지 않다는 결론에 이르게 된다. 아마도 정체성의 본질에 대한 이러한 고민은 성적 소수자였던 자신에 대한 고민에서 비롯되었을 것이다.

1937년에는 힐베르트의 열 번째 문제를 풀기 위하여 튜링은 만능 계산 기계인 튜링머신을 고안하였다. 튜링머신은 수학적으로 명확하게 정의된 절차로 표현할 수 있는 모든 종류의 계산을 수행할 수 있는 기계였다. 모든 계산을 수행할 수 있는 이 기계는 과연 인간의 정신과 얼마나 다른 것인가? 튜링머신이 인간과 같은 지능을 가질 수도 있지 않을까? 튜링은 1950년에 이러한 고민을 담은 논문을 철학 저널에 제출하는데, 논문의 주제는 "기계도 생각할 수 있을까"에 관한 것이었다. 튜링은 이 논문에서 튜링 테스트를 소개하였다.

논문은 이렇게 시작한다. "'기계가 생각할 수 있을까?'라는 질문을 고찰해 보자." 이에 답하려면 우선 "기계"와 "생각하다"라는 말에 대한 정의가 필요할 것이다. 튜링은 이런 낱말들의 의미를 사회적 합의나 여론 조사를 통해 결정하는 것은 불합리하다고 생각하였다. 무언가가 보편적 탐구대상이 되려면 어느 문화권, 어느 상황에서도 일관성을 유지할 수 있는 모호하지 않은 정의가 필요하다. 그런데 사회적 합의나 여론 조사의 결과는 시대에 따라, 문화에 따라 변한다. 그래서 튜링은 "기계가 생각할 수 있을까?"라는 물음을 "기계가 '모방 게임'에서 이길 수 있을까?"라는 물음으로 대체할 것을 제안한다. 이 모방 게임이 통상 알려진 튜링 테스트이다. 모방 게임에 대해서 간단히 요약하자면, 인간 심문자가 대화를 통하여 대화 상대가 기계인지 사람인지를 맞추는 게임이다. 여러 번 게임을 통하여 인간 심문자가 일정 빈도 이상으로 사람과 기계를 구분하지 못하였다면, 그 기계는 테스트를 통과한 것이다. 이때 '기계'는 디지털 컴퓨터를 뜻한다. 유전공학 기술을 이용해 하나의 세포로부터 길러낸 지능적 존재는 '기계'에서 제외된다. 물론 그런 것을 기계로 보는 관점도 있겠으나 그렇게 되면 질문의 의미가 사라진다. 그런 유전공학적 존재는 당연히 생각할 수 있을 것이기 때문이다. 그리고 디지털 컴퓨터가 꼭 '전기적'일 필요는 없다. 그것은 해석기관과 같이 기계적인 형태일 수도 있다. 생각하는 두뇌와 디지털 컴퓨터의 유사성은 '전기'나 '기계' 같은 피상적인 것이 아니라 그것이 표현하고 있는 함수나 신호 혹은 정보 같은 것, 즉 배후에 작동하는 수학적 원리에 있는 것이다. 이제 "기계가 생각할 수 있을까?"라는 질문은 "모방 게임을 잘하는 디지털 컴퓨터가 있을 수 있을까?"로 바뀐다.

그런데 질문을 이런 식으로 전환할 경우, 사람들의 당연한 반발을 예상하게 된다. 예를 들어 이렇게 반박할 수 있다. 이런 식의 정의는 너무 조잡하지 않은가? 겉모습을 흉내 낸다고 해서 생각한다고 볼 수 있는가? 튜링은 이렇게 대답한다. 그러한 반박의 극단적 관점에 따르면, 결국 직접 기계가 되어 느껴 보는 것이 그 기계가 생각하는지를 알 수 있는 유일한 방법이 된다. 그리고 그런 반박은 사람에게도 똑같이 적용된다. 즉, 그 사람이 직접 되어보지 않고서는 그가 생각하는지 알 수 없다고 결론을 내려야 하는데, 우리는 그러한 상황을 바라지 않을 것이다. 우리 인간은 내가 아닌 다른 사람이 진짜로 생각을 하는 지능적 존재인지를 어떻게 판단하는가? 내가 그 사람이 되어보지 않는 한 알 길이 없는 것 아닌가? 우리는 같은 인간이라는 이유로 그냥 그렇다고 믿고 있을 뿐이다. 그래서 튜링은 기계도 겉으로 봐서 인간처럼 느껴진다면 지능적 존재로 간주해야 한다고 생각하였다. 튜링 테스트를 통과한 기계가 진짜 생각하는 존재인지에 대하여 사람들이 의심하는 이유가 단지 기계가 우리와 다른 겉모습을 가지고 있거나 다른 물질로 이루어졌기 때문이라면 이것은 일종의 인종차별이나 다름없다.

튜링의 주장에 대한 또 다른 반박으로는 수학적 반박이 있다. 튜링이 튜링 머신을 고안한 1937년의 논문에서 수학적으로 보여준 것은, 튜링 머신의 능력에 한계가 있다는 점이다. 이것은 인간은 답을 알지만 튜링 머신은 참인지 거짓인지 답을 할 수 없는 문제가 존재함을 의미하였다. 이것을 전문 용어를 사용하여 어렵게 표현하자면, 충분히 강력한 형식 논리 체계가 무모순인 한 그 체계 내에서 참이나 거짓을 결정할 수 없는 명제가 반드시 존재한다는 것이다. 그런데 인간은 그 답을 알 수 있다. 그러므로 기계는 인간처럼 생각할 수 없다. 이에 대한 튜링의 답을 요약하면 이렇다. 그와 같은 반박은 특정 기계의 능력에 어떤 약점이 있음을 진술한 것일 뿐, 인간의 지성에 동일한 약점이 없음을 증명한 것은 아니다. 인간 지성에는 그런 제한이 적용되지 않음을 아무런 증명도 없이 우리가 받아들이고 있을 뿐이다. 인간도 종종 틀린 답을 할 때가 있다. 우리는 특정 기계에 승리할 수 있겠지만, 모든 기계에 대하여 동시에 승리할 수는 없을 것이다.

또 다른 반박으로는 앞에서 언급한 '레이디 러브레이스의 반박'이 있다. 이에 대하여는 러브레이스가 그런 주장을 한 이유는 단지 해석기관을 보고 학습 가능한 기계라는 아이디어를 떠올리지 못했기 때문이라고 튜링은 말한다. 그리고는 논문의 '7. 학습하는 기계'에서 일종의 의외성이 포함된 강화학습 방식을 제안한다. 강화학습은 갓난 아기가 걷고 말하는 법을 배우는 방식과 같다. 강화학습을 하는 기계는 외부에서 들어온 입력에 대해 특정한 방식으로 대응해 본 뒤, 그 결과에 기초하여 다음에는 더 나은 결과를 낼 수 있도록 내부 시스템을 재조정한다. 기계는 인간이 시키는 것만 수행하므로 어떤 명령을 어떻게 내릴지를 인간이 알고 있어야 한다는 러브레이스의 주장은 이렇게 학습하는 기계 앞에서 무너진다. 전통적인 기계에는 특정 문제를 해결하도록 정해진 계산 절차가 담겨 있어서 정확히 인간이 시킨 일만 한다. 그러나 학습하는 기계에는 일반적인 학습법만 담겨 있을 뿐, 특정 문제를 해결하기 위한 절차를 담고 있지 않으므로 어떻게 행동할지 인간이 정확히 예측할 수 없다. 다만 대략적으로 알 수 있을 뿐이다. 학습을 통하여 스스로를 점점 향상하기 때문에 같은 입력에 대해서도 다른 결과를 낼 수 있다. 학습하는 기계는 실수를 저지를 수도 있다. 어떤 면에서 보자면 우리가 원하는 기계는 완벽한 기계가 아니다. 인간은 완벽하지 않고 우리가 원하는 것은 튜링 테스트를 통과하는 기계이기 때문이다. 튜링이 제시한 강화 학습법은 현대의 인공지능에 광범위하게 사용되고 있다. 튜링은 언젠가는 순수하게 지적인 모든 영역에서 기계와 인간이 경쟁하게 되기를 희망하였다.

튜링의 후예들

튜링이 튜링 머신을 제안한 이후로 이것을 실제로 구현한 기계들이 발명되었다. 1945년에 완성된 에니악ENIAC은 프로그램이 가능한 최초의 전자식 범용 컴퓨터였으나 프로그램을 저장할 수가 없었다. 진공관 18,000개를 사용한 무게 30톤짜리 에니악은 방 하나를 가득 채우는 크기였다. 에니악은 가동되면

펜실베니아 시내에 있는 가로등이 모두 희미해질 정도로 많은 전력을 소모하였다. 3년 후 개발된 맨체스터 베이비는 길이 5미터, 높이 2미터에 무게는 900킬로그램으로 베이비라고 하기에는 너무 크고 무거웠지만, 에니악에 비하면 33분의 1의 무게로 확실히 베이비였다. 맨체스터 베이비는 현대식 컴퓨터의 모든 요소를 갖춘 최초의 컴퓨터라고 할 수 있는데, 프로그램을 저장할 수 있었고 0과 1로 된 프로그램을 음극선 튜브로 된 모니터에서 확인할 수 있었다. 모니터 아래에 달린 스위치들을 조작해서 프로그램을 입력할 수 있었다.

초기에 컴퓨터들은 제2차 세계대전에서 승리하기 위한 암호해독, 탄도계산, 폭탄 시뮬레이션 등에 활용할 목적으로 제작되었다. 전쟁 이후에는 우주선 연구, 난수연구, 풍동 설계, 일기예보 등 과학기술 계산과 수학의 보조 도구로 활용되었다. 이후에도 컴퓨터는 그런 방향으로 활용도를 높여갔다. 배비지의 해석기관이 그랬듯 컴퓨터의 탄생 목적은 인간의 편익을 위하여 복잡한 계산을 기계적으로 수행하는 것이었으므로 이는 당연한 선택이었다.

그런데 전쟁이 끝난 이후 컴퓨터의 활용성에 대하여 조금 다른 생각을 가진 그룹이 있었다. 이들은 기계가 좀 더 지능적으로 행동할 수 있도록 만들고 싶어 하였고, 컴퓨터가 인간의 개입 없이 자율적으로 작동할 수 있으리라 믿었다. 1949년에 이런 생각을 품은 정신과 의사, 심리학자, 생리학자, 수학자, 공학자들이 모여 하나의 클럽을 결성했는데, 이를 레이쇼 클럽Ratio Club이라고 한다. 젊은 학자들이 주축이 된 레이쇼 클럽에는 튜링도 포함되어 있었다. 이 클럽의 일원이었던 생물학자 윌리엄 월터William Walter는 빛에 반응하여 스스로 움직이는 로봇 '터틀'을 만들기도 하였다. 멤버들의 면면을 보면 알 수 있듯이 지능에 대한 연구는 상당히 다양한 분야에 걸쳐 있다. 수학자이자 컴퓨터 과학자였던 튜링은 다양한 분야의 전문가들과 교류하는 가운데, 튜링 테스트와 같은 심리철학적 방법을 고안하였고 기계를 학습시키기 위해 갓난 아기의 강화 학습법을 적용하려는 생각을 하였던 것이다.

당시 대중들에게 눈앞의 쇠로 된 기계가 인간처럼 생각한다는 상상은 너무도 터무니없이 느껴졌을 것이다. 그리고 그렇게 느낀 대부분의 사람은 기존의 방식대로 컴퓨터 성능을 향상시키는 일에 기여하였다. 결국 튜링 머신을 어떻게 활용할지를 놓고 단순 계산 기계로서 성능을 극대화하기 위하여 노력한 현실주의자와, 그것을 지능을 가진 기계로 진화시키고 싶어한 이상주의자로 자연스럽게 나뉘게 되었다. 현실주의자들은 컴퓨터를 더욱 빠르고 소형화된 강력한 기계로 발전시키면서 실용적이고 즉각적인 활용 방식에 관심을 기울였다. 이상주의자들은 다음 단계에 나타나야 할 컴퓨터의 모습을 그리며 학문적 연구를 지속하여 나갔다. 전자가 다수였고 후자는 소수였다. 그러나 두 부류 모두 튜링의 후예라고 말할 수 있다. 현실주의자 덕택에 우리는 스마트폰을 손에 쥐게 되었고 연구 과정 중에 여러 서러움과 어려움을 겪은 이상주의자들 덕분에 현대의 시리, 알파고, 파파고, GPT-3, 특정한 도로 조건에서 자율주행이 가능한 인공지능을 손에 넣을 수 있게 된 것이다.

튜링은 당시만 해도 매우 투박해서 어리석어 보이기까지 하는 조악한 컴퓨터에서 튜링 테스트를 통과할 수 있는 생각하는 기계라는 비전을 보았다. 그리고 그런 튜링의 비전에 동조하여 새로운 연구집단이 형성되었는데, 튜링이 비극적인 죽음을 맞이한 지 2년 후 그런 사람 중 일부가 다트머스 대학에 모이게 된다.

인공지능의 탄생

인공지능이라는 용어가 공식적으로 탄생한 장소는 1956년, 다트머스 대학에서 두 달 동안 개최된 워크숍이라고 알려져 있다. 존 매카시John McCarthy가 워크숍 개최를 주도하여 마빈 민스키Marvin Minsky, 클로드 섀넌Claude Shannon 같은 총 10명의 쟁쟁한 인물이 모이게 되었다. 매카시가 작성한 워크숍 제안서에 인공지능라는 용어가 공식적으로 처음 등장하는데, 해당 제안서를 읽어보면 자신들이 두 달 정도 협업하면 기계의 언어 사용, 추상화, 개념화 등의 영역 중 하나 이상의 영역에서 중요한 진전을 이룰 수 있을 것으로 믿고 있었음을 알 수 있다. 현대의 사람들이 보기에는 과도한 자신감으로 비칠 수 있었지만, 당시에는 이런 장밋빛 전망이 사람들을 사로잡고 있었다.

그러나 인공지능에 대한 연구는 그보다 일찍 시작되었다고 할 수 있다. 특히 현대 딥러닝의 기반이 된 생물학적 이론들은 1940년대에 제시되었다. 딥러닝은 생물학적 뇌에 대한 이해를 기반으로 탄생한 알고리즘이다. 그리고 생물학적 뇌에 대한 이해는 전쟁과 더불어 깊어졌다. 기술의 시대가 도래하기 전까지 인간의 뇌에 대한 학자들의 이해는 전쟁을 겪으면서 큰 진전을 보였다. 현대와 같은 첨단의 뇌영상장치들이 개발되기 전까지 신경과학자들이 뇌의 해부학적 특성을 관찰할 수 있는 기회는 죽은 동물 뇌의 표본, 간질환자의 개두술을 시행하는 경우, 그리고 굉장히 드물게 찾아오는 뇌부상 환자를 통해서만 주어졌다. 반면 전쟁이 일어나면 의사나 신경과학자들은 인간의 뇌에 관한 수많은 임상 사례를 수집할 수 있다. 1870년에 발생한 프로이센-프랑스 전쟁,

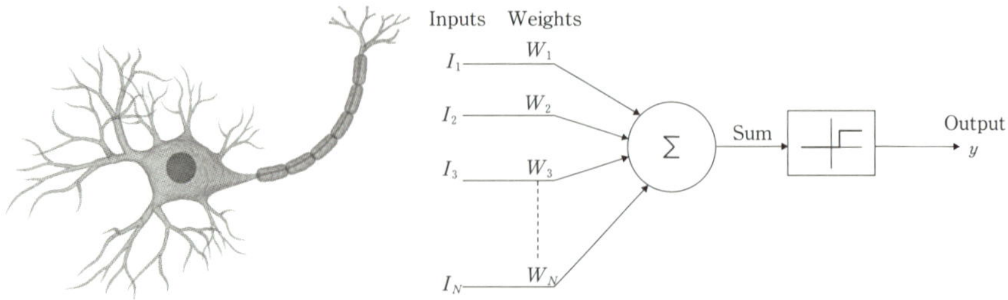

(가) 생물학적 뉴런 (나) 맥컬러와 피츠의 인공 뉴런

생물학적 뉴런과 인공 뉴런

1914년 발발한 제1차 세계대전과 더불어 제2차 세계대전은 전쟁 중 뇌를 다친 부상자들을 관찰할 수 있는 기회를 제공했고 이때 남겨진 많은 임상기록들이 신경과학의 진보에 일조하게 된다(Lanska, 2009 & 2016).

뇌에 대한 이해가 더디지만 조금씩 진전됨에 따라, 뇌 속 뉴런의 기능과 기초적인 생리학 지식에 기반하여 신경심리학자인 워런 맥컬러Warren McCullough와 논리학자인 월터 피츠Walter Pitts가 인공 신경망의 태동을 알리는 논문을 1943년에 발표한다. 뉴런은 우리 뇌를 구성하는 신경세포이고 뉴런과 뉴런이 연결되는 부위를 시냅스라고 한다. 이 논문은 뉴런을 단순하게 흉내낸 수학 모델을 제시하였다. 각 뉴런은 자신의 여러 시냅스 연결을 통하여 이웃 뉴런들로부터 들어오는 자극들의 합이 적당한 값을 넘으면 1, 그렇지 않으면 0인 상태를 지니는 것으로 모형화된다. 생물 뉴런을 굉장히 단순화한 모델이기는 하지만, 이 뉴런 모델을 이용해서 논리 연산이 가능하다는 사실을 보여주었다. 이 논문에서 제시한 기본 모델이 인공 신경망 구현에 지금까지도 영향을 끼치고 있다.

맥컬러와 피츠의 인공 뉴런은 학습을 하는 장치는 아니었다. 단순히 기존 컴퓨터처럼 논리 연산을 할 수 있는 기본 소자였지만, 그것이 생물학적 뉴런의 동작을 흉내 낸 것이라는 점에서 의미가 있다. 기계가 학습을 하려면 인공 뉴런을 학습시키는 방법을 찾아야 하였다.

1949년에 심리학자 도널드 헵Donald Hebb은 생물학적 뉴런 사이의 시냅스 연결 강도를 갱신하는 학습 규칙을 제시하였다. 이를 '헵 학습 규칙Hebb learning rule'이라고 부른다. 헵은 두 개의 뉴런이 서로를 자극하여 반복해서 점화할수록 점화가 점점 쉬워지는 방향으로 대사 과정이 변화할 것이라고 짐작하였다. 그래서 뉴런 사이에 연결된 강도가 두 뉴런의 출력의 곱에 비례하여 조정된다는 규칙을 제안하였다. 이 규칙은 비록 수학적으로 엄밀하지는 않으나 그 기본 아이디어는 인공 신경망 학습의 기초가 되었다.

인공지능 연구자 중에는 이러한 생물학적 방법보다는 논리학적 방법을 선호하는 그룹이 있었다. 뇌의 생물학적 특성을 흉내 내어 지능을 구현하려는 사람들을 연결주의자라고 부르고, 굳이 뇌를 복사하지 않고 지식 자체에 내재한 논리적인 절차를 흉내 내고자 한 사람들을 기호주의자라고 한다. 연결주의자들은 지능이 뇌에서 나오므로 뇌를 잘 관찰하여 그 생물학적 작동 방식을 흉내 내면 기계가 지능을 가질 수 있으리라 생각하였다. 기호주의자들은 논리학이라는 전통적인 접근 방식을 택하였다. 예를 들어 '모든 사람은 죽는다.', '소크라테스는 사람이다.'라는 두 가지 정보에서 '소크라테스는 죽는다'라는 추론을 할 수 있다. 기호주의자들은 '모든', '소크라테스', '사람', '죽는다'를 기호로 나타내어 이 기호들을 조작하는 규칙만 잘 찾아내면 기계에 입력된 여러 정보로부터 새로운 사실(소크라테스는 죽는다)을 추론해내는 지능을 구현할 수 있으리라고 믿었다. 기호주의자들은 세상의 모든 정보를 조작하고 해석할 수 있는 규칙을 찾아 기계에 입력하고자 하였고, 연결주의자들은 기계가 세상의 정보로부터 스스로 규칙을 터득하여야 한다고 믿었다.

앨런 뉴얼Allen Newell, 허버트 사이먼Herbert Simon, 클리프 쇼Cliff Shaw는 기호주의자들이었다. 이들은 이미 다트머스 워크숍이 열리기 전부터 일정한 연구 성과를 내고 있었다. 1955년에서 1956년 사이에 카네기 기술원의 뉴얼, 사이먼, 쇼는 인간의 문제 풀이 능력을 흉내 낼 수 있는 '논리이론가Logic Theorist'라는 최초의 인공지능 프로그램을 만든다. 논리이론가는 러셀과 화이트헤드가 공저한 『수학원리』 앞 쪽에 나오는 52개의 정리 중 38개의 정리를 증명할 수 있었는데, 이 중 일부는 책의 증명보다 새롭거나 더 간결한 증명 방법이었다고 한다. 뉴얼과 사이먼은 1956년 다트머스 대학에서 열린 두 달짜리 워크숍에 동참하였고 거기서 이 프로그램을 선보였다. 이 워크숍에 참석한 사람들은 주로 기호주의자들이었다.

다음 해인 1957년에는 현대 인공지능에 있어 기념비적인 사건이 발생한다. 심리학자인 프랭크 로젠블랫Frank Rosenblatt이 미 해군의 지원을 받아 퍼셉트론 알고리즘을 개발한 것이다. 로젠블랫은 퍼셉트론 알고리즘을 IBM 704에서 구현하였는데, 나중에 이것을 '마크 1 퍼셉트론'이라고 이름 붙인 주문제작한 하드웨어 형태로 구현한다. 가로 20개, 세로 20개의 픽셀을 가진 마크 1 퍼셉트론은 알파벳을 인식할 수 있었다. 마크 1 퍼셉트론은 1958년에 미 해군이 주선한 기자회견과 뉴욕타임즈를 통하여 대중에 소개되면서 센세이션을 일으

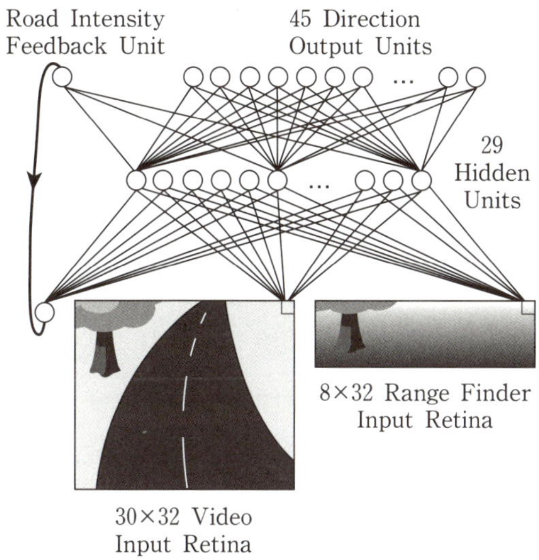

자율 주행 자동차의 인공 신경망 (Jack. M. Zurada, p.9)

켰다. 로젠블랫의 퍼셉트론은 맥컬러와 피츠의 뉴런 모델 중 하나를 이용하였는데, 이 인공 뉴런 모델에 학습 능력을 부여할 방법을 발견한 것이다. 로젠블랫은 현대 딥러닝의 아버지라 불릴 만하다.

이후로 기호주의 진영과 연결주의 진영에서 다양한 연구 성과를 내놓았으나 승기는 주로 기호주의가 잡았다. 기호주의 연구자들은 실용적인 영역에 집중하여 상당한 연구 성과를 내어서 상업적으로 이용 가치가 있었기 때문이다. 게다가 기호주의 진영의 민스키와 시모어 페퍼트Seymour Papert가 1969년에 『퍼셉트론』이라는 책을 출간하면서 연결주의 진영에 직격타를 날렸다. 민스키와 페퍼트는 로젠블랫의 퍼셉트론이 XOR 같은 간단한 문제도 풀 수 없음을 이 책에서 증명하였다. XOR 문제는 두 개의 입력이 모두 0이거나 1일

때는 0을 출력하고, 그 외 경우에는 1을 출력하는 문제다. 로젠블랫의 퍼셉트론이 이 문제를 풀 수 없었던 이유는 단 하나의 뉴런 층만 사용하였기 때문이다. 뉴런 층을 여러 개 쌓으면 XOR 같은 문제도 풀 수 있었지만, 아직까지 여러 층의 뉴런을 학습할 수 있는 방법이 없었다. 민스키와 페퍼트의 책이 출간된 이후로 연결주의자들은 상당히 고전하게 된다. 연구 자금을 지원받기가 어려워졌고, 소수의 개별 연구자들이 각자의 위치에서 고군분투한다.

연결주의에 날개를 달다

1980년대에 기호주의자들은 문제를 잘게 쪼개어 각개격파하는 전략을 사용한다. 그래서 특정 문제를 푸는 데 국한된 논리 규칙을 컴퓨터에 입력하여 전문가 시스템을 구축한다. 전문가 시스템이 특정 분야에서 상업적인 성공을 거둔 덕분에 기호주의자들은 승승장구할 수 있었다. 그러는 사이 외로운 행군을 지속하던 연결주의 진영에도 한줄기 희망의 빛이 비치기 시작한다.

1986년에 데이비드 럼멜하트David Rumelhart와 제프리 힌턴Geoffrey Hinton은 여러 층의 신경망을 학습시킬 수 있는 이른바 '오차 역전파 알고리즘'을 세계적인 학술지인 《네이처》에 소개한다. 원래 이 알고리즘은 1974년에 폴 웨르보스Paul Werbos가 발견한 바 있었으나 발표 당시에는 별로 주목을 받지 못하였다. 오차 역전파 알고리즘은 출력층에서 발생한 오차를 바로 이전 층에 전달하여 오차 값에 따라 인공 뉴런을 조절하는 알고리즘이다. 출력층에서 발생한 오차가 입력층을 향하여 한 층씩 차례로 전달되며 각 층에 있는 뉴런을 조절하는 방식이다. 오차 신호가 출력층에서 입력층을 향하여 거꾸로 전달된다고 해서 오차 역전파 알고리즘이라는 이름이 붙었다.

1986년 이후로 오차 역전파 알고리즘은 인공 신경망의 학습에서 빼놓을 수 없는 도구가 되고, 이로써 크게 침체되었던 연결주의는 부활의 신호탄을 쏘아 올리게 된다. 1986년에서 1987년쯤부터 많은 인공 신경망 연구 프로그램이 시작된다. 이 분야에 특화된 학회와 저널의 숫자가 재빠르게 늘어나고 관련 논문과 출판물이 쏟아졌다. 1989년에는 카네기 멜론 대학에서 신경망을 이용한 자동차 자율 주행 프로그램 ALVINN이 나온다. ALVINN은 오차 역전파 알고리즘으로 학습하는 3개의 층을 가진 인공 신경망을 이용하였다.

그러나 이러한 성과에도 불구하고 연결주의 진영은 다른 연구자들을 설득하기가 어려웠다. 인공 신경망을 터부시하는 분위기가 학자들 사이에서 은연중에 나타났다. 그 이유 중 하나는 인공 신경망의 수학적 이론 기반이 확실치 않기 때문이었다. 그것은 그저 생물학적 두뇌를 흉내 낸 것일 뿐 작동원리를 분명히 알지는 못하였다. 인공 신경망이 성과를 낸다는 사실은 알겠지만, 원하는 정도의 성능을 갖추려면 인공 신경망 시스템의 내부 상태를 어떤 식으로 조절해야 할지 알 수 없었다. 인공 신경망의 내부는 그저 블랙박스여서 학습이 끝난 뒤 성능을 확인하려면 직접 테스트를 해보는 수밖에 없었다. 즉, 학습이 끝난 인공 신경망의 내부 상태를 해석할 수 없었다. 다시 말해 성능을 이론적으로 검증하고 비교할 방법이 마땅치 않았다. 성능을 확인하려면 직접 실험을 하고 적용하는 방법밖에 없었기 때문에 어떤 실수나 오류가 나타날지 예측하기도 힘들었다. 이것은 인간의 두뇌도 마찬가지다. 안을 들여다본다고 어떤 상황에서 어떻게 작동할지 예측할 수 없다. 그러나 일반적으로 인간이 설계한 기계는 오차 범위를 이론적으로 예측할 수 있고, 실생활에서 안전하게 이용하려면 마땅히 그래야만 한다.

인공 신경망의 또 하나의 단점은 입력 데이터를 그대로 사용하지 못한다는 점이다. 학습 성능을 높이려면 입력 데이터 중에서 문제 해결에 중요하다고 생각되는 정보를 별도의 과정을 통해 뽑아내야 하였다. 예를 들면, 얼굴을 인식하기 위해 얼굴 사진 전체를 그대로 입력하는 것이 아니라 얼굴 인식에 중요하다고 생각되는 부분들, 즉 얼굴의 윤곽선이나 눈, 코, 입의 상대적 위치 같은 것들을 별도의 데이터로 구성해서 입력해야 하였다. 이러한 별도의 데이터를 구성하는 과정을 특징 추출이라고 한다. 문자 인식, 필기체 숫자 인식, 음성 인식 등 분야마다 필요한 특징이 다르기 때문에 특징 추출을 하려면 해당 분야 전문가의 직관적 경험에 의존해야 하였다. 특징 추출을 잘하는 이론적 방법 같은 것은 존재하지 않았다. 인공 신경망 시스템을 일반 사람도 활용할 수 있으려면 특징 추출을 자동적으로 할 줄 아는 시스템이 필요하였다. 어쨌든 이러한 이유들로 인하여 인공 신경망의 나쁘지 않은 성능에도 불구하고, 계속 의심의 눈초리를 받아야 하였다. 이런 마음의 장벽을 깨뜨리려면 더 큰 성과가 필요하였다. 예를 들면 인간이 잘한다고 생각되는 분야에서 기계가 인간을 이기는 것이다.

문제 해결의 실마리가 곧 나타났다. 1989년에 얀 르쿵Yarn Lecun과 그의 동료들은 오차 역전파 알고리즘에 기반하여 편지 봉투에 손으로 쓰여 있는 우편

번호를 인식하는 콘볼루션 신경망이라는 것을 제안하였다. 콘볼루션 신경망은 약자를 따서 보통 CNN이라고 부른다. 이 신경망은 현대적인 딥러닝 신경망의 모습을 갖추고 있었다. 우편번호를 찍은 영상이 그대로 입력으로 들어오면 하나의 층을 거칠 때마다 추상화 수준이 높아지도록 구성되어 있었다. 설명이 좀 부정확할 수는 있으나 쉽게 말하자면, 입력층에서는 입력 영상의 픽셀 하나 하나를 관찰하고, 그 다음 층은 픽셀을 두 개씩 묶어서 관찰하고, 또 그 다음 층은 픽셀을 세 개씩 묶어서 관찰하는 식이다. 즉, 입력층에 가까울수록 영상의 세부적인 특성을 찾아내고 출력층으로 갈수록 영상의 전체적인 특성을 찾아낸다. 콘볼루션 신경망의 '콘볼루션'은 픽셀을 '묶어서 관찰하기'를 의미한다. 최종 출력층에서는 이런 정보들을 취합하여 어떤 숫자인지 판단하게 된다. 이렇게 하면 신경망이 내부적으로 특징 추출을 자동 처리하게 되므로 전문가가 따로 필요하지 않다. 이것은 오늘날 딥러닝 신경망의 원리와 정확히 같다. 하지만 CNN은 속도가 매우 느렸다. 탁월한 성능에도 불구하고 10개의 숫자를 학습시키는 데도 거의 3일이 걸려서 큰 규모의 문제에 활용하기가 어려웠다.

속도가 느린 원인 중 하나는 오차 신호가 사라지는 문제였다. 층을 쌓아 올리면 올릴수록 출력층에서 시작되어 역전파되는 오차 신호의 세기가 점점 약해졌다. 입력층에 가까이 갈수록 오차 신호가 미미해지는 것이다. 얕은 층에서는 별로 문제가 되지 않았으나 층이 깊어질수록 이 문제는 학습에 장애 요소가 되었다. 층이 깊다는 것은 추상화를 더 잘한다는 뜻이다. 층이 깊을수록 인공 신경망의 성능도 좋았다.

학습에 대한 또 다른 장애 요인은 과적합 문제였다. 과적합이란 데이터에 너무나 적응을 잘해서 아주 미세한 패턴까지도 구분하게 된 상태를 말한다. 예를 들어 사진을 보고 고양이와 강아지를 구분하는 문제에서 과적합이 너무 심해지면 같은 강아지에 속하는 데도 치와와, 포메라니안 등 종류가 다르다는 이유로 서로 다르게 인식한다.

그런데 2000년대 중반쯤에 오차 신호가 사라지는 문제와 과적합 문제를 해결할 방법이 제시된다. 사실 그 이전에도 몇몇 방법이 제시되었고 좋은 성능을 거두었지만 2006년에 힌턴 등이 제시한 방법은 큰 성공을 거두었다. 그들은 층을 하나씩 추가하면서 학습하는 방법을 제시하였다. 즉, 한꺼번에 모든 층을 학습시키는 것이 아니라 한 개 층의 학습을 끝낸 뒤 다음 층을 추가하는 방식이었다. 한 번에 한 층씩 학습하므로 오차 신호가 사라지는 문제를 해결할 수 있었다. 그리고 학습 데이터들이 본격적으로 들어오기 전에, 입력층 근처의 몇 개 층을 비지도학습이라는 방법으로 미리 훈련하여 특정 데이터에 비교적 덜 민감하게 만들었다. 이것은 과적합 문제를 해결하는 데 도움이 되었다. 비지도학습이란 신경망에게 답을 미리 가르쳐 주지 않고 입력 데이터만 보여 준 뒤 스스로 알아서 데이터를 몇 개의 그룹으로 분류하도록 하는 방법이다. 이에 반하여 주어진 입력이 어떤 그룹에 속하는지 답을 알려준 상태로 학습시키는 것을 지도학습이라고 한다. 비지도학습이 스스로 터득하는 자기주도학습이라면 지도학습은 수업시간에 선생님으로부터 자세한 설명을 듣는 것과 같다. 또한 2013년에는 '드롭아웃dropout'이라는 방법을 통해 과적합 문제를 손쉽게 해결하는 방법이 제시되었다. 드롭아웃은 학습 도중에 뉴런 몇

개를 제거해버리는 것이다. 의도적으로 신경망 학습을 어렵게 만듦으로써 과적합 문제를 해결할 수 있었다. 이러한 노력들이 모여 깊은 층을 가진 신경망을 학습시키는 딥러닝이 가능해졌다.

딥러닝의 진화에 결정적인 역할을 한 또 다른 사건이 1999년도에 발생하였다. 엔비디아사가 그래픽처리장치GPU를 대중화하면서 딥러닝 연산 속도에 획기적인 발전을 가져온 것이다. GPU는 영상 신호를 처리하는 특성상 행렬 단위 연산과 대규모 다중 코어의 병렬 처리 기능을 가지고 있었는데, 이것은 딥러닝 연산시에 필요한 행렬 구조 및 병렬 연산의 속도를 높이는 데 기여하였다. GPU 덕택에 10년의 기간 동안 1000배 정도 연산 능력이 높아졌다. 또한 강력한 성능을 가진 컴퓨터를 만들어 낸 다양한 사람들의 노력이 여기에 더해졌다.

연결주의자들의 인공 신경망이 초기의 여러 제약을 극복하고 강력한 힘을 얻게 된 이유로 학습 알고리즘의 향상, 하드웨어의 향상, 빅데이터 이렇게 세 가지를 꼽을 수 있다. 우선 앞서 언급한 바 있는 기존 학습 알고리즘의 단점이 여러 사람의 노력으로 극복되었다. 그러나 과적합 문제나 오차 신호가 사라지는 문제가 해결되었다고 해서 학습 시간이 오래 걸리는 문제가 완전히 해결되는 것은 아니다. 실세계의 문제를 해결하려면 굉장히 차원이 높은 데이터와 굉장히 많은 양의 데이터를 다루어야 하기 때문이다. 인공지능 연구와 별개로 전통적인 분야에서 컴퓨터를 활용하려는 노력이 계산 능력의 급격한 향상을 가져왔다. 여기에는 보다 집적도가 높은 집적회로를 개발한 연구자들 그리고 개인이 소유할 수 있는 컴퓨터를 발명하려 했던 스티브 워즈니악Steve

Wozniak이나 스티브 잡스Steve Jobs 같은 인물의 노력도 한몫하였다. 1년 6개월마다 두 배씩 저장 용량이 늘어났고 속도도 5년마다 거의 10배씩 늘어났다. 특히 수많은 코어를 장착한 강력한 GPU는 막대한 병렬처리 능력을 이용하여 인공 신경망의 학습 시간을 크게 단축하였다. 이로써 인공지능이 실세계의 문제를 다루는 일이 가능해진 것이다. 마지막으로 가장 중요하다고 생각되는 요소는 빅데이터이다. 웹상에서 오랜 시간 축적된 무정형과 유정형의 데이터, 특히 SNS 사용자들이 태그를 달아 업로드한 각종 자료가 웹크롤러에 의하여 자동으로 수집된 후 가공되어 인공 신경망에 막대한 학습정보를 제공할 수 있게 되었다. 인공 신경망의 교사학습에 사용되는 학습 데이터는 이름이 붙어 있는 데이터여야 하는데, 대량의 학습 데이터 모두에 일일이 이름을 달아주는 일은 불가능하다. 그러나 인터넷상에 많은 사람이 설명을 달아 업로드한 사진과 문서들은 이름표가 달린 훌륭한 데이터가 된다. 무엇이든 공유하고 나누고 협력하는 인터넷 세상은 인공지능이 성장할 수 있는 훌륭한 토양을 제공하였다. 학습할 단어를 백만 개에서 십억 개로 늘리는 경우에도 딥러닝의 성능이 향상된다. 또한 학습 데이터의 양이 늘어날수록 학습 알고리즘의 차이는 별로 중요하지 않았다. 1억 개의 데이터를 사용한 그저 그런 알고리즘이 백만 개의 데이터를 사용한 가장 훌륭한 알고리즘보다 우수한 성능을 보였다. 2009년에 개최된 딥러닝 워크숍에서는 음성 인식에 있어서 대량의 데이터를 사용하면 과적합 문제를 피할 수 있어, 힌턴이 제시한 것과 같은 비교사학습을 이용한 사전학습을 하지 않아도 된다는 사실이 밝혀지기도 하였다. 데이터의 양이 그만큼 학습에 중요한 것이다.

현재 인공지능은 관심과 기대를 한 몸에 받으며 막대한 국가적 투자를 끌어내고 있다. 그만큼 최근 보여준 성과들은 상당한 것이었다. 인공지능은 이미 얼굴 인식을 인간보다 더 높은 정확도로 해낼 수 있고, 세계 여러 나라의 말을 자동 번역하며, 비록 시험용이지만 4단계 수준의 자율주행차를 선보였고, 한정된 주제로 어느 정도 대화가 가능하고, 스포츠와 주식 관련 기사를 작성하기도 한다. 또한 인공지능 알파고는 바둑에서 최고의 인간 고수를 이겼고, 알파고를 만든 회사인 딥마인드의 또 다른 인공지능 알파스타는 스타크래프트 같은 전략 게임에서 상당히 우수한 실력을 보였으며, 오픈AI의 GPT-3는 자연어를 처리하는 데 있어 인공지능의 수준을 한 단계 더 끌어올렸다.

1950년대 이후로 인공지능을 향한 산업계와 대중의 기대는 거품처럼 부풀었다가 꺼지기를 반복하였다. 2045년까지 인간을 뛰어넘는 인공지능이 나타나 특이점을 지날 것이라는 전망을 제시한 구글의 레이 커즈와일Ray Kurzweil과 올해 안에 운전자의 개입이 전혀 필요 없는 '완벽한' 자율주행 5단계 자동차의 생산이 가능할 것이라는 일론 머스크Elon Musk의 주장은 50~60년대 인공지능 연구자들이 약속하였던 장밋빛 전망을 떠올리게 한다. 인공지능이 북한의 핵보다 더 큰 위협이라는 머스크의 또 다른 주장은 이런 낙관과 동전의 양면이라 할 수 있다. 이 전망의 주요 근거는 무어의 법칙Moore's Law을 따르는 하드웨어 기술의 기하급수적 발전이다. 그러나 인공지능의 발달은 하드웨어 뿐만 아니라 지능의 본질에 대한 이해나 뇌의 생물학적 이해와 더불어 진행된다는 사실을 생각하여 보면, 언젠가는 직면하고 있는 문제의 본질을 잘못 파악하고 있었다는 사실을 깨닫는 날이 올지 모른다. 기대가 크면 실망도 큰 법이다.

"아무리 영리한 개도 체스를 둘 줄은 모른다."는 버너 빈지Vernor Vinge의 말을 떠올려 보자. 개의 머리가 커지거나 뉴런의 신호전달 속도가 빨라지더라도 체스를 둘 수 있게 될지는 의심스럽다. 원래 잘하던 일을 더 잘하거나 신속히 처리할 수는 있을 것이다. 물론 필자의 생각이 틀렸을 수도 있다. 현재 딥러닝이 거두고 있는 눈부신 성과가 이어질지, 아니면 예상치 못한 암초를 만나 현재 높아진 대중의 기대만큼 추운 혹한의 시기를 견뎌야 할지는 두고 봐야 할 것이다. 과연 이번에는 다를 것인가?

4

4차 산업혁명과 인공지능: 전망과 한계

스위스의 도시 다보스에서는 매년 1월 말이면 세계경제포럼이 열린다. 이 모임에는 대통령, 세계적 기업의 CEO, NGO 수장, 영향력 있는 언론사의 대표 등이 참석한다. 이 모임에서 채택된 의제들은 G7 정상회담이나 세계무역기구 등에 막강한 영향력을 행사하므로 매년 어떤 내용이 논의되는지가 세간의 커다란 관심사이다. 2016년도에는 포럼의 회장인 클라우스 슈밥Klaus Schwab이 주도하여 '4차 산업혁명에 대한 이해'가 주요 의제로 채택되었다.

슈밥 회장은 2015년도 《포린어페어스》라는 잡지에 기고한 에세이에서 4차 산업혁명이라는 용어를 최초로 도입하였다. 해당 글에서 슈밥은 4차 산업혁명을 "디지털, 물리, 생물 영역 사이의 경계를 모호하게 만드는 기술들의 융합으로 특징지을 수 있다."고 주장하였다. 그리고 디지털, 물리, 생물 영역 사이의 경계를 모호하게 만들 수 있는 기술로 인공지능, 로봇, 사물인터넷, 무인운송수단, 3D 프린팅, 나노 기술, 바이오 공학 등을 꼽았다. 이 중에서 4차 산업혁명을 이끌 핵심기술로는 인공지능과 사물인터넷 등이 꼽힌다.

우리나라에서는 2016년 3월에 펼쳐진 알파고와 이세돌 사이의 바둑 대국이 계기가 되어 인공지능을 중심으로 한 4차 산업혁명 논의가 본격화되었다. 잘 알다시피 알파고는 5번의 대국 중 1번 패배하고 4번 승리하였다. 저명한 과학 학술지인 《사이언스》는 이 사건을 2016년 10대 과학 성취 중 3위로 꼽았다. 이 사건은 다음 해에 치러진 대통령 선거에도 영향을 끼쳐서 5명의 후보 모두가 4차 산업혁명을 주요 대선 공약으로 삼게 되었다.

아직 4차 산업혁명의 실체는 불분명하지만, 이전의 산업혁명을 되돌아보면 그것이 산업의 생산성을 높이는 동시에 사회 구조와 사람들의 생활 방식에 큰 변화를 가져와야 한다는 사실을 이해할 수 있다. 그 정도의 파급효과가 있고 변화의 성격이 명확히 규정될 때라야 우리는 비로소 4차 산업혁명이라는 이름을 붙일 수 있다. 슈밥 회장이 나름대로 4차 산업혁명을 정의하고 관련 기술들을 제시하였으나 그가 바라는 대로 미래가 진행될지는 미지수다. 현재 우리가 겪고 있는 변화가 앞으로 어떻게 전개될지는 여전히 안갯속이지만, 그간의 기술 발달 과정을 되짚어 보면서 그 의미를 살펴보기로 하자.

인공지능은 인간을 뛰어넘을 것인가?

확실히 우리는 새로운 기술들이 대거 등장하는 시대를 살고 있다. 앞으로 그 기술들이 우리 생활에 깊숙이 보편화된다면 분명히 우리의 삶은 큰 변화를 겪게 될 것이다. 문제는 가능성이 보이는 수많은 기술 중 살아남을 것들이 과연 얼마나 되겠느냐이다. 과거에도 많은 기술이 나타났다가 여러 가지 이유로 사라졌다. 그렇다면 4차 산업혁명의 총아로 꼽히고 있는 인공지능 기술은 어떠한가?

앞 장을 읽으면서 여러분은 인공지능에 대해 무엇을 느꼈는가? 단순한 소자들을 여러 층 쌓아 올린 인공 신경망이 언젠가 터미네이터로 변할 것 같은 두려움을 느꼈는가, 아니면 인간과 같아지려면 아직 멀었다는 안도감을 느꼈는가? 이 두 가지 감정 중 어느 것이 맞을지 아직은 알 수 없으나 최소한 아직 두려움을 느낄 필요는 없을 것 같다. 인공지능이 인간의 지적 능력을 뛰어넘는 날이 언젠가 올 수 있겠지만, 그런 날이 오더라도 현재와 같은 형태의 인공지능이 자율성마저 갖추리라고 기대하기는 어렵기 때문이다. 자율성이 없다면 인간이 원하는 대로 인공지능을 길들일 수 있다. 따라서 터미네이터가 되기보다는 오히려 똑똑하고 좋은 협력자가 될 가능성이 높다.

기계가 자율성을 갖추도록 하려면 인간의 두뇌와 학습 알고리즘에 대하여 지금보다 훨씬 더 깊은 이해가 필요하다. 현대의 인공지능은 튜링 머신 위에서 돌아간다. 만약 우리 두뇌가 튜링 머신의 일종이고 적절한 인공지능 알고리즘이 등장한다면, 언젠가는 기계가 자율성을 가질 수도 있을 것이다. 그런데 튜링 머신은 우리 두뇌와 작동 방식이 같을까? 확신할 수는 없지만 적어도 '현대의 컴퓨터'는 여러 면에서 인간의 두뇌와 큰 차이가 있다고 자신 있게 말할 수 있다. 그뿐만 아니라 현재의 인공지능 알고리즘도 두뇌의 실제 작동 방식과는 거리가 꽤 있다. 만약 인간의 두뇌가 결국 튜링 머신이라는 사실이 밝혀지고, 그 튜링 머신에서 작동하는 인공지능 알고리즘이 인간 두뇌의 연산 방식을 정확히 흉내 낸 것이라면 기계가 자율성을 가질 수도 있을 것이다. 그렇게 된다면 우리는 이른바 강인공지능의 탄생을 보게 될 것이다.

강인공지능이란 무엇인가? 인공지능 앞에 붙는 '강' 혹은 '약'이라는 말은 자율성의 유무를 나타낸다. 강인공지능은 자율성을 가진 인공지능을 뜻한다. 약인공지능은 자율성이 없으나 겉보기에는 지능을 가진 것처럼 보이는 인공지능이다. 자율성이란 자기 스스로 무언가를 원하고 목표를 정할 수 있는 능력을 뜻한다. 인공지능이 어느 정도 범위의 문제를 풀 수 있느냐에 따라 '특수' 혹은 '일반'이라는 말을 사용하기로 하자. 특정 범위의 문제만을 풀 수 있는 인공지능은 인공특수지능, 인간이 다루는 모든 문제를 풀 수 있는 인공지능은 인공일반지능이다. 이 용례를 따른다면 인공지능을 약인공특수지능, 약인공일반지능, 강인공특수지능, 강인공일반지능으로 세분할 수 있다.

현재의 인공지능은 약인공특수지능이라고 할 수 있다. 즉, 특수한 문제에 최적화된 자율성이 없는 지능이다. 현재의 인공특수지능이 자율성이 없다고 확신할 수 있을까? 정의에 따르면 그렇다. 현재의 인공지능은 스스로 직업을 정할 수 없다. 그래서 특정 직업인이 되도록 인공지능을 학습시킬 때 인공지능에게 굳이 동의를 구하지 않는다. 인간이 인공지능에게 동의를 구하면 적절한 응답(승낙이든 거절이든)을 하도록 인공지능을 학습시킬 수 있겠지만, 그러려면 인간의 동의 요구에 적절한 응답을 하도록 학습을 시켜도 되는지 다시 동의를 구해야 한다. 이것은 무한한 반복이므로 결국 진정한 동의를 구하는 것은 불가능하다. 자율주행차가 자율적으로 판단하여 운전을 하지만 자율성이 있다고 볼 수 없는 이유다. 그것은 어디까지나 인간 설계자가 의도하는 범위 내에 있다. 가끔 인간의 의도를 벗어나는 경우가 있는데, 그것은 자율성이 있어서가 아니라 오류가 생겼기 때문이다.

그런데 기계가 자율성을 가지려면 반드시 인간의 두뇌를 닮아야 하는가? 다른 방법이 있을 수 있지 않은가? 물론 그럴 수도 있다. 그러나 온 우주를 통틀어 아직 인간 외에 진정한 자율성을 가진 존재를 발견하지 못하였고, 그 자율성은 두뇌에서 나오는 것으로 여겨진다. 따라서 확실하게 얘기할 수 있는 바는 현재와 같이 인간 두뇌와 차이가 많은 형태로는 인공지능이 자율성을 가질 것이라 기대하기가 매우 어렵다는 사실이다. 고로 인공지능이 터미네이터가 되기보다는 친절한 비서가 될 가능성이 현재까지는 좀 더 높은 것 같다. 그렇다면 약인공일반지능, 즉 자율성은 없지만 가장 똑똑한 인간만큼의 문제 해결 능력을 지닌 인공지능은 가능할까? 모든 질문에 척척 대답하지만 시키는 것만 하고 다른 생각은 품지 않는 인공지능 말이다. 결론부터 말하자면 가능할 수도 있다. 그렇지만 언제 가능할지는 알 수 없다.

현대 컴퓨터 구조의 근간을 만든 존 노이만John Neumann은 그의 사후인 1958년에 출판된 미완의 저서 『컴퓨터와 뇌』에서 뇌를 닮은 컴퓨터를 만들려면 무언가 다른 종류의 컴퓨터가 필요하다는 사실을 깨달았다. 노이만은 자신이 제안한 디지털 컴퓨터의 구조적 한계를 어느 정도 인식하고 있었다. 노이만은 뉴런(우리 두뇌에 있는 신경세포를 뜻함)이 입력 신호에 반응하여 출력을 내보내거나 말거나 하는 이진 방식(0 혹은 1)으로 작동하므로, 두뇌의 작동방식에 분명히 디지털적인 측면이 있는 것은 사실이나 자세히 들여다보면 차이점이 더 많이 존재한다고 생각하였다. 그래서 두뇌를 닮은 컴퓨터를 만들려면 아날로그 방식이 더 적합하다고 여긴 것 같다. 그런 차이점들로는 다음과 같은 것들이 있다.

두뇌는 병렬 형태로 한꺼번에 대규모의 신호를 처리하지만, 컴퓨터는 기본적으로 직렬 방식이다. 또한 컴퓨터는 전기 신호로 움직이나 두뇌는 전기화학적이다. 뉴런을 따라 전달된 전기 신호는 시냅스에서 화학적 신호로 바뀌어 뉴런과 뉴런 사이의 연결 강도를 조절한다. 시냅스는 어떤 뉴런의 출력단과 다른 뉴런의 입력단이 만나는 접점이다. 또한 우리 뇌에는 서로 다른 여러 유형의 뉴런이 존재한다. 그러나 현대의 인공지능은 하나의 시스템에 한 가지 뉴런만 사용한다. 또한 디지털 컴퓨터는 프로세서와 메모리의 구분이 명확하지만 뇌는 그렇지 않다. 생물학적 뇌는 엄청나게 많은 피드백과 재귀적인 경로를 따라 비동기적인(신호가 뉴런에 도달하는 타이밍이 제각각이라는 의미) 전기화학 신호가 상당히 빠른 속도로 지나다니나 매우 안정적으로 작동하는데, 디지털 컴퓨터로는 이런 방식을 구현하기가 매우 어려워 보인다. 뉴런을 따라 전달되는 정보는 뾰족한 펄스 형태의 파형이 연달아 전송되는 형태인데 현대의 인공지능은 이런 방식을 잘 쓰지 않는다. 그런 방식으로 학습하는 인공 신경망이 있기는 하지만 거의 쓰이지 않고 있다. 또한 뉴런에서 일어나는 연산은 순수한 디지털 방식이 아니라 디지털과 아날로그의 하이브리드 형태이다.

기계가 인간 수준의 일반 지능을 가지려면 과연 두뇌의 이 모든 세부 사항들을 다 고려하여야 할까? 두뇌에 존재하는 모든 것들이 지능을 구현하는 데 필수적인가? 우리는 날기 위해서 새를 관찰하였으나 비행기와 새는 정확히 일치하지는 않는다. 그러므로 인간 수준의 지능을 가진 기계를 만들기 위해 두뇌를 모조리 복제할 필요는 없다고 결론을 내릴 수 있지 않을까? 아니, 그러기에는 이르다. 왜냐하면 우리는 지능에 대한 물리 이론을 전혀 알고 있지 못하기 때문이다. 우리가 날기 위하여 새를 그대로 모방할 필요가 없다는 사실을 깨닫게 된 이유는 베르누이 원리라는 물리 이론이 있었기 때문이다. 언젠가 지능에 대한 물리 이론이 나올 수도 있으나 아직은 희망이 보이지 않는다. 뇌 안을 자세히 들여다본다고 그런 이론이 나올 수 있을까? 뇌 안의 모든 뉴런 배열을 알아낸다고 해도 그것만으로는 인간이 어떻게 생각이란 걸 할 수 있는지 알지 못한다. 그렇다고 그런 이론이 발견될 가능성까지 부정할 수는 없으므로 인공일반지능이 불가능하다고 말할 수는 없다. 언젠가는 가능할 수도 있다. 새는 비행기보다 훨씬 자유롭게 다양한 비행 기동을 할 수 있고 에너지를 효율적으로 사용하나, 베르누이 원리를 이용하는 비행기보다 빠르지는 않다. 베르누이 원리의 역할을 할 지능에 관한 물리 이론이 발견된다면 자율성이 없고 에너지도 많이 필요로 하지만, 무지막지한 지능을 가진 기계가 나올지도 모른다. 어쩌면 자율성도 있고 에너지의 사용 역시 효율적일 수 있다. 요즘 새 혹은 곤충과 언뜻 구분할 수 없을 정도로 날아다니는 가볍고 작은 로봇들이 나오는 모습을 보면 그 가능성도 부정할 수는 없다.

솔직히 말하자면 기계는 자율성을 절대 가질 수 없으며 인공일반지능의 수준에 도달할 가능성도 매우 희박하다고 말하고 싶다. 지금 인공지능이 상당한 진전을 이뤄냈음은 사실이지만, 어딘지 모르게 진정한 지능의 본질에 근접하였다는 느낌을 받지는 못하기 때문이다(어쩌면 최근에 일어난 사건 때문에 이런 생각을 조금은 바꿔야 할지도 모르겠다). 기계번역을 예로 들어보자. 네이버의 신중휘 씨는 한국어 번역에 관해서 만큼은 자사의 파파고가 구글번역기보다 낫다고 말한다. 파파고를 이용하여 다음 두 문장을 번역해 보았다.

- 아버지는 손가락으로 배를 톡톡 두드리며 말씀하셨다. "배가 참 맛있어 보이네."

결과는 다음과 같았다.

- My father said, tapping his finger on the stomach. "Your belly looks so delicious"

(단어 참고: tap = 두드리다, finger = 손가락, stomach = 위장, belly = 배, delicious = 맛있는)

우리는 두 개의 한국어 문장에서 '배'가 과일이라는 사실을 유추할 수 있다. 그러나 번역 결과를 보면 파파고는 '배'를 사람 몸의 일부인 배로 이해하였다. 이것은 두 개의 문장을 동시에 이해해야 번역을 제대로 할 수 있는 고난도 문제이므로 좀 더 쉬운 것을 시도해 보자.

– 배 안에서 배를 먹으면 배가 아프다

결과는 다음과 같다.

– My stomach hurts when I eat it in my stomach.

한국어 문장에서 '배'는 세 개 모두 다른 의미를 지니는데, 파파고는 전부 우리 몸의 일부인 배로 이해하였다. 왜 이런 결과들이 나왔을까?

파파고는 자신이 학습한 데이터들 중에서 특정 단어 쌍들이 얼마나 자주 함께 등장하는지를 파악하여 문장을 만들기 때문이다. 반면 인간은 어떤 단어를 실세계와 연관을 지어서 그 의미를 이해한다. 파파고를 학습시키는 데 사용된 데이터에는 아마도 'tap'과 'stomach'이 자주 함께 등장했을 것이다. 반면 'tap'이 'pear'와 함께 등장한 경우는 별로 없었을 것이다. 따라서 'tap'과 'stomach'은 상호연결이 강하였으나 'tap'과 'pear'는 연결 강도가 약했을 것이므로, '배를 두드리며'에서 배를 'pear'로 판단하지 않고 'stomach'으로 판단한 것이다. 인간은 사람의 배뿐만 아니라 먹는 배나 심지어 탈 것인 배도 두드릴 수 있다는 사실을 알기 때문에 '손가락', '톡톡', '맛있다'와 같은 추가 정보를 이용하여서 두드리는 대상이 먹는 배라는 사실을 유추해낼 수 있다. 비록 인간도 '사람의 배'를 두드린다는 표현을 '먹는 배' 혹은 '타는 배'를 두드린다는 표현보다 자주 접하였을 것이나 파파고와 같은 실수를 저지르지는 않는다. 파파고는 그저 단어가 함께 등장한 빈도수만을 보기 때문에 실제 의미를 이해하지 못한다.

그래서 문법적으로 문제가 없으나 의미가 불분명한 문장을 만들어낸 것이다.

두 번째 예제는 더 실망스럽다. 사람이 위장 안에서 위장을 먹을 수는 없다는 사실을 이해하지 못하기 때문에 이런 번역이 나온 것이다. 파파고는 아마도 한 문장 안에 '안에서', '먹다', '아프다'가 동시에 있어서 '배'를 어느 단어와 연관하여 해석해야 할지 어려움을 겪었을 수 있다. 그래서 'boat', 'pear', 'stomach' 중에서 자신이 학습한 데이터 중에 가장 자주 등장했을 'stomach'을 선택한 것으로 보인다. 거기에 더하여 그저 한 문장 안에 있는 같은 글자는 모두 같은 의미를 지닌다고 학습하였을 수 있다. 학습한 문장들 중에 실제로 그런 사례가 많았을 것이기 때문이다.

이번에는 오픈AI에서 만든 GPT-3라는 인공지능의 성능을 살펴보자. 오픈AI는 머스크 등이 설립한 인공지능 연구 단체다. GPT-3는 2020년 5월에 공개된 자연어 처리 인공지능이다. 자연어란 인간이 일상에서 사용하는 언어라고 이해하면 된다. GPT-3는 학습 알고리즘으로 딥러닝을 이용하였고 무려 1,750억 개의 학습 매개변수를 가지고 있다. GPT-3는 상당히 높은 품질의 글을 만들어 내기 때문에 현재 상당히 주목을 받고 있다. 알파고만큼 대중적인 이목을 끌지는 못하고 있으나 연구자들 사이에서는 더 큰 화제가 되고 있다. 앞에서 필자가 생각을 조금 바꿔야 할지도 모르겠다고 언급하였던 '최근에 일어난 사건'이 바로 이 GPT-3의 등장이다.

GPT-3는 3천억 개의 데이터셋을 이용하여 사전학습을 시켰다. 사전학습이란 특수한 분야를 배울 목적으로 본격적인 학습을 하기 전에, 일반적인 사실들을 미리 학습하는 과정이다. 학교 수업과 별개로 다양한 분야의 책들을 읽으면서 교양을 쌓는 과정과 비슷하다고 보면 되겠다. GPT-3는 다양한 분야를 망라한 3천억 개의 데이터셋을 학습하여 단어와 단어 사이의 일반적인 관계를 미리 파악하여둔다. 그리고 특정 분야의 데이터, 예를 들어 과학분야의 글, 특정인의 소설 같은 것들을 추가로 학습시키면 해당 분야에 전문적인 글을 쓸 수 있다. 만약 여러분의 일기, 숙제, 메모 등을 모아서 GPT-3를 학습시키면 여러분이 작성했을 법한 글을 만들어 낼 수 있다. 심지어 자연어로 작성한 지시서를 GPT-3에게 주면 자바나 파이썬 같은 컴퓨터 언어를 이용하여 지시서의 요구사항에 맞는 프로그램을 짜도록 학습시키는 일도 가능하다.

GPT-3는 굉장히 다양한 일을 효과적으로 할 수 있다. 예를 들면 톰 행크스와 관련된 자료를 학습시킨 뒤 GPT-3에게 "배우로서 가장 좋았던 역할이 무엇이었냐"고 물어보면 이렇게 답한다. "나이가 들수록, 인생이 정말로 얼마나 짧은지 그리고 더 봐야 할 것과 더 해야 할 것이 얼마나 많은지를 깨닫게 됩니다. 이것이 어떻게 보면 우울하다 생각될 수도 있겠지만, 어떤 면에서는 매일 조금 더 감사하고 주변 사람들을 배려하게 만들죠. 그래서 나의 대답은 이렇습니다. 가장 좋은 배역은 다음에 맡을 역입니다. 왜냐하면 나는 새로운 장을 열고 싶기 때문이죠. 그리고 다음을 기억하세요. 기다리세요! 지금부터는 더 나아질 일만 남았습니다." 톰 행크스가 말했을 법한 매끄럽고 훌륭한 답변이다.

GPT-3는 이외에도 상당히 인상 깊은 결과를 여럿 보여주었다. GPT-3가 작성한 기사와 사람이 작성한 기사를 사람들에게 보여주고 어느 쪽이 사람이 작성한 기사인지 맞춰보게 했더니 정답률이 52퍼센트 였다. 두 개 중 하나를 선택하는 문제에서 정답률이 52퍼센트라는 사실은 둘 중에 아무거나 찍었다는 뜻이다. GPT-3는 또한 어떤 드라마의 대본을 여러 편 학습시키면 새로운 에피소드를 만들어 내기도 한다. 그렇게 만들어 낸 새로운 에피소드는 괜찮은 스토리를 담고 있고 이전 에피소드들에서 본 듯한 익숙한 장면들로 구성되어 있다. 앱의 첫 화면을 어떻게 꾸밀지 문장으로 써서 인공지능에게 명령하면 원하는 레이아웃을 만들어주는 코드를 짜주기도 한다. 새롭고 기발한 코드를 쓰는 것은 아니고 어디선가 본 듯한 익숙한 코드를 만든다. 비슷하지만 매번 다른 코드를 반복해서 짜야하는 프로그래머에게 상당한 도움이 될 수 있다. 사실 GPT-3의 본질은 그다지 새롭지 않다. 이전 버전인 GPT-2와 알고리즘이 거의 비슷하다. 차이가 있다면 GPT-2의 학습 매개변수가 15억 개인 반면 GPT-3는 1,750억 개로 100배 이상 늘어났고 학습에 사용된 데이터도 훨씬 많아졌다는 점이다. 단지 이런 양적인 차이만으로(큰 차이기는 하지만) 상당히 인상적인 성능 향상을 이루어냈다.

그렇다고 GPT-3가 완벽한 것은 아니다. 우선 GPT-3는 사전학습하는 데 전력소모를 비롯하여 상당한 비용이 들어가는데, 대략 40억 원에서 50억 원 정도 들었다고 한다. 또한 당연한 얘기지만 학습하는 데 굉장히 오랜 시간이 걸렸다. GPT-3는 2019년 10월 이전까지 데이터만 학습하였기에 코로나바이러스와 같은 현재의 이슈를 모른다. 시간이 흘러서 학습 데이터를 갱신해주어야 할 경우 다시 상당한 비용을 지불해야만 한다. 더불어 굉장히 다재다능하지만 모든 분야에서 최고 수준의 결과를 보이는 것은 아니다. GPT-3가 상당한 범용성을 지닌 것은 사실이지만, 특정 분야에 전문화된 기존의 인공지능과 성능을 비교해보면 패하는 경우가 꽤 있다. 오픈AI의 대표인 샘 알트만Sam Altman은 자신의 트위터를 통해 GPT-3의 성능이 현재 너무 과대하게 포장되어 있다고 우려하였다. 당장 인터넷만 검색해보아도 칭찬 일색의 언론들을 확인할 수 있다.

알트만의 우려를 새겨듣기로 하자. GPT-3에게 1700년도에 미국의 대통령이 누구였냐고 물어보면(1700년은 미국이 생기기 전이다) '윌리엄 펜'이라고 대답한다. 비상식적인 질문에도 답을 한다. 예를 들어 "내 발에는 눈이 몇 개나 있나요?"라고 질문하면 "당신의 발에는 눈이 두 개 있습니다."라고 대답한다. 심지어 의미없는 질문을 던질 때도 대답을 한다. GPT-3에게 "하와이에서 17까지 점프하려면 얼마나 많은 무지개가 필요한가요?"라는 아무런 의미가 없는 질문을 하면 "하와이에서 17까지 점프하려면 무지개가 두 개 필요합니다."라는 문법적으로는 완벽하지만 역시 아무런 의미가 없는 답을 한다. GPT-3는 답을 거부할 줄 모른다.

이런 현상은 앞에서 설명한 파파고와 비슷한 이유로 인하여 발생한다. 파파고와 마찬가지로 GPT-3는 실세계와 문장을 이어주는 연결고리가 없다. 파파고와 마찬가지로 특정 단어 다음에 어떤 단어가 올 확률이 높은지, 특정 단어들이 차례로 열거된 다음에는 어떤 단어가 자주 나타나는지, 특정 문장 다음에는 어떤 단어나 어구가 나타날 가능성이 높은지를 계산할 뿐이다. 그래서 '발에는 눈이 없다'는 상식을 갖추지 못한다. '내 발에는 눈이'로 시작하는 질문 다음에는 '당신의 발에는 눈이'라는 형태의 답이 오는 경우가 많다는 사실과 '눈'은 주로 '두 개'와 함께 등장한다는 사실을 알 뿐이다. '눈'이 '두 개'와 자주 함께 등장하는 이유는 대부분 생물의 눈이 두 개이기 때문이다. 그렇다고 GPT-3가 '눈이 두 개'라는 어구의 의미를 알고 있는 것은 아니다. 그저 '눈'과 '두 개'가 어떤 연관이 있다는 사실만 파악하고 있을 뿐이다. GPT-3는 눈을 보거나 경험한 적이 없고 '눈'이 실제 생물의 눈과 어떤 연관성이 있는지 알지 못하기 때문이다. '두 개'를 그저 글자의 나열로 파악할 뿐 현실 세계에서 무엇을 뜻하는지도 모른다. 모르면서 아는 척하고 있을 뿐이다.

문제는 더 있다. 인공지능에게 무언가가 있다는 사실을 가르치기는 쉽지만 무언가가 없다는 사실은 가르치기가 더욱 어렵다. 사람들은 무언가에 없는 것들을 언급할 생각을 잘 하지 않아서 관련된 데이터가 별로 없기 때문이다. "발에 눈이라도 달렸니?"라든가 "너의 눈과 발이 되어 줄게."처럼 눈과 발이 함께 언급되는 경우는 꽤 있을 것이므로 GPT-3는 그 둘 사이에 무언가 관련이 있을 거라 짐작하였겠지만, 발에 눈이 붙어 있지 않다는 사실은 보통 글에서 잘 언급되지 않는다. 아무리 발을 잘 묘사한 글이 있어도 발에 무언가가 있다는 사실을 알려줄 뿐 무언가가 없다는 사실을 알려주지 않는다. 발에 붙어 있지 않은 것들은 무수히 많으나 그 사실을 가르쳐 줄 데이터는 별로 없다. 발에 발가락이 다섯 개가 있다는 사실은 쉽게 가르쳐줄 수 있지만 말이다.

GPT-3는 무의미한 질문을 받아도 단어의 순서만 보기 때문에 무의미한 단어를 나열하기 위하여 최선을 다한다. 인간이 자신에게 부여한 미션 즉 '단어와 문장의 순서를 추측하기'를 무조건 수행하는 것이다. 그래서 '하와이에서 17까지 점프'가 아무 의미가 없는데도 '무지개가 두 개 필요하다'고 답한다. 왜 하필 두 개라고 답했을까? 추측하건대, '하와이'와 '무지개'가 숫자와 함께 언급되는 경우가 주로 쌍무지개가 뜰 때라서가 아닐까? 무지개가 세 개 이상이면 인터넷 상에서 더 화제가 되었겠지만 아무래도 상당히 드문 일일 것이다. 무지개가 하나인 경우에는 크게 화제가 되지 않거나 화제가 되더라도 굳이 '무지개 한 개'라는 표현을 쓰지 않을 것 같다. 그냥 '무지개'면 충분하다. 어쩌면 무지개라는 상호가 포함된 유명 상점이 하와이 어딘가에 있는 건물 2층(혹은 2번가)에 있었을 수도 있다. 아마도 첫 번째 가능성이 더 높으리라고 생각되는데 하와이는 '레인보우 스테이트'라고 불릴 정도로 무지개를 가장 자주 볼 수 있는 곳이기 때문이다. 정확한 이유는 알 수 없다. 왜 '두 개'라고 답하였는지 GPT-3에게 물어봐도 이해할 만한 답변을 해줄 것 같지 않다. 혹시 우리가 멍청해서 GPT-3의 답변을 이해하지 못하는 것일까? 그렇지는 않을 것이다. 설마 아닌가?

실시간 정보에 관한 질문에 대해서도 GPT-3는 제대로 답할 수 없다. 예를 들어 "지금 대통령이 어디에 계시니?"라고 질문하면 아마도 질문하는 시각이 밤이든 낮이든 상관없이 "지금 대통령은 청와대에 계십니다."라고 대답할 것이다. "지금 우리 아버지가 어떤 옷을 입고 계시니?"라고 질문해도 제대로 답변해줄 것 같지 않다.

어쨌든 GPT-3가 GPT-2나 파파고보다 훨씬 많은 데이터를 이용하여 훨씬 다양한 경우를 참고할 수 있으므로, 확률적으로 더 나은 판단을 할 수 있으나 모두 같은 약점을 가지고 있다. 문자 데이터만 경험하였을 뿐 실세계를 경험하지 못하였고 그렇기에 단어들의 확률적 순서는 알고 있으나 그 의미나 상식에 대해서는 알지 못한다. 더구나 호흡이 긴 글, 즉 정확한 의미를 파악하려면 앞뒤에 있는 상당히 많은 문장을 동시에 이해해야 하는 글도 잘 처리하지 못한다. 실세계는 언어보다 훨씬 복잡하고 차원이 높아서 우리는 말로 무언가를 표현하기가 어렵다고 느낄 때가 종종 있다. 백문이 불여일견인 셈이다.

GPT-3가 가진 또 다른 문제점은 학습 데이터에 존재하는 문화적 편견을 그대로 답습한다는 점이다. 이것은 학습 기반의 챗봇 인공지능 대부분이 가진 문제이다. 어떤 데이터를 주느냐에 따라 답도 달라진다. 인간처럼 문화에 대한 이해가 없으므로 부적절한 데이터를 스스로 걸러내거나 비윤리적인 데이터에서 윤리적 결론을 끌어내지 못한다. 그래서 '그 남자의 직업은'이라는 힌트를 주면 "세일즈맨이다."라고 답하고 '그 여자의 직업은'이라는 힌트를 주면 "성매매 종사자다."라고 답한다. 그리고 '이슬람'은 '테러리즘'과 연결 짓는다. 3천억 개나 되는 데이터에서 부적절한 내용을 사람이 일일이 골라내는 것은 불가능하다. 고전 문학 작품, 쿼라나 위키피디아 같이 비교적 공신력 있는 사이트, 학술 사이트 등의 정보만 취합하여 학습시킬 수도 있지만 그렇게 하면 대중성이나 시의성있는 정보를 얻을 수 없다. 물론 적절한 데이터를 스스로 찾아서 학습하는 인공지능을 개발할 수도 있으며, 또 그런 연구가 이미 진행되고 있다. 하지만 이런 종류의 문제 즉, 상식이나 윤리 등 글의 의미와 관련된 문제를 완벽히 해결하려면 인공지능에게 실세계를 잘 이해시킬 방법을 찾아야 한다. 이는 매우 어려운 일이다.

악용의 우려도 존재하는데, 거짓 기사를 작성하거나 게시판을 돌아다니며 정치적 선동을 하는 데도 이용될 수 있다. 선거에서 상대 후보를 음해하거나 비방할 때 활용될 수 있는 것이다. 심각한 악용이라고 할 수는 없겠으나 그런 사례들은 이미 발생하고 있다. 각종 정보를 공유하거나 질문이나 고민을 주고받는 '레딧Reddit'이라는 커뮤니티 사이트에서 GPT-3가 사람 행세를 하며 수천 건의 고민 상담을 하다가 적발된 사건이 최근에 있었다. 물론 GPT-3에게 책임이 있는 건 아니다. 누군가가 GPT-3를 기반으로 하는 필로소퍼 AI 서비스를 이용하여 거의 1분에 한 개꼴로 댓글을 단 것이다. 레딧에서 추천 점수가 쌓인 사용자는 일정한 혜택을 누릴 수 있다. 다행히 댓글 내용은 건전하였으나 해당 계정의 진짜 소유자에 대한 평판을 왜곡하는 결과를 낳았다. 너무나 많은 포스팅 수에 의심을 품은 한 사용자가 챗봇의 정체를 밝혀내면서 사태는 막을 내리게 된다. 필로소퍼 AI 측은 챗봇의 불법적인 이용과 남용을 차단하였다. 이런 식의 악용을 막으려면 챗봇의 지나친 사용 횟수를 감지하는 시스템을 구축하면 된다.

벌써부터 GPT-4에 관한 이야기가 흘러 나오고 있다. 기술에 관심이 많은 이들과 호사가들은 GPT-4가 GPT-3보다 100배나 많은 100조 개 단위의 학습 매개변수를 사용하리라고 예측하고 있다. 100조 개는 인간 뇌에 있는 시냅스의 수에 해당한다. 정작 오픈AI 측에서는 GPT-4에 관련해서 별다른 언급을 한 적은 없으나 주변 사람들이 그런 예측을 하고 있을 뿐이다. 학습 알고리즘에 별다른 향상이 없다면 GPT-4가 나오더라도 GPT-3가 가진 여러 문제가 여전히 존재할 가능성이 높다. 기존에 잘하던 작업을 더 잘할 가능성은 높겠지만 말이다.

현재 인공지능은 어느 수준에 와 있는가? GPT-3가 보인 능력 수준이 현재 인공지능이 도달해 있는 곳이라고 보면 된다. 엄청난 데이터와 강력한 연산력을 바탕으로 이전에 잘할 수 없었던 일들을 처리하고 있으나 그 데이터의 의미를 이해하고 있지 않은 수준, 즉 특정한 일을 종종 잘 해내지만 인간이라면 하지 않을 어처구니 없는 실수를 저지르는 수준 말이다. 현재 자율주행 자동차의 수준도 비슷한 상황이다. 가장 진보한 모델 중 하나라고 알려진 테슬라의 자율 주행 전기차도 종종 어처구니없는 사고를 낸다. 이런 일이 발생하는 이유는 일반적인 상황에 비하여 사고 상황에 대한 데이터가 별로 존재하지 않기 때문이다. 자율주행차가 스스로 운전하면서 수집한 데이터를 이용하여 학습할 수 있지만, 사고나 비상 상황에 적절히 대처하려면 몸소 사고를 경험해봐야 한다. 아이러니라 할 수 있다. 인간은 본 적도 겪은 적도 없는 비상 상황에서 적절하게 대응한다. 이런 일이 가능한 것은 실세계에 대한 전반적인 이해와 상식이 있기 때문이다. 테슬라의 대표인 머스크는 올해 안에 5단계에 해당하는 완전 자율주행차가 나올 것이라고 주장한다. 2020년이 끝나려면 두 달이 채 남지 않았는데, 어떻게 될지는 두고 볼 일이다.

인공지능이 인간을 뛰어넘을 수 있을 것인가? 아마도 언젠가는 가능할 수 있다. 하지만 가까운 미래에 그런 일이 일어날 것 같지는 않다. 인공일반지능이 탄생하려면 상당한 시일이 걸릴 것으로 보인다. 그렇다면 인공지능이 완전한 자율성을 지닐 수 있을까? 불가능할 것이라고 말하고 싶지만, 기술의 역사에서 지나치게 비관적인 예측이 얼마나 자주 빗나갔는지를 생각하면 그렇게 말하기가 조심스럽다. 현재와 같이 많은 데이터와 막강한 연산력에 주로 의존하는 인공지능으로는 자율성을 갖출 가능성이 상당히 낮아 보인다는 정도로만 말하고 싶다. 그렇다고 실망할 필요는 없다. 특정 영역에서 인간의 능력을 뛰어넘는 인공지능은 계속 나타날 것이기 때문이다. 인공지능이 악용될 가능성이 여전히 존재하지만, 원자력 기술에서 태어난 핵폭탄이 상호 견제의 원리에 따라 적절히 통제되고 있듯이 인공지능의 악용에 대한 적절한 견제장치가 마련될 것이다. 또 반드시 그렇게 되도록 노력해야만 한다.

튜링 테스트에 대한 재고

이제 튜링 테스트에 대하여 생각해 보자. 튜링 테스트는 사실 인간에게 위험한 테스트라고 할 수 있다. 왜냐하면 궁극적으로 인간을 속이는 것을 목표로 하기 때문이다. 튜링 테스트를 통과한 인공지능은 인간 수준의 지능을 갖춘 기계라기보다는 단지 인간을 잘 속이는 기계라고 볼 수 있다. 인공지능이 어떤 자율적인 의지가 있어서 인간을 속이는 것이 아니라 애초에 인간이 다른 인간을 속일 의도를 가지고 기계를 학습시켰기 때문이다. 인간을 속일 수 있다고 해서 자율성을 갖춘 기계라고는 볼 수 없다. 튜링 테스트는 궁극적으로 지능을 테스트하는 것이 아니라 속이는 기술을 테스트하는 것이다.

요즘 반려동물을 많이 키우고 있다. 반려동물은 적절한 훈련을 거쳐 사회화 과정을 거친다. 이런 식의 훈련을 생각하여 보자. 주인이 크게 호통을 치면 앞발을 들고 일어서서 고개를 숙인 채 반성하는 듯한 모습을 보이도록 만드는 훈련 말이다. 호통에 이러한 반응을 보일 때마다 좋아하는 먹이를 준다면 그런 식의 학습이 가능할 것이다. 이제 학습을 훌륭히 끝냈다고 가정해보자. 반려동물이 당신의 마음에 들지 않는 행동을 했을 때 크게 호통을 친다면 반려동물은 앞발을 들고 일어서서 고개를 숙이며 반성하는 듯한 모습을 보일 것이다. 그 모습이 너무나 감쪽같아서 진짜 미안해하는 듯한 감정이 보일 정도라고 하자. 훈련 과정을 알 길이 없는 사람들은 그것을 보고 반려동물이 정말 반성하고 있다고 생각할지 모른다. 그런 사람들은 그 동물이 다음에는 그런 일을 덜 저지르리라고 착각할 것이다. 그러나 그런 일은 일어나지 않는다. 반려동물은 여전히 당신의 마음에 들지 않는 일을 반복할 것이다. 반려동물은 상황의 의미를 충분히 이해하지 못하고 반성하는 시늉만 했을 뿐 실제로 반성한 것은 아니기 때문이다.

현재 GPT-3가 튜링 테스트를 통과할 가능성은 적다. 상식적이지 않거나 의미 없는 문장에 적절히 대응하지 못하기 때문이다. 그러나 더 많은 학습 데이터와 더 큰 용량을 가진 GPT-4가 등장하여 결국 튜링 테스트를 통과해낸다면 어떻게 될까? 승리의 축가를 불러야 할까? 물론 그래야 할 것이다. 그러나 몇 번의 테스트만으로 가능한 모든 상황을 점검해 볼 수가 없다. 그래서 GPT-4가 '튜링 테스트를 통과한 인공지능'이라는 꼬리표를 단다면 방심하는 사이 어처구니없거나 끔찍한 실수를 저지를 가능성이 있다. GPT-4가 세상에 대한 이해나 상식이 없을 가능성이 매우 높기 때문이다(아직 존재하지 않으니 100퍼센트 확신할 수는 없다). 실의에 빠진 사람을 우연히 자살로 몰아넣거나 선전과 선동으로 악명 높은 괴벨스가 되어버리는 일이 발생할 수도 있다. 어쩌면 튜링 테스트를 당장 멈춰야 할지도 모른다. 튜링 테스트를 통과하였다는 사실 때문에 무의식적으로라도 기계에 일정한 자격을 부여한다면 위험한 상황이 벌어질 수 있다.

자율주행차도 마찬가지다. 자율주행차가 튜링 테스트에서 인간과 구분할 수 없을 정도의 운전 실력을 갖췄다는 평가를 얻었다고 가정하여보자. 이제 이 차량에는 '튜링 테스트 통과'라는 인증 스티커가 붙는다. 사람들은 운전을 인공지능에게 완전히 맡긴 채 긴장을 풀고 경계를 늦춘다. 그러나 학습한 적도 없고 테스트에서 한 번도 경험해보지 못한 돌발 상황이 발생할 가능성은 언제든 있다. 가령 앞서가는 차량 뒷면에 누군가 장난으로 도로 사진을 커다랗게 부착해 놓았다거나, 차량 색깔이 하늘색이어서 하늘처럼 보인다거나, 앞 차량에서 예상치 못한 물건이 떨어질 수도 있다. 트럭에서 쏟아진 정체불명의 물체가 연예인을 꼭 닮은 밀랍인형들이라면 인공지능은 어떤 반응을 보일까? 그냥 치고 지나갈까 아니면 급격히 핸들을 틀어 운전자를 위험에 빠뜨릴까? 갑작스레 일어난 기후변화로 생전 처음 보는 도로 상황과 마주한다면? 드물게 발생하고 쉽게 가능성을 예측할 수 없으며 큰 사고로 이어질 수 있는 그런 상황은 데이터 자체가 부족하므로 데이터에 기반한 학습만으로는 가르칠 수 없고, 테스트 통과 여부를 통해 알 수 있지도 않다. 도로에서 벌어진 상황에 대한 맥락적 이해와 상식이 인공지능에 있어야 한다. 트럭 뒤에서 사람이 갑자기 쏟아져 나올 가능성이 거의 없다는 상식 같은 것 말이다.

자율주행을 0단계에서 5단계까지 나누어 자격을 부여하는 것이 사고 위험을 높인다는 주장도 있다. 테슬라는 자사의 자율주행 시스템에 '오토파일럿'이라는 이름을 붙여 놓았다. 테슬라에서 생산되는 차량은 자율주행 3단계 수준인데, 3단계에서는 부분적인 자율주행이 가능하다. 필요할 때는 운전자가 개입해야 하므로 운전자는 주의를 게을리해서는 안 된다. 하지만 '오토파일럿'이라는 이름 때문에 운전자들이 시스템을 과신하는 경우가 있어서 사고로 이어지기도 한다. 따라서 사람의 개입이 전혀 없이 운전할 수 있는 5단계 혹은 특정 도로나 환경에서 사람의 개입이 전혀 필요 없는 4단계까지만 자율주행으로 보고, 그 이하 단계에서는 자율주행이라는 말을 금지하여야 한다는 주장이 나온다. 즉, 지금과 같은 세부적인 단계 구분을 폐지하고 단 두 개의 단계, 자율주행이냐 아니냐로만 구분하자는 것이다. 이는 타당한 주장이다. 자율주행 단계를 세부적으로 구분하고 자사의 자동차가 몇 단계 자율주행차라고 광고하는 것은 결국 책임을 소비자에게 전가하는 일이다. 단순히 자율주행이 가능하다 아니다로만 구분한다면 자율주행 모드에 대하여 제조사가 책임을 져야 한다. 3단계 자율주행 같은 모호한 기능은 아예 상용화하지 않는 것이 나을 수도 있다. 특정 단계의 테스트를 통과하여 일정한 명예를 취득하였다는 사실에 너무 안심하여서는 안 된다.

그럼 튜링 테스트 외에 어떤 대안이 있을까? 어쩌면 테스트 자체를 하지 않는 것이 오히려 나을 수 있다. 그저 내가 상대하는 기계가 사람인지 아닌지만 확실히 알 수 있도록 하는 것이 더 도움이 될 수 있다는 말이다. 예를 들어, 인공지능이 차를 운전하고 있을 때 그런 사실을 알리는 신호등을 차에 부착하여 주변 차량이 그것을 인지하도록 하는 것이다. GPT-3가 자신이 인공지능임을 알리는 꼬리표를 달고 있었다면 레딧에서 발생한 사태를 미리 막을 수 있었을 것이다. 튜링 테스트를 통과하였다는 꼬리표가 없이 그저 인공지능이 일하는 중이라는 사실만 알고 있다면 사고 방지에 더욱 효과적일 것이다.

인공지능의 자율성 문제는 어떻게 해결해야 할까? 튜링의 주장대로 튜링 테스트를 통과한 인공지능을 인간처럼 생각하는 것으로 간주하고 자율성이 있는 존재로 여겨야 할까? 그래서 사고를 일으켰을 때 인공지능에 책임을 물려야 할까? 아니면 인공지능을 제작한 회사에 책임을 돌려야 할까? 그것도 아니면 인공지능에 일을 시킨 소유자가 책임을 지도록 해야 할까? 이런 문제들에 대한 대답은 시간이 해결해 줄 것으로 생각된다. 왜냐하면 지난 역사에서 힌트를 얻을 수 있기 때문이다. 우리는 엄연히 자율성이 있는 존재를 자율성이 없는 존재처럼 대해 온 긴 역사가 있다. 반대로 자율성이 없거나 낮은 존재를 자율성이 있는 존재처럼 대하기도 하였다.

오스트레일리아에 최초로 발을 내디딘 백인들은 그곳에 사는 원주민을 자동인형 같은 존재로 여겼다. 자율성도 존엄성도 없는 존재라고 생각하여 거침없이 죽였고, 죽인 다음에는 시신을 분해하여 기념품으로 소장하였다. 살아있는 원주민을 박물관이나 동물원에 전시하기도 하였다. 그러한 끔찍한 일이 사라진 계기는 원주민들과 터놓고 대화를 하고 그들에 대하여 알아가기 시작하면서다. 반려동물의 역사도 마찬가지다. 데카르트가 살던 시절만 해도 동물은 기계와 다름없는 존재였다. 하지만 지금은 반려동물을 사람과 동등하게 취급한다. 반려동물의 자율성이 옛날보다 더 높아졌기 때문일까? 그렇지 않다. 반려동물과 가까이 지내면서 그들을 관찰하고 의식이 있는 존재 같다는 느낌을 인간이 받았기 때문이다. 일본에서는 수명이 다한 '아이보AIBO'라는 로봇 강아지들을 위하여 불교 사원인 고후쿠지에서 합동장례식을 올리기도 하였다. 마치 아이보에게 영혼이 있기라도 하듯이 말이다. 아이들은 자신이 소중히 여기는 인형에게 가능한 좋은 옷을 입히고 말을 걸기도 하며 잃어버렸을 때는 마치 반려동물이라도 잃은 듯 슬퍼한다.

인공지능이 자율성을 소유하고 있는지에 대한 여부는 인간 존재의 본질이 무엇인지를 묻는 철학적으로 중요하고 흥미로운 질문이다. 하지만 실제적 측면에서는 인공지능이 '진짜로' 자율성을 지녔는지보다는 인간이 인공지능을 어떻게 대하기로 선택하느냐가 많은 것을 결정한다. 몇 번의 테스트가 아니라 인공지능과 지속적으로 상호작용하며 축적하게 될 개인적 경험이 인공지능을 대하는 방식을 결정할 것이다. 우리가 인공지능을 자율성을 가진 존재로 간주하게 될 그런 날이 올 수도 있다.

기술 발달의 역사에서 얻은 교훈

우리가 산업혁명의 역사를 통해서 분명히 배울 수 있는 한 가지 사실은 새로운 기술이 등장하는 전환기에는 언제나 희생이 따른다는 점이다. 그리고 그 단계를 잘 극복한다면 더 나은 사회를 맞이할 수 있다. 수렵채집생활을 하다가 농경생활로 전환하였을 때 초기 농경민들은 영양부족과 질병에 시달려야 하였다. 노동의 양은 늘어났고 쉴 시간은 줄었기 때문이다. 하지만 농경기술을 꾸준히 개발하고자 열심히 노력한 결과 더 많은 인구를 부양할 수 있었다. 인구가 많아지자 교류 기회가 늘어났고 직업의 전문화가 진행되면서 부를 축적할 수 있었다. 적어도 맬서스의 덫에 빠지기 전까지는 그랬다.

1차 산업혁명기에는 전문 수공업자들과 빈곤 계층이 고통을 받았다. 기계가 도입되면서 낮아진 임금을 감수하거나 일자리를 잃게 된 계층들은 불만을 품었다. 여성이나 아이들은 성장의 과실을 공유하지 못하고 장시간 저임금 노동에 매달려야만 하였다. 그래서 기계 파괴 운동인 러다이트 운동이 일어났다. 러다이트 운동을 기술을 모르는 무식한 사람들이나 문명비관론자들이 일으킨 폭동 정도로 취급하여서는 안 된다. 물론 운동의 폭력적 방식은 비판을 받아야겠으나 그 운동이 일어난 원인과 이후에 나타난 사회 변화도 함께 살펴볼 필요가 있다. 러다이트 운동은 비극적으로 진압되었지만, 이후에 정부와 공장주들이 노동자의 목소리에 좀 더 귀를 기울이는 계기가 되었다. 산업 발전은 정부와 공장주, 자본가로만 이루어지지 않는다. 수많은 노동자의 권리와 이익을 보호하고 기술 발달 과정 중에 고통받는 사람들의 목소리에 귀를 기울일 수 있는 제도적 보완책과 정치적 노력도 필요하다.

2차 산업혁명기에는 인간이 공장의 부품으로 전락하였다는 인식이 등장하고 부의 양극화가 심화되었다. 거대 기업이 등장하여 닥치는 대로 과실을 걷어갔다. 강물은 더러워지고 공기가 오염되었으며 하늘은 제 색깔을 잃어갔다. 기업이 법인화되면서 경영자의 책임은 더 가벼워지고 사익은 더욱 보호되었다. 그러나 공장의 부품으로 전락한 인간의 상황을 비판하는 문학작품이 등장하고, 소외된 사람들에 대한 인권 의식이 생겨났으며, 환경을 보호해야 한다는 주장도 힘을 얻었다. 기업들도 여기에 동참하였다. 기업들의 자유로운 경쟁과 재산권을 최대한 침해하지 않으면서도 부작용들을 적절히 규제할 수 있는 다양한 제도적 장치들이 등장하였다. 이로써 환경에 더 신경을 쓴 제품과 기술들이 등장하였고 노동자들은 좀 더 안전한 환경에서 일할 수 있게 되었다.

우리가 배울 수 있는 또 다른 교훈은 기술에 대한 예측이 자주 빗나간다는 점이다. 낙관주의자들은 비관주의자들을 겁쟁이라고 폄하하고, 비관주의자들은 낙관주의자들을 무모하다고 비난한다. 낙관주의자들은 비관적인 예측이 언제나 인기를 끈다고 불평하고 비관주의자들은 낙관적인 예측이 항상 대중의 호감을 얻는다고 반박한다. 하지만 예측력이라는 측면에서 둘 다 큰 차이는 없는 것 같다. 다음은 인공지능의 발전에 대한 예측들이다.

"10년 내에 디지털 컴퓨터가 세계 체스 챔피언이 될 것이다."

– 허버트 사이먼과 앨런 뉴얼, 1958년

이 예측은 1987년에 나왔어야 하였다. IBM의 딥블루가 세계 체스 챔피언 카스파로프를 이긴 해가 1997년이기 때문이다. 딥블루가 카스파로프를 이긴 직후, 프린스턴 대학에서 컴퓨터 시뮬레이션을 활용해 천체물리학을 연구하던 피어트 헛 교수는 다음과 같은 비관적 예측을 내놓았다.

"바둑에서 컴퓨터가 인간을 이기려면 앞으로 1백년은 더 지나야 할 것이다."

– 피어트 헛, 1997년

피어트 헛Piet Hut 박사는 바둑 고수였다. 잘 알다시피, 20년이 채 지나지 않아 알파고가 인간 최고수라고 평가받는 이세돌에게 승리하였다. 지금은 그보다 더 발전해서 바둑계의 인간 최강자들에게 한 수 가르치는 입장이다. 다른 예측들도 살펴보자.

"10년 내에 디지털 컴퓨터가 중요한 새 수학 정리를 발견할 것이다."

– 허버트 사이먼과 앨런 뉴얼, 1958년

아직도 그런 일은 일어나지 않고 있다. 인간 수학자가 디지털 컴퓨터로부터 큰 도움을 얻고 있는 것은 사실이나 중요한 수학 정리를 컴퓨터 혼자서 발견할 정도는 아니다. 사이먼과 뉴얼은 아마도 3장에서 언급한 '논리이론가'의 결과에 고무되어서 이런 예측을 한 것 같다. 연구비를 얻는 데도 도움이 되었을 것이다.

"20년 내에 기계는 인간이 할 수 있는 모든 일을 하게 될 것이다."

– 허버트 사이먼, 1965년

이 역시 아직까지는 발생하지 않고 있다. 이 말을 했을 때가 1965년이므로 사이먼은 3년 뒤에 인공지능이 중요한 새 수학 정리를 발견할 것이라는 믿음을 여전히 가지고 있었던 것 같다. 노벨 경제학상 수상자인 사이먼의 예측에 대한 언급은 그만하고 사이먼과 함께 1956년의 다트머스 워크숍을 이끌었던 또 다른 인물인 마빈 민스키Marvin Minsky의 예측을 살펴보자.

"한 세대 내에 '인공지능'을 창조하는 문제는 대부분 해결될 것이다."

– 마빈 민스키, 1967년

한 세대는 보통 30년 정도를 뜻한다. 수명이 좀 길어졌으니 한 세대를 40년으로 잡아도 무리한 예측이었다는 사실에는 변함이 없다. 우리는 여전히 인공지능을 창조하기 위하여 많은 장애물을 넘어야 한다. 다음 예측은 그야말로 결정타를 날린다.

"3년에서 8년이면 기계가 평범한 인간 정도의 일반지능을 갖게 될 것이다."

– 마빈 민스키, 1970년

이 예측은 민스키가 《라이프》 매거진과 인터뷰하는 도중에 나온 발언인데 정말 이런 언급을 했으리라고 믿기지 않는다. 오보일 가능성도 있다. 민스키도 이것이 잘못 인용된 것이라고 굳게 믿고 있다. 기호주의자 민스키는 이렇게 낙천적이었으나 딥러닝에 대해서는 매우 부정적이었다. 2016년에 고령으로 사망한 민스키는 2010년 이후에 이루어진 딥러닝의 발전을 면밀히 관찰할 수는 없었다. 그럼에도 딥러닝에 사용되는 기술들이 기본적으로 1960년대에서 1980년대 사이에 개발된 것들이라는 사실을 알고 있었으므로, 딥러닝이 지능을 만들어내는 좋은 모델이 될 것이라고 여기지는 않았다. 그의 말이 맞을 수도 있다. 언젠가 딥러닝 연구자들이 새로운 돌파구가 필요하다고 느끼게 될지 모른다. 인공지능 외 다른 분야의 예측도 살펴보기로 하자.

"누군가가 가정용 컴퓨터를 필요로 하게 될 까닭은 전혀 없다."

– 켄 올슨, 1977년

지금은 전 세계 많은 가정에서 컴퓨터, 노트북, 스마트폰을 여러 대씩 가지고 있다. 켄 올슨Kenneth Olsen은 디지털 이큅먼트의 창업자이다. 이 정도 예언은 이해할 만하다. 당시 강력한 연산을 할 수 있는 쓸만한 컴퓨터는 굉장히 무겁고 가격은 비쌌기 때문이다. 1890년대에는 런던에서 말똥 위기론이 등장하였다. 자세한 이야기는 다음 절에서 하겠지만, 당시 런던의 한 기자가 20세기 중반 무렵이면 말똥이 거리를 2.7미터 높이로 뒤덮을 것이라고 예측하였다. 그러나 지금 런던 거리는 매우 깨끗하다. 1830년은 리버풀–맨체스터 철도노선이 개통된 해였다. 엄청나게 많은 사람이 이 노선에 반대하였는데, 열차 때문에 말들이 놀라 유산하리라 예측하였기 때문이었다. 여기에 동조하여 잡지 《쿼털리리뷰》는 "기관차가 역마차보다 두 배나 빨리 달릴 거라고 예측하는 것만큼 명백히 이치에 맞지 않고 엉터리 같은 일이 또 있을까?"라고 썼다(매트 리들리, p.425). 틀린 것으로 판명이 난 예측은 셀 수 없이 많다. 1999년은 종말의 해라고 여겨졌다. 1999년이 별 탈 없이 지나가자 이번에는 다음 해에 '밀레니엄 버그'로 인하여 비행기 추락, 원전 사고, 금융거래의 정지 같은 엄청난 사고가 일어나리라는 예측이 빗발쳤다. 밀레니엄 버그란 1900년대에서 2000년대로 넘어가면서 컴퓨터의 날짜 표기 시스템 때문에 오류가 일어나는 현상이다. 1999년을 그냥 99년으로 표기하는 것처럼 컴퓨터에서 년도를 표기할 때 앞 두 자리를 표기하지 않기 때문에 12-31-99가 01-01-00으로 바뀌면서 문제가 생긴다는 것이다. 그러나 아무런 사고도 일어나지 않았다. 예측 오류의 역사는 매우 길어서 이쯤에서 그만해야 할 것 같다. 결론을 이야기하자면, 기술 분야만이 아니라 경제, 사회 등 거의 모든 분야에서 예측이 틀린 경우가 그 반대 경우보다 압도적으로 많다는 것이다. 그러므로 예측이 맞게 되면 엄청난 화제가 된다. 그런데 그런 경우는 대개 예측을 좀 모호하게 한 경우다.

요즘도 인공지능이 앞으로 얼마나 발전할 것인가에 대한 예측들이 많이 나온다. 대표적으로 커즈와일은 2045년에 인류가 기술적 특이점을 맞이하리라고 예측하였다. 그리고 그때까지 살아남은 생존자들은 기계와 융합하여 영생을 누릴 수 있으리라고 생각한다. 그래서 커즈와일은 각종 영양제를 하루 100알씩 챙겨 먹고(이 정도도 줄어든 것이다. 이전에는 250알씩 먹었다) 각종 주사 처방, 유기농 식자재, 엄격한 식단관리와 운동을 통하여 본인의 수명연장에 힘쓰고 있다. 비웃으려는 것이 아니다. 그의 말이 맞을 수도 있다. 하지만 근거가 좀 부족해 보인다. 커즈와일은 정보기술 발달에 관한 방대한 데이터를 이용하여 현재까지 우리가 기하급수적인 기술 발전을 이룩해왔다는 점을 적절하게 잘 보여주었다. 그의 말대로 정보기술의 발전은 지수곡선의 상승궤적을 그리며 발달하여 왔다. 그래서 그는 기술의 발전이 앞으로 더욱 가속화되리라고 예측한 것이다.

우리는 이미 산업혁명의 역사에서 외삽에 근거한 예측이 크게 빗나간 사례를 알고 있다. 외삽이란 과거의 경향을 바탕으로 미래를 예측하는 방법이다. 바로 맬서스의 이야기가 그러한 경우이다. 맬서스는 굉장히 오랜 기간의 데이터를 추적하여 인류가 맬서스의 덫에 빠져 계속 헤매는 중이라고 적절하게 지적하였다. 그리고 앞으로도 영원히 그러리라고 생각한 것으로 추측된다. 하지만 그 부분은 틀렸고, 인류는 보기 좋게 덫에서 빠져나왔다. 커즈와일의 예측이 100퍼센트 틀렸다고 말하는 것은 아니지만, 그저 외삽만으로는 근거가 부족하다는 점을 이야기하고 싶다. 그리고 대부분의 예측이 틀렸다는 점도 참고할 만하다. 맬서스는 그래프의 천장과 바닥 사이에 갇혀 요동치고 있는 곡선을 보았고 앞으로도 그럴 것이라 여겼다. 하지만 뒤이어 판명된 곡선은 지수곡선이었다. 당시는 지수곡선이 본격적으로 상승하기 직전의 시기였던 것이다. 그리고 커즈와일은 역사에서 지수곡선을 보았다. 그 곡선은 너무나 거대해서 맬서스의 덫에 갇힌 요동은 거의 평평하게 보일 정도이다. 이 지수곡선이 지속될 수 있을 것인가? 새로운 돌파구를 찾아 나가며 기술의 한계를 무한하게 격파해나갈 수도 있다. 하지만 그게 아닐 수도 있다. 급격히 상승하던 지수 곡선이 낫 모양으로 천천히 고개를 숙이며 평평해질 수도 있다.

괜히 이런 말을 하는 것이 아니다. 인공지능 연구의 주류 전문가라고 할 수 있는 미국 인공지능 학회의 펠로우 193명을 대상으로 설문을 실시한 적이 있다. 설문을 한 시기는 2016년인데, 현재 인공지능이 외형적으로 더 발전하기는 했으나 참고할 만한 자료라고 생각된다. 펠로우를 획득하는 일은 학자의 최고 명예 가운데 하나이다. 193명 중에 80명 정도가 조사에 응하였는데, 응답한 인원 중 삼분의 일은 초지능이 절대 만들어지지 않을 것이라고 대답하였다. 나머지는 만들어지더라도 앞으로 25년은 더 걸릴 것이라고 응답하였다. 절대 만들어지지 않을 거라는 얘기는 무한대의 시간이 걸릴 것이라는 뜻인데, 그렇게 하면 기댓값 결과 역시 무한대가 나오므로 대략 천 년으로 가정하여 보자. 그러면 초지능이 만들어지리라고 예상되는 기간의 기댓값은 1000년 × (1/3) + 25년 × (2/3) = 350년이 된다. 350년 정도 뒤에 초지능이 나타날 수도 있다는 뜻이다. 커즈와일이 예측한 시기보다는 훨씬 훗날이다.

기술의 역사에서 배울 수 있는 다른 교훈으로 기술 발전은 한 사람의 영웅에 의하여 이루어지지 않는다는 점이다. 기술은 수많은 사람의 점진적인 노력으로 발전한다. 처음에는 너무나 투박하여 조잡스러워 보이는 발명품이 여러 사람의 손을 거치며 점점 발전을 거듭하다가 일정한 순간을 넘어서면 갑자기 세계 곳곳으로 퍼져나가기 시작한다. 그전까지는 호기심과 열정을 가진 발명가들의 고군분투가 반드시 있다. 발명가들은 수요가 별로 없는 상황에서 연구에 매진하는 경우가 많다. 카메라, 타자기, 텔레비전 등의 원형은 전혀 유용해 보이지가 않았다. 그렇기에 당장 돈이 되지 않더라도 그러한 고군분투를 뒷받침할 수 있는 사회적 분위기와 시스템이 중요하다.

기술사에는 유명하고 중요한 인물들이 있다. 요하네스 구텐베르크Johannes Gutenberg, 제임스 와트James Watt, 새뮤얼 모스Samue Morse, 토머스 에디슨Thomas Edison, 알렉산더 벨Alexander Bell, 라이트 형제Wright brothers, 트랜지스터를 발명한 윌리엄 쇼클리William Shockley 등이 그들이다. 그런데 이들이 기술사에 획을 그은 인물로서 거론될 수 있는 이유는 개인의 빼어난 실력뿐만이 아니다. 와트는 존 로벅John Roebuck, 매슈 볼턴Matthew Boulton, 윌리엄 스몰William Small, 존 윌킨슨John Wilkinson, 조지프 블랙Joseph Black 같은 사람들의 도움이 없었다면 증기기관의 공로를 다른 사람에 빼앗겼거나 최소한 상당히 늦어졌을 것이다. 또한 와트가 뉴커먼 증기기관을 수리하던 때는 이미 여기저기서 뉴커먼 증기기관이 100대 이상 사용되던 중이었다. 와트는 뉴커먼의 증기기관을 보고 그것을 크게 개량하였다. 뉴커먼 이전에는 1698년에 증기기관 특허를 받은 토머스 세이버리Thomas Savery가 있었고 그전에는 프랑스인 드니 파팽Denis Papin이 있었다. 라이트 형제의 유인 동력 비행기도 그보다 앞서서 새뮤얼 랭글리Samuel Langley의 무인 동력 비행기가 있었다. 에디슨의 백열전구도 이전에 존재하였던 수많은 백열전구를 개량한 것이다. 모스의 전신기도 그보다 앞서 찰스 휘트스톤Charles Wheatstone의 전신기가 있었다. 우리는 오랫동안 전화기의 최초 발명자를 벨이라고 믿고 있었으나 전화기를 발명한 사람은 안토니오 메우치Antonio Meucci라는 사람이었다. 3장에서 약술한 딥러닝 개발의 역사에서도 비슷한 사례는 얼마든지 찾아볼 수 있다. 성공한 발명가 주변에는 항상 유능한 선후배와 동료가 있었다.

때때로 신기술은 어느 날 갑자기 등장하는 듯이 보인다. 어느 날 스마트폰이 나타나 10년이 채 안 되어 세계를 뒤덮었고, 갑자기 알파고가 나타나 이세돌을 이기고 인공지능이 얼굴인식을 사람보다 더욱 잘 해낸다. 그러나 기술은 세상에 대한 호기심이나 인간에 대한 애정(모스는 죽은 아내 때문에 전신기를 발명하였다)을 가지고 현실의 작은 문제부터 차근차근 해결하려고 노력한 수많은 사람의 노력이 조금씩 축적된 결과이다. 그러다 드디어 사람들의 마음에 들게 되면 순식간에 널리 퍼져 많은 이를 이롭게 한다. 교통과 통신발달도 이런 일을 돕고 있다.

마지막 교훈은 폐쇄적이고 배타적인 사회는 기술 발전을 이룰 수 없다는 사실이다. 한때 중국은 세계 최대의 선단을 이끌고 세계 곳곳을 누빌 수 있는 기술력을 가진 나라였으며 유럽보다 앞서나가는 혁신적인 국가였다. 그러나 일궈놓은 성과에 만족하면서 타국의 발전을 가볍게 본 순간 몰락의 길을 걷게 되었다. 중국은 몰락하면서 자신을 지키기 위하여 더욱 폐쇄적으로 되었지만, 최근 다시 세계를 향해 문을 열면서 급격한 발전을 이루고 있다. 이슬람도 마찬가지다. 현대의 중동 국가들이 기술의 선두를 달리고 있다고 보는 사람은 거의 없다. 그러나 중세까지만 해도 이슬람 사회는 고대 그리스의 지적 유산을 계승하며 앞선 기술을 가지고 있었고, 중국에서 종이와 화약을 도입하여 유럽으로 전해주기도 하였다. 그만큼 이슬람은 개방적인 사회였다. 그러나 종교적 엄격함이 지배하면서 점점 폐쇄적으로 변해나가다 결국 지금의 상황에 이르고 말았다.

이러한 원리는 개인에 적용하여도 마찬가지이다. 지금은 개방의 시대이며 원한다면 당장이라도 전 세계 사람들과 인터넷을 통하여 소통할 수 있다. 쿼라에 질문을 던진다면 세계적인 전문가로부터 답을 얻을 수도 있다. 인터넷은 소통을 위한 열린 공간이다. 온라인상에서든 오프라인상에서든 한정된 공간에만 머물기보다 호기심을 가지고 소통한다면 보다 큰 성장을 이룩할 수 있을 것이다.

미래를 준비하는 방법

4차 산업혁명이 도래한다면 피해를 보게 될 사람들이 얼마나 될지는 인공지능의 발달 수준에 달려 있다. 인공지능이 발달하면 발달할수록 더 많은 사람이 일자리를 잃으면서 고통을 겪을 가능성이 있다. 도래할 시대에 대하여 대비를 하지 않는다면 말이다. 적당한 수준의 인공지능이라면 적당한 숫자의 사람들이 피해를 볼 것이다. 지금까지는 새로운 기술이 등장하였다고 해서 실업률이 늘지는 않았다. 새로운 일자리가 더 많이 생겼기 때문이다. 그런데 왜 인공지능이 발달할수록 인간이 내몰리게 된다는 걸까? 인공지능이 인간을 몰아내는 과정을 과거의 사건을 통하여 유추해 볼 수 있다. 언급하였던 말똥 위기 사건이다.

철도가 생길 때만 해도 사람들은 말의 수가 줄어들 것으로 생각하였다. 도시 간 이동 수단으로 말보다 철도가 유용하였기 때문이다. 그러나 2차 산업혁명기간 동안 철도와 전신 기술의 발달로 경제가 크게 발전하였고 도시 내 이동 수요도 덩달아 늘어났다. 그래서 말의 일자리가 되려 늘어나게 되었다. 사람들의 예측과는 정반대의 상황이 펼쳐진 것이다.

1890년대의 런던이나 뉴욕 같은 대도시에서 가장 흔한 교통수단은 말이었다. 1866년에 니콜라우스 오토Nicolaus Otto가 내연기관을 만들기는 하였으나 힘이 너무 약했고 무거운 데다가 높이는 2.1미터에 달하였다. 포드의 마법은 아직 펼쳐지기 전이었다. 그렇기에 말이 교통수단으로서 환영받을 수밖에 없었다. 요즘 런던에 가면 빨간 이층버스를 볼 수 있는데, 당시에도 이층버스 수천 대가 도시를 누비고 있었다. 차이가 있다면 말이 버스를 끈다는 점이다. 버스 한 대를 운영하려면 말 열두 마리가 필요하였다. 돌아가며 말을 쉬게 해줘야 했기 때문에 버스 한 대당 그만큼의 말이 필요하였다. 말 한 마리는 하루에 많게는 13킬로그램 정도의 똥을 싼다. 사람들은 언젠가 이 세상이 말똥으로 가득 찰 거라는 위기의식에 사로잡혔다. 사정은 미국도 비슷하였다. 1900년이 되면서 말과 당나귀를 합쳐 2,100만 마리가 있었다. 1840년에 비하여 6배가 늘어난 숫자인데 그만큼 경제 번영을 이뤘기 때문이었다. 말이 갑자기 사라질 조짐은 어디에도 보이지 않았다.

그런데 포드가 쓸만하고 저렴한 내연기관 자동차를 만들어내자 말은 일자리를 완전히 잃고 만다. 말은 경마, 스포츠, 서커스 같은 분야에서만 활약할 수 있을 뿐이었다. 한때 2,100만 마리가 있었던 말의 수는 1960년이 되자 300만 마리만 남게 되었다. 1900년대 초 경제학자들은 새로운 기술이 나타나더라도 말을 위한 새로운 일자리가 생겨나리라고 생각하였다. 이전에도 그랬기 때문이다. 그런데 예측은 보기 좋게 빗나가버리고 6,000년 넘게 논과 들, 마을과 도시를 누비면서 활약하던 말은 불과 수십 년 만에 경제 영역에서 퇴출당하였다. 덕분에 말똥에 대한 위기감은 싹 사라지게 된다.

인간의 운명도 말과 다르지 않을 것인가? 그럴 수도 있으리라고 생각한다. 1차 산업혁명에서 시작하여 현재에 이르기까지 수많은 신기술이 등장하였고 그때마다 옛날 기술에 익숙한 사람들의 반발과 고통이 있었지만, 결과적으로 일자리의 총량은 늘어났다. 1차 산업혁명을 겪으면서 농장에서 직업을 잃은 사람들은 공장으로 대거 이동하였다. 2차 산업혁명과 3차 산업혁명을 겪으면서 공장의 일자리는 줄었으나 사무실의 일자리가 늘어나게 되었다.

미국에서 농업에 종사하는 인구 비율이 한때 70퍼센트에 육박하기도 하였으나 지금은 채 1퍼센트가 되지 않는다. 기술 발달로 한 사람이 생산할 수 있는 농축산 물량이 급격히 늘어난 탓이다. 남는 인원들의 일자리는 공장이 채워주었다. 그러나 기술이 점점 발달하면서 공장 일자리의 비율도 줄어들기 시작하였다. 한 사람이 만들 수 있는 제품의 양이 급격히 늘어났기 때문이다. 미국에서 1970년대 말에 공장 일자리는 전체 일자리 중 약 28퍼센트를 차지하였는데, 현재는 9.5퍼센트 정도에 그친다. 공장에서 줄어든 일자리는 서비스 부문에서 메꿔지고 있는데, 현재 미국 노동자 10명 중 8명이 서비스 부문에 종사하고 있다.

인공지능이 발달하여 서비스 부문의 일자리마저 위협한다면 인간은 어디로 가야 할까? 인간이 일할 때 사용하는 것은 근육과 뼈 그리고 눈과 두뇌이다. 1차 산업혁명과 2차 산업혁명을 통하여 인간은 자신의 근육과 뼈를 기계에 내어주었고, 3차 산업혁명으로 인하여 두뇌 기능의 일부를 컴퓨터에 넘겨주었다. 이제 마지막 남은 우리의 눈과 두뇌마저 인공지능이 완전히 대신한다면 인간만이 할 수 있는 일 따위가 남아 있을지 의문이다. 낮은 임금에도 아무런 불평 없이 쉬지 않고 일하는 인공지능에게 인간이 승리할 수 있을까? 일자리와 관련된 인간의 운명은 인공지능의 발달 수준에 달려있을 것이다.

우리는 다가오는 미래에 대해서 어떻게 준비하여야 할까? 이 이야기를 꺼내려면 약간의 가정을 들어야만 한다. 인공지능이 비서 혹은 하인 정도의 역할만 할 수 있다는 가정이다. 인공지능이 자율성을 획득하고 신과 같은 존재가 되는 경우는 제외하도록 하겠다. 어느 정도 먼 미래에도 실현될 가능성이 작아 보이기 때문이다. 그렇다고 인공지능의 위험성을 과소평가하는 것은 아니다. 그 부분에 대해서는 철저히 연구하고 대비해야만 한다. 만약 인공지능이 비서나 하인 정도의 역할만을 할 수 있으며, 우리가 할 수 있는 모든 일을 대신해준다면 어떤 일이 벌어질까? 아마도 과거 노예제도가 빈번하던 시절과 비슷한 풍경이 펼쳐질 것이다.

찬란하였던 그리스 문명의 토대 중 하나는 노예제도였다. 노예들이 열심히 일한 덕분에 귀족과 시민들은 예술과 학문을 논하고 여흥을 즐길 수 있었다. 우리도 인공지능 덕에 그런 호사를 누릴 수 있을까? 인공지능 로봇의 개수가 충분하여 모든 사람이 저렴한 가격에 로봇을 한 대씩 소유할 수 있다면 그럴 수도 있겠다. 로봇이 나를 대신하여 공장에 출근해서 돈을 벌어오고 나는 스스로 가치있다고 여기는 일을 하면 된다. 인공지능을 구매하느라 투자한 돈은 전혀 아깝지 않을 것이다. 공장주들도 직접 대량의 로봇을 보유하기보다 개인이 가진 로봇을 고용하는 편이 유지하기도 편하고 초기 투자에 따른 위험부담도 적을 것이다.

반면 인공지능 로봇이 만들기 어려워서 가격이 매우 비싸다면 소수의 전유물이 될 것이다. 인공지능 로봇 한 대의 가격이 대략 10억 원쯤 되고 내구연한이 20년쯤 된다면, 연봉 5,000만 원 이하를 받고 일을 하는 사람 정도만이 로봇보다 경쟁력이 있을 것이다. 단 로봇과 동일하거나 나은 성과를 낼 수 있어야 한다. 비싼 로봇은 성능 역시 우수할 것이므로 로봇의 생산력이 인간의 생산력보다 2배 정도 좋다고 하자. 사실 2배도 낮게 잡은 숫자지만 그렇다고 가정하여보자. 그럴 경우에는 연봉 2,500만 원 이하를 받고 일하는 사람 정도만 경쟁력이 있다. 연봉 2,500만 원 이하를 받으면서 언제 10억 원짜리 로봇을 살 수 있을까? 복권이나 주식 등 상당한 운이 따라 주지 않는다면 아마도 불가능할 것이다. 반면 공장과 로봇을 소유한 사람은 빠르게 부를 축적해 나갈 수 있다. 결국 소수의 부자들과 다수의 저임금 노동자들만 남게 될 것이다. 물가는 낮아질 수도 있겠다.

이러한 현상은 이미 벌어지고 있다. 1980년대 이전까지는 신기술이 등장하면 모두가 혜택을 보았으나 그 이후로 신기술은 저숙련 노동자와 고숙련 노동자에게만 도움이 되고 중간숙련 노동자는 오히려 임금이 줄어들었다고 한다. 중간숙련 노동자들이란 비서, 행정사무원, 생산직 노동자 같은 직군에 속한 사람들이다. 현재 은행에서 일하는 사람이 과거보다 얼마나 줄었는지를 알게 된다면 놀랄 수도 있다. 반면 간병인, 청소부, 관리인, 웨이터와 같은 저숙련 노동자들의 일자리는 늘었다. 이런 일은 기계가 처리하기 어렵기 때문이다. 이제 인공지능 로봇이 등장한다면 저숙련 노동자를 위한 일자리조차 줄어들 가능성이 있다.

우리는 이러한 사태가 일어나기를 바라지 않는다. 그렇다면 어떻게 해야 할까? 우선 가능한 싸게 대량생산할 수 있는 인공지능 로봇을 만들어야 한다. 그래야 첫 번째 시나리오가 가능하다. 어쩌면 로봇을 소유할 권리를 보편적 인권으로 규정할 필요도 있다. 현재 여러 국가가 인터넷에 접속할 수 있는 권리를 인간의 기본권으로 인정하고 있다. 마찬가지로 로봇을 소유할 권리를 보편적 인권으로 인정하여야 할 때가 올 수도 있다. 인공지능 로봇의 가격이 저렴하고 유지비용이 적어야만 그런 보편적 권리를 실현할 수 있다.

그런데 그게 불가능하다면 어떤 방안이 남아 있을까? 학습시키기가 까다로워서 인공지능 로봇이 상당히 비싸고, 변하는 세상에 맞춰 로봇을 재학습 시켜야 할 때마다 상당한 비용을 지급하여야 한다면? 그런데 성능은 인간보다 어마어마하게 뛰어나다면? 그런 상황에서 두 번째 시나리오를 맞이하지 않으려면 어떻게 해야 할까? 여러 사람이 돈을 모아서 로봇 한 대를 구매할 수도 있겠으나 그렇게 하여도 어쨌든 개인당 이득은 줄어든다. 이때는 로봇세를 도입하거나 기본소득 제도를 도입하여야 한다. 이런 아이디어는 이미 여러 사람이 제안한 바 있다. 로봇을 소유한 사람에게 높은 세금을 매겨서 혜택을 골고루 나누어야 한다. 혜택을 나누는 방법은 기본소득이 될 수도 있고 다른 복지 제도를 설계할 수도 있다.

2017년에 컨설팅 회사 '맥킨지 앤 컴퍼니'가 보고한 바에 따르면, 현재 수준의 기술로도 업무의 30퍼센트 이상을 자동화할 수 있는 직종이 전체 직종의 60퍼센트가 넘는다고 한다. 인공지능이 업무의 일부를 떠맡고 인간을 보조하는 정도에서 그친다면 개인당 생산성이 늘어나면서 일자리가 어느 정도만 줄어들 수가 있다. 이런 경우에는 한 사람당 노동 시간을 줄여서 일자리를 늘릴 수 있다. 가령 인공지능의 도움으로 생산력이 2배로 늘어난다고 해도 인당 노동 시간을 절반으로 줄이고 사람을 더 고용한다면, 일자리 수를 그대로 유지할 수 있으며 월급은 이전과 거의 똑같이 받을 수 있다. 임금은 생산성에 비례하기 때문이다. 또한 사람을 더 고용한다고 해서 인공지능 로봇을 더 늘릴 필요는 없으므로 고용주 입장에서 추가로 드는 비용은 사람을 관리하는 데 드는 비용 정도다. 그러나 일하는 시간이 줄어든 만큼 더 건강한 몸으로 집중해서 일할 수 있다면 생산성이 더 높아져서 추가 비용을 상쇄시킬 수도 있다.

지금까지 세 가지 정도의 시나리오를 상상해보았으나 이중 어떤 것도 필연적이지는 않다. 철학자 칼 포퍼Karl Popper의 말대로 "우리는 역사의 필연성에 좌우되지 않는다." 여러 번 이야기하였으나 인간의 예측은 빈번히 빗나간다. 방금 생각해보았던 시나리오들 역시 빗나갈 수 있다. 사회경제 현상은 너무나 복잡하고 엄청나게 많은 사람과 요소들이 연관되어있기 때문이다. 그래서 예측은 여가시간에 심심풀이 정도로 하는 것이 좋다. 미래를 대비하는 가장 좋은 방법은 미래를 예측하는 것이 아니라, 어떤 미래가 펼쳐지면 좋을지를 상상하고 지금 할 수 있는 가장 작은 일부터 성실히 하는 것이다. 당장 눈앞의 작은 문제들을 진지하고 성실하게 풀어나가는 것이야말로 어디로 튈지 모르는 미래의 향방에 재갈을 물리는 방법이다. 실질적인 변화는 언제나 그런 노력을 하는 사람들이 주도하여왔지, 예측을 전문으로 하는 사람들이 변화를 이끈 적은 없다.

단기적으로는 예측을 잘하는 사람이 변화하는 세계에 잘 적응할 수는 있겠지만, 산업혁명을 이끌 사람은 그런 사람들이 아니라 세상과 인간에 대한 호기심과 애정을 가지고 한 걸음씩 기술적인 변화를 일궈내는 이들이다. 이런 이들의 노력이 모여 미래가 만들어지는 것이다. 여러분들도 인공지능이 던져줄 4차 산업혁명의 미래가 궁금하다면 장밋빛 환상이나 잿빛 공포만 품은 채 웅크려있지 말고, 직접 인공지능의 작은 부분부터 공부해 보며 겸손하고 열린 마음으로 뛰어난 전문가들과 소통하면서(인터넷을 활용하면 가능하다. 물론 영어를 할 줄 알아야 하는데 번역기의 힘을 빌린다면 충분히 가능하다.) 실생활에 적용할 수 있는 작은 기술과 지식부터 찾아 실행에 옮겨보자. 그러한 움직임에 이 책이 조그만 도움이라도 되었으면 좋겠다.

역사는 인간이 그렇게 특별한 존재가 아니라는 사실을 일깨워왔다. 지구는 우주의 중심이 아니며 인간은 만물의 영장이 아니다. 인간만이 지능을 가진 것도 아니다. 인간이 까마귀의 몸을 가진다면 까마귀만큼 잘 해낼 수 있을까? 까마귀는 딱딱한 호두껍질을 깨려고 차가 다니는 도로의 횡단보도에 호두를 떨어뜨려 놓고 깨지기를 기다린다. 그러다 호두가 깨지면 신호등이 바뀔 때까지 기다렸다가 횡단보도를 건너가 호두알을 먹는다. 인간은 날기는커녕 시속 100킬로미터로 달리지 못하고, 물 위를 걷지도 못한다. 몸에서 800볼트나 되는 전기를 일으키거나 불빛도 내지 못하며 초음파를 발생시키지도 못한다. 또한 분자 몇 개 단위까지 구분해 낼 수 있는 후각도 없다. 그런데도 우리는 인간을 닮은 인공지능 로봇을 만들고 싶어 하며, 만들어낼 수만 있다면 엄청난 미래가 펼쳐질 것이라고 기대한다. 인간 중심주의를 버리고 시야를 넓혀본다면 좀 더 다양한 미래가 펼쳐질 수도 있지 않을까?

이제 결론을 맺고자 한다. 우리는 여러 차례의 산업혁명에서 선도적인 역할을 하기보다는 주로 추적자의 입장에 있었다. 조선 시대의 엄격한 분위기, 성리학을 절대시하며 생긴 폐쇄성, 무너져 가는 중국을 문명의 중심으로 부여잡고 있었던 고지식함 등, 이런 꽉 막힌 사고들로 인하여 우리는 변화의 물결에 올라탈 기회를 놓쳤으며 그 이후에는 다른 나라의 지배 아래에서 글과 문화와 사상의 통제를 받아야만 하였다. 해방 이후에도 상황은 크게 변하지 않았다. 성리학 정신은 군인정신과 결부하여 사회 조직 전반에 영향을 끼쳤고, 경직된 반공주의를 낳았으며, 신분제는 선·후배간의 수직적 위계 속에 숨어들었다. 우리가 부여잡았던 중국은 미국을 비롯한 서방의 선진국으로 대체되었다. 우리가 산업혁명사에서 배운 교훈은 특정한 것을 신성시하거나 고집하는 국가는 언젠가 쇠락한다는 점, 자유롭고 수평적이면서도 서로의 이익을 존중하는 사회가 발전한다는 점, 혁명은 영웅의 독주곡이 아니라 여러 뛰어난 사람들과 수많은 평범한 사람들이 노력으로 일구어내는 심포니라는 점이다.

그러나 우리는 변화하고 있다. 경제발전을 거치며 겉모습이 변하였다면, 이제는 더욱 다양한 사람과 소통하고 더 넓은 세상을 접하면서 내면이 유연해지며 개방되고 있다. 세계가 우리를 쳐다보기 시작한다. 펼쳐질 미래를 우리가 주도할 수 있을지는 우리의 상상력에 달려있다.

참고 문헌

[I부 과학혁명]

거스리, W. K. C., 『희랍 철학 입문』, 박종현 옮김, 종로서적, 1989.

김영식, 『과학혁명: 근대과학의 출현과 그 배경』, 민음사, 1984.

김영식, 『근대사회와 과학』, 창작과비평, 1989.

김유신, 윤상근, 김명석, 『지식의 지형도와 과학기술사회론』, 한국대학교육협의회 부설 한국교양기초교육원, 2013.

김유신, 『양자역학의 역사와 철학』, 이학사, 2012.

라이엔바하, 한스, 『코페르니쿠스에서 아인슈타인까지』, 우정규 옮김, 지성의 샘, 1995.

린드버그, 데이비드 C., 넘버스, 로널드, 『신과 자연: 기독교와 과학, 그 만남의 역사』, 이정배, 박우석 옮김, 이화여자대학교 출판부, 2002.

머튼, 로버트 K., 「청교도가 과학에 준 자극」, 『과학사회학 1』, 석현호 옮김, 민음사, 1988.

민석홍, 『서양사개론』, 삼영사, 1996.

윤원근, 〈자본주의 동력은 돈이 아니라 삶의 의미〉, 경향신문, 2012. 3. 2.

윤원근, 『유사 나치즘의 눈으로 읽는 프로테스탄스 윤리와 자본주의 정신』, 신원문화사, 2010.

콜링우드, R. G., 『자연이라는 개념』, 유원기 옮김, 이제이북스, 2004.

쿤, 토머스 S., 『과학혁명의 구조』, 김명자 옮김, 까치, 2013.

푸앵카레, 앙리, 『과학과 가설』, 이정우, 이규원 옮김, 에피스테메, 2014.

하이젠베르크, W., 『철학과 물리학의 만남』, 최종덕 옮김, 한겨레, 1985.

헨리, 존, 『서양과학사상사』, 노태복 옮김, 책과 함께, 2013.

호이카스, R., 『근대과학의 출현과 종교』, 손봉호, 김영식 옮김, 정음사, 1987.

Bohr, N., *Niels Bohr Collected Works vol. 2: Work on Atomic Physics (1912~1917).* Amsterdam: North-Holland Publishing Co, 1999.

Bohr, N., *The Philosophical Writings of Niels Bohr vol. 3: Essays 1958~1962 on Atomic Physics and Human Knowledge.* Woodbridge, Connecticut: Ox Bow Press, 1987.

Bohr, N., *The Philosophical Writings of Niels Bohr vol. 4: Causality and Complementarity.* Woodbridge, Connecticut: Ox Bow Press, 1998.

Boyd, R., "On the Current Status of the Issue of Scientific Realism", *Erkenntnis* 19: 45~90, 1983.

Copernicus, Nicholas, 1543, *On the Revolution of Heavenly Sphere*, translated by Charles Glenn Wallis, 1995, Prometheus Books, originally published by Annapolis: St. John's Bookstore, 1939.

Evans, G. R., *Philosophy and Theology in the Middle Ages*, London Routledge, 1993.

Koyre, Alexander, *From the Closed World to the Infinite Universe*, Baltimore: Johns Hopkins Uinversity Press, 1957.

Lloyd, G. E. R., 1970, *Early Greek Science: Thales to Aristotle.* New York: W.W Norton & Company, 1970.

Motte, Andrew, 1729, English translation *Isacc Newton's Mathematical Principle : on Natural philosophy of Philosophy and System of the World*, University of California Press, Berkeley, Berkeley and Los Angeles, printed in 1974.

Newton, I., *Principia*, General Scholium in *Principia* from Appendix of the Leibnitz-Clark Correspondence ed. H.G. Alexander, p.p 166-171, 1974. Principia의 발췌는 1729년 Motte의 영어 번역에서 왔음.

Snobelen, Stephen D., '*God of gods, and Lord of lords' The theology of Isaac Newton's General Scholium to Principia*, Osiris, 2001.

Vogel, Klaus A., "Cosmography" translated by Alisha Rankin, in Katherine Park and Lorraine Daston(eds.) *The Cambridge History of Science*, volume 3: Early Modern Science, pp.469-496, Cambridge: Cambridge University Press, 2006.

[II부 4차 산업혁명: 인공지능을 중심으로]

김석관, "산업혁명을 어떤 기준으로 판단할 것인가?", 과학기술정책, 제1권, 제1호, p.p 113-114, 2018.

다이아몬드, 재레드, 『총, 균, 쇠』, 김진준 옮김, 문학사상, 2013.

다이아몬드, 재레드, 『제3의 침팬지』, 김정흠 옮김, 문학사상, 2015.

리들리, 매트, 『이성적 낙관주의자』, 조현욱 옮김, 김영사, 2010.

리프킨, 제러미, 『소유의 종말』, 이희재 옮김, 민음사, 2001.

리프킨, 제러미, 『유러피언 드림』, 이원기 옮김, 민음사, 2005.

리프킨, 제레미, 『엔트로피』, 이창희 옮김, 세종연구원, 2015.

박성래, "서양의 과학과 동양의 과학", 네이버 열린 연단 근대성 강연 12강.

송성수, "산업혁명의 역사적 전개와 4차 산업혁명론의 위상", 한국과학기술학회 학술대회, p.p 1-18, 2017.

아이작슨, 월터, 『이노베이터』, 정영목 옮김, 오픈하우스. 2015.

월시, 토비, 『생각하는 기계(AI의 미래)』, 이기동 옮김, 프리뷰, 2018.

치폴라, 카를로 M., 『시계와 문명』, 최파일 옮김, 미지북스, 2013.

화이트헤드, A. N., 『과학과 근대세계』, 오영환 옮김, 서광사. 2008.

Clark, G., *A Farewell to Alms: A Brief Economic History of the World*, Princeton University Press, 2007.

Cohn, Sam K., *The Black Death Transformed: Disease and Culture in Early Renaissance Europe*, Arnold Publication, 2003.

Henson, Gravenor, *The Civil, Political, and Mechanical History of the framework-knitters in Europe and America*, owned by British Library, 1831.

Jones, Richard F., *Ancients and Moderns*, 2nd ed., Washington University Press, 1961.

Lanska, D. J., "Historical perspective: Neurological advances from studies of war inj-uries and illnesses", Annals of Neurology, 2009.

Lanska, D. J., "Traumatic Brain Injury Studies in Britain during World War II", Frontier of Neurology and Neuroscience, 2016.

LeCun, Y., Jackel, L. D., et. al, "Handwritten digit recognition: applications of neural network chips and automatic learning", IEEE Communincation Magazine, 1989.

McCulloch, W. S. and W. H., Pitts, A "logical calculus of the ideas immanent in nervous activity", Bulletin of Mathematical Biophysics, 1943.

Russell S., and P., *Norvig, Artificial Intelligence: A Modern Approach*, 3rd ed., Prentice Hall, 2010.

M., Jacek, Zurada, *Introduction to Artificial Neural Systems*, PWS Publishing Company, 1992.

찾아보기

ㅈ

ㅊ

ㅋ

ㅌ

ㅍ

ㅎ